基于标准的教师教育新教材

# 青少年发展与学习心理

肖崇好　王晓平◎主编

华东师范大学出版社
·上海·

图书在版编目（CIP）数据

青少年发展与学习心理 / 肖崇好，王晓平主编. —上海：华东师范大学出版社，2021
ISBN 978-7-5760-1906-3

Ⅰ.①青… Ⅱ.①肖… ②王… Ⅲ.①青少年心理学—发展心理学—高等师范院校—教材②青少年心理学—学习心理学—高等师范院校—教材 Ⅳ.①B844.2

中国版本图书馆CIP数据核字（2021）第152226号

# 青少年发展与学习心理

主　　编　肖崇好　王晓平
责任编辑　李恒平
特约审读　程云琦
责任校对　张　沥　时东明
装帧设计　卢晓红

出版发行　华东师范大学出版社
社　　址　上海市中山北路3663号　邮编200062
网　　址　www.ecnupress.com.cn
电　　话　021-60821666　行政传真 021-62572105
客服电话　021-62865537　　门市（邮购）电话 021-62869887
地　　址　上海市中山北路3663号华东师范大学校内先锋路口
网　　店　http://hdsdcbs.tmall.com/

印 刷 者　上海景条印刷有限公司
开　　本　787毫米×1092毫米　1/16
印　　张　14.5
字　　数　337千字
版　　次　2021年8月第1版
印　　次　2025年7月第3次
书　　号　ISBN 978-7-5760-1906-3
定　　价　49.00元

出版人　王焰

（如发现本版图书有印订质量问题，请寄回本社客服中心调换或电话021-62865537联系）

## 第一部分　导引

### 第一章　绪论　3
第一节　青少年发展与学习心理学的研究对象　6
第二节　心理学的发展　13
第三节　心理学与教育　18
参考文献　20
思考题　20

## 第二部分　青少年发展心理

### 第二章　青少年认知发展　23
第一节　认知心理概述　26
第二节　认知发展理论　43
第三节　青少年认知发展规律与创造性的培养　47
参考文献　51
思考题　52

### 第三章　青少年情绪发展　53
第一节　情绪与情感概述　56
第二节　情绪理论　64
第三节　青少年情绪发展与调适　68
参考文献　75
思考题　75

### 第四章　青少年人格发展　77
第一节　人格发展概述　80
第二节　主要的人格理论　89
第三节　青少年人格的发展　95
参考文献　105
思考题　105

## 第三部分　青少年学习心理

### 第五章　现代学习理论　**109**
第一节　行为主义学习理论　113
第二节　认知主义学习理论　121
第三节　人本主义学习理论　127
第四节　建构主义学习理论　135
参考文献　142
思考题　142

**第六章　学习动机**　　　　　　　　　　　**145**
　　第一节　动机与学习动机概述　　　　149
　　第二节　学习动机的理论　　　　　　154
　　第三节　培养和激发学生学习动机　　164
　　参考文献　　　　　　　　　　　　　171
　　思考题　　　　　　　　　　　　　　171

**第七章　知识的学习**　　　　　　　　　**173**
　　第一节　知识学习概述　　　　　　　177
　　第二节　不同类型知识学习的机制　　181
　　参考文献　　　　　　　　　　　　　200
　　思考题　　　　　　　　　　　　　　200

**第八章　学习迁移**　　　　　　　　　　**203**
　　第一节　学习迁移概述　　　　　　　206
　　第二节　学习迁移理论　　　　　　　210
　　第三节　促进学习迁移的方法　　　　218
　　参考文献　　　　　　　　　　　　　224
　　思考题　　　　　　　　　　　　　　224

**后记**　　　　　　　　　　　　　　　　**225**

第一部分

导 引

# 第一章 绪论

**学习目标**

1. 了解心理学的研究对象。
2. 理解和分析青少年发展与学习心理的研究对象,并能对相关的心理现象作简单陈述。
3. 理解心理学发展史上主要的理论流派,分析各自的特点并作出评价。
4. 理解心理学与教育的关系。

**关键术语**

心理学：研究心理现象及其规律的科学。

认知过程：个体通过各种感觉器官获取内外部信息，并对信息作进一步加工的过程。

情绪过程：反映个体的需要与外部事物关系的心理过程。

意志：个体有目的、有计划、不断克服各种困难，力图实现自己目的的心理过程。

心理特征：个体在心理活动中表现出来的稳定的特点。

心理状态：心理活动在一段时间里会出现的相对稳定的持续状态。

基础心理学：是心理学的基础学科。它研究心理学基本原理和心理现象的一般规律。

应用心理学：研究心理学基本原理在各种实际领域的应用，包括工业、组织管理、学校教育、市场消费、社会生活等各个领域。

青少年发展与学习心理：研究青少年心理发展年龄特征和学习心理的心理学。青少年心理发展研究领域包括青少年认知、情绪和社会性发展；学习心理研究领域包括现代学习理论、学习动机、知识的学习和学习过程等。

**本章结构**

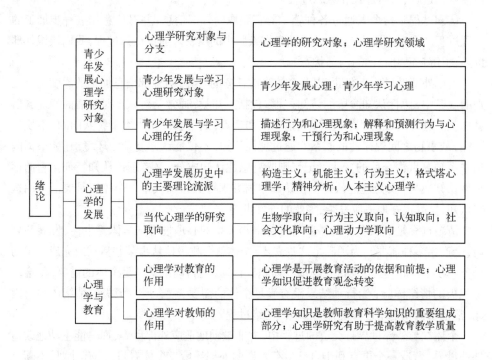

人们在日常生活、工作和学习中，都有着心理活动。这些心理活动影响我们对周围世界的认识，影响我们的主观感受，也影响我们对周围环境所作的反应。那么，心理学是如何研究心理现象的？心理学在研究心理现象的过程中，是如何发展起来的？为什么师范生一定要学习心理学？下面，我们将从心理学的研究对象，心理学的发展，以及心理学与教育的关系等方面来探讨这些问题。

## 第一节　青少年发展与学习心理学的研究对象

首先,我们来了解心理学的研究对象。

### 一、心理学的研究对象和研究领域
#### （一）心理学的研究对象

心理学是一门独立的、研究个体行为及心理过程的学科,虽然其研究对象是人,但区别于其他研究人的学科,它是研究心理现象及其规律的科学。

日常生活中,人们对心理现象都有自己的理解。有些人把情绪活动称为心理现象,如高兴、沮丧、焦虑;有些人把性格理解为人的心理现象,如勤奋、乐观等;有些人甚至把心理障碍理解为心理现象,如恐惧症、抑郁症。但是这些认识都是片面的。

心理现象作为一种复杂的系统,可以多侧面、多层次地进行研究。一般认为,个体心理现象可以从心理过程、心理特征和心理状态来考察。

1. 心理过程

在心理学上,心理过程与心理活动这两个概念往往交替使用。通常认为心理过程包括认知过程、情绪过程和意志过程。

认知过程是指个人通过各种感觉器官获取内外部信息,并对信息作进一步加工的心理过程。简单来说,它是内外部信息在人脑中的反映。通过认知过程,我们认识外部世界,了解自己和自己的内部状态。

由于外部世界的复杂性,以及个体当前任务的差异,对外部信息加工的深度是有区别的。其中,感性认知阶段的认知过程,包括感知觉,通常是对认知对象表面特征的信息加工。理性阶段的认知过程,包括思维和想象,通常会反映一类事物共同的、本质的属性,或事物之间规律性的联系。通过理性认知,不仅能认知复杂的环境,还能根据因果联系预测事物今后的变化。记忆则既有感性认知成分,又有理性认知特征。它储存感性认知成果,又为理性认知提供认知素材并保存其认知成果。个体正是灵活运用这些认知过程,很好地适应复杂、多变的外部世界。

情绪过程是反映个体的需要与外部事物关系的心理过程。个体要生存、发展和繁衍,会产生多种需要。为了满足这些需要,个体就会积极地从事某些活动或完成一定的任务,动机由此产生。动机会驱动个体积极行动,当行动结果满足个体的需要,就会产生积极的情绪体验;当行动结果没有满足个体的需要,就会产生消极的情绪体验。因此,常把动机和情绪过程统称为"动机情绪过程"。

个体在与外部世界打交道的过程中,并非被动地适应外部世界,而是能主动地改造外部世界,营造一个更有利于自己生存发展的外部环境。个体有目的、有计划、不断克服困难,力图实现自己目的的心理过程,称为意志过程。

认知过程、情感过程和意志过程是一个相互联系、相互影响的统一体。

2. 心理特征

心理特征是指个体在心理活动中表现出来的稳定的特点。它反映了心理活动中的个体差异。例如:有的人观察敏锐,有的人大大咧咧;有的人记忆力强,记得快又记得牢,有的人记忆力弱,记得慢又忘得快;有的人悟性好,有的人悟性差;有的人情绪稳定,有的人容易发脾气;有的人内向,有的人外向;等等。

3. 心理状态

心理活动在一段时间里会出现相对稳定的持续状态,这类心理现象称为心理状态。个体的认知、情绪和意志等心理活动都可能出现相对稳定的心理状态。例如,认真阅读时,对外部环境刺激充耳不闻的聚精会神状态;解决问题过程中,不顾周边人或事的全心投入状态;情绪活动过程中的情绪低落等。

在个体心理活动过程中,心理过程、心理特征和心理状态是相互联系、相互影响的。

### (二)心理学的研究领域

心理学的研究对象是人的心理现象。心理学科是一个庞大的学科体系,涉及的研究领域非常广。有的侧重研究心理学的基本原理和心理现象的一般规律,有的侧重研究心理学基本原理在各种实际领域的应用。我们把前者称为基础心理学,把后者称为应用心理学。

1. 基础心理学

基础心理学主要研究心理学的基本原理和心理现象的一般规律。它既是其他心理学研究领域的基础,同时,其他心理学研究领域的研究又更新、丰富和发展基础心理学的内容。基础心理学包括普通心理学、发展心理学、认知心理学、人格心理学、社会心理学、生理心理学、变态心理学、实验心理学等。

普通心理学是心理学的入门学科。它主要研究个体行为和心理活动规律,包括认知、情绪和动机等。

发展心理学是研究心理发生、发展过程和规律的心理学分支。广义的发展心理学包括动物心理学、比较心理学、民族心理学、个体发展心理学。一般的发展心理学是指个体发展心理学,即研究一个人从出生到衰老的各个时期的心理现象,按年龄阶段又可分为儿童心理学、青年心理学、成年心理学、老年心理学等。

认知心理学是指以信息加工观点研究心理过程的心理学。所研究的心理过程,主要是认知过程,涉及的研究领域包括注意、知觉、表象、记忆、创造性、问题解决、言语和思维等。它把人看作是一个信息加工的系统,认为认知就是信息加工,包括感觉输入的变换、简约、加工、存储和使用的全过程。按照这一观点,认知可以分解为一系列阶段,每个阶段是一个对输入的信息进行某些特定操作的单元,而反应则是这一系列阶段和操作的产物。

人格心理学主要研究个人独特的稳定的心理特征。人格理论重点探讨个体心理差异的主要表现,人格形成的影响因素,以及人格测量和评估。

社会心理学主要研究环境对人的心理和行为的影响。与个体心理不同,社会心理研究环境对人心理的影响。现实生活中,处于群体中的人,其心理和行为会受到他人的影响。所以,群体生活中的人会出现个人独处时所没有的心理现象,如印象管理、人际信任、社会认知、社会权力等。

生理心理学主要研究心理产生的生理机制,包括神经过程和内分泌系统及生物化学因素在行为调节中所起的作用。

实验心理学是应用科学的实验方法研究心理现象和行为规律的科学,是心理学中关于实验方法的一个分支，它目前已经成为科学心理学研究的代表和主力。心理学的研究对象是具有主观能动性的人，它有别于其他自然科学的研究对象。科学心理学实验过程中，为了保证研究结果解释的科学性，需要研究如何操纵自变量，控制无关变量和观测因变量。

2. 应用心理学

应用心理学是心理学中迅速发展的一个重要研究领域。由于心理学知识在越来越多的场景中得到应用，逐渐形成了门类众多的应用心理学。应用心理学研究心理学基本原理在各种实际领域得到了应用，包括工业、工程、组织管理、市场消费、学校教育、社会生活、医疗保健、体育运动以及军事、司法、环境等各个领域。最常见的应用心理学包括以下几种：

教育心理学是研究教育和教学过程中教育者和受教育者心理活动现象，及其产生和变化规律的应用心理学。教育心理学最初偏重于对学习心理和学习规律的研究。现在，教育心理学的研究任务和对象已经扩展到学习心理、儿童发展心理、心理健康和教师心理等多个领域。

咨询心理学是研究心理咨询的过程、原则、技巧和方法的心理学，具有明显的实用性和多学科交叉性。咨询心理学的目的是帮助适应不良（或有心理困扰）者调适和解决心理困惑，重建积极的人生。它为人们在学习、工作、生活、保健和防治疾病方面出现的心理问题（心理危机、心理负荷等）的解决提供有关的理论指导和实践依据，使人们的认知、情感、态度与行为有所改变，以达到增进身心健康，更好地适应环境的目的。

管理心理学是研究管理活动中心理活动规律的科学。它以组织中的人作为特定的研究对象，重点在于对有共同经营管理目标的人进行系统的研究，以提高效率，调动人们的积极性。当今的管理心理学都是以人本思想为前提的，如何实现对人的激励，就成为管理心理学的重要内容。按照不同的管理领域，管理心理学又可进一步细分为行政管理心理学、学校管理心理学、企业管理心理学等。

消费心理学是以大众的消费行为为研究对象，研究消费者购买、使用商品过程中的心理和行为规律的学科。消费心理学涉及商品和消费者两个方面。与商品有关的研究包括广告、商品特点、市场营销方法等；与消费者有关的研究包括消费者的态度、情感、动机、爱好、消费信息来源以及消费的决策过程等。

## 二、青少年发展与学习心理学的研究对象

心理学是一个拥有丰富知识体系的学科。教师在教育教学过程中，需要与工作对象——学生来互动。为了使这种互动更顺利、有效，教师就需要了解一些心理学知识。在这些心理学知识中，学生的发展心理和学生的学习心理是其中重要的组成部分。青少年发展与学习心理学是指研究青少年心理发展年龄特征和学习心理的心理学。它的研究对象主要包括青少年发展心理和学习心理两部分。

**（一）青少年发展心理**

心理发展是指个体从出生、成熟、衰老直至死亡的整个生命进程所发生的一系列心理变化。心理发展既是一个连续性的过程，同时在不同年龄阶段又有独特性；既遵循

从低级到高级、从单一到分化的规律,同时发展顺序又是固定的。

青少年阶段是个体由不成熟的童年向成熟的成人过渡的时期,年龄从十一二岁至十七八岁,大致相当于初中阶段和高中阶段。经历这个时期的发展,个体的生理发育,心理和社会性的发展日益成熟。这个时期身心发展非常快,同时又是非常复杂、充满矛盾的。有学者把这一时期称为人生的"关键期""危机期""狂风暴雨期""过渡期""困难期"。其主要特点是身心发展不平衡,在成人感和心理未完全成熟的现状之间波动,并且由此带来心理和行为的变化。

1. 青少年生理发育

青少年生理发育最突出的表现是身体外形的变化和性发育与成熟。身体外形变化表现在:第一,身高。身高的快速增长是青春期儿童身体外形变化最明显的特征。青春发育期,个体平均每年长高6—8 cm,有的甚至达到10—12 cm。身高增长存在明显的性别差异,一般女性12岁是身高增长最快时期,男性14岁身高增长最快。第二,体重。体重增加也存在性别差异。女性体重增长的高峰期在12—13岁,男性14岁为增长最快期。第三,头面部。相对于童年期,青少年头部骨骼增长速度显著减慢,童年期那种头大身小的特征逐渐向成人的体貌特征发展。此外,嘴巴变宽。原来较为单薄的嘴唇开始丰满。总之,青少年的身体结构和生理机能发育迅速,开始接近成人。

进入青春期后,生殖系统开始发育成熟。其表现是性器官的发育与第二性征的出现。第一性征是直接与性器官有关的特征。男性青春期第一个阶段就是睾丸和阴囊的发育,随后是阴茎发育。阴茎发育时,精囊、前列腺、尿道球腺也增大发育。第一次射精一般发生在阴茎发育后一年。男性在他们拥有成人外表前就能够生育。对女性来说,第一性征的变化是指子宫、阴道以及生殖系统其他部分的发育。一系列激素变化后,才有月经初潮。一般来说,女性月经初潮后过几年才有生育能力,因为月经初潮后两年才能定期排卵。因此,跟男性不同,女性在能生育前就显得身体上很成熟。第二性征的变化包括不直接与有性繁殖有关的变化。男性的变化包括出现阴毛、脸毛和体毛,声音低沉,上臂和大腿皮肤粗糙,汗腺发达。女性第二性征包括乳房挺起,臀部变宽,出现阴毛和腋毛,乳晕扩大,乳头挺起。

2. 青少年心理发展

青少年生理上日臻成熟,以生理为基础的心理活动逐渐达到最佳状态。如注意、感知觉、记忆、抽象逻辑思维已经趋于成熟,但青少年的辩证逻辑思维还不够完善。

青少年的情绪由强烈的外部表现逐步转变为较为稳定的内心体验;情绪的表现方式由外在的冲动性向内在的文饰性转变;情绪时间逐渐增长,出现心境化的趋向;情绪体验的内容更加深刻丰富,社会性情绪逐渐占主导地位。

青少年的人格发展表现为自我意识增强。有人把青少年时期称为"心理断乳期"或"第二断乳期",原因在于青少年自我意识的发展。青少年通过自己活动的结果、他人的评价和社会比较,来收集有关自我的信息。青少年愿意尝试不同的行为和外表,去探索自己是"谁"。但是发展和维持稳定的自我概念是很困难的,因为从各种途径获得的有关自我的信息,有时不完全一致,有时甚至自相矛盾。如何整合有关自我的各种信息,形成稳定的自我概念,是青少年心理发展需要面对的重大挑战。

### （二）青少年学习心理

当然,教师除了要掌握青少年发展心理之外,还需要了解学生学习心理。学习心理部分包括现代学习理论、学习动机、知识的学习和学习迁移。

学习是个体在生活中由于经验而产生的行为或行为潜能的比较持久的变化。学习理论由传统的联结学习理论强调教师中心、书本中心和课堂中心,发展到认知学习理论强调学习是学生理解知识的过程,到现在建构主义和人本主义学习理论强调以学生为中心,认为学习是学生主动建构知识体系,以及促进学生发展的过程。学习理论的发展催化了学习观念、学习过程、学习方法和教育评价等方面的变革。

学习动机是推动学生进行学习活动的内部动力。它是影响学习效果的重要因素。如何才能培养和激发学生的学习动机,是每个教师都需要掌握的学习心理内容。心理学家发展了学习动机理论,用来诠释学习动机的作用,解析学习动机的结构,以及影响学习动机的因素。

知识的学习是学生在学校教育中的主要活动。传统观点认为,学生在校所学的任何东西都叫"知识"。但近年来心理学家运用认知心理学的方法,细分了学生在校所学知识;指出不同类型知识的学习过程不一样,学习方法不一样,影响学习效果的因素也不一样。了解不同类型知识的学习机制,有助于教师针对不同的知识进行分类教学,提高教学效果。

学习是一个连续的过程,新知识的学习总是建立在原来知识的基础之上。新知识的学习与原有知识会相互影响,这就是学习迁移。如果这种影响是积极的,就叫正迁移;如果这种影响是消极的,就是负迁移。如何促进学习的正迁移的产生,心理学家做了大量的研究,提出了促进正迁移的理论。

### 三、青少年发展与学习心理学的任务

广义而言,科学研究的目标就是了解和理解我们周围的世界。所谓科学知识,就是通过系统的实证性研究方法所获得的有组织的知识。青少年发展与学习心理研究任务主要有三个：描述、解释和预测、干预行为和心理现象。

#### （一）描述行为和心理现象

心理学家与其他社会科学家一样,对复杂心理现象的研究,是从简单的现象开始的。通过描述行为,心理学家可以对心理现象进行组织和分类。比如说,心理学家把个体发展心理分为认知发展、情绪发展和人格发展；把认知发展分为注意发展、感知觉、记忆、思维等；把学习心理分为学习动机、知识学习和迁移等。心理学研究无论是验证假设,还是发展理论,都必须从描述某一现象出发。研究某一种心理现象就要用科学概念来界定它,然后,才能概括出这类心理现象的本质特征,以及它与其他心理现象之间的区别和规律性联系。所以,描述是生产科学知识的第一步。为了描述特定的心理现象,心理学发展了自己独有的概念或概念系统。每一个概念之所以要清晰地定义或界定,为的是能够使研究结果可以得到验证,并在学术共同体成员之间更好地传递和传承。

概念是指通过语词或其他符号提取出的现象中的共同特征。例如,发展心理学中"自我同一性"这个术语,就是指青少年对自己是什么人的概念。科学使用概

念的第一个规则就是一个词代表一个特定的概念。由于日常概念充满了模糊性和歧义性，科学家发现有必要限定或重新定义常用词的含义，或发明新的术语。例如，"性格"这一概念，在不同语境中有不同的含义，但在心理学中，性格是指一个人对现实稳定的态度以及相应的行为模式。因此，各个学科都会产生许多专业性很强的术语。科学使用概念的第二个规则是概念与其对应的客体和事件在学术共同体成员之间达成共识。这意味着，概念必须根据精确、可靠的观测，来直接或间接定义。

---

**专栏1-1**

### 心理学和世俗智慧："常识的问题"

每个人都有一套有关如何处理我们自己人际交往行为，以及怎样看我们自己及他人的内隐理论。社会、人格和认知心理学家也都研究过个体的这些内隐理论是什么。研究发现，人们很难清晰、逻辑地把这些理论表达出来。事实上，人们只有在特意关注它们或发现它们不被证实时，才能意识到它们的存在。实际上，大多数人是不会遵循一套成形的理论来行事的。反而，当我们感到要对行为作出解释和说明时，往往会引用一些老生常谈的谚语或一篓子箴言。但这些关于行为的"常识"本身往往是相互矛盾的，也因此是不可证伪的。

人们常常用相互矛盾的谚语，在不同时间来解释同类事件。例如，"三思而后行"是一个强调行动要谨慎的好俗语，但是我们也常说"机不可失，时不再来"来劝告人们要行动果断。"小别胜新婚"表达了人们的一种情绪反应，"眼不见心不烦"不也同样吗？类似的、呈对立状态的俗语还有"欲速则不达"和"兵贵神速"；"三个臭皮匠顶个诸葛亮"和"三个和尚没有水吃"；"安全第一"和"不入虎穴，焉得虎子"；"异性相吸"和"物以类聚"；还有我经常告诫学生"今天事情今天做"，可是当我又和他们说"车到山前必有路"时，真希望自己没有说过先前的那句话。

这些大受欢迎的陈腔滥调构成了我们对行为的一大堆内隐的"解释"。无论发生什么情况，其中之一都可以被抬出来解释一番。这就难怪我们都认为自己是判断人类行为或个性的高手。从适用性的角度来说，这些俗语可是无所不能的。心理学家卡尔·特根（Karl Teigen）曾让被试评价类似上述意义相互矛盾的谚语，结果发现人们确实倾向于同时认为两个相互矛盾的谚语都是对的。

资料来源：Keith E. Stanovich. 与"众"不同的心理学［M］.
范照，邹智敏，等译. 北京：中国轻工业出版社，2005：29.

---

### （二）解释和预测行为与心理现象

心理学家除了描述某一心理现象、概括其特征，并进行分类外，另一个重要任务就是解释心理现象发生、发展的规律，并据此预测在一定条件下，特定心理或行为发生的概率。

解释是为了满足人们的好奇心，但并非所有的解释都是科学的。一个科学的解释应满足科学知识的双重目标——解释过去和现在，并预测将来。日常生活中，在解释心理现象时经常会使用一些非科学的方法，其中包括：第一，惯常法。它诉诸习惯、传统及先入为主的印象或观念；第二，权威法。它诉诸权威（个人、团体或典籍）；第三，直觉法。它诉诸直觉，认为不可否认的自明之理或事，便是真实的或可信的；第四，推理法。它强调推理或推论的可靠性，认为只要推理或推论是对的，得到的结论便是真实的或可信的。只有建立在实证研究基础上而产生的心理学知识或理论，才是解释心理现象或行为的唯一正确途径。

无论是解释心理现象和行为产生的原因，或心理现象产生后所导致的结果，都涉及两个事件或变量。在科学研究之前，必须建立两个事件或变量的抽象陈述，或命题：它把特定条件下，一类事件的变化与另一类事件的变化联系在一起。例如，在教育教学过程中，有人会有这样的经验：一个孩子做家务被家长表扬，那么，这个孩子就会经常去做家务。

这一命题就可用来解释为什么同一行为会一再重复发生——同一行为之所以一再重复发生，是因为这个行为过去曾经得到某种方式的奖励。事件一经解释后，就会产生理解。根据这一命题，一个事件的变化（行为发生时被强化或不被强化），会引发另一类事件（该行为是否重复发生）的变化。例如：一个学习成绩好的学生得到教师的奖励，接下来，他会更加努力地去学习。

命题是抽象的，有两层含义。第一，因为它们可能指过去、现在或将来的变化，它们没有提及特定的历史时间。第二，一个命题都是关于一般事件的。如一个孩子做家务或学习成绩好。如果它只适用于男性，这个命题就不太抽象了；如果它只适用于高自尊的男性，就更不抽象了。抽象水平很重要，因为科学的理想就是要发展最一般的理解：建立一种命题或理论能解释和理解更多的现象。

这时，就需要抽象水平更高的理论来概括这些经验。于是，学习动机强化理论提出来了，即：一个行为如果被强化，那么，它就会重复发生。这是一个更抽象的原理，它囊括了更多的命题或假设。从这个理论中，可以推导出的假设有：如果一个学生学习数学时得到表扬或奖励，那么，他会更加努力地学习数学；如果一个人拾金不昧受到表扬，那么，他会养成捡到东西交还给失主的好习惯等。

人们对心理现象或行为的理解不是停滞不前的，而是会随着科学研究的深入而不断发展。对于科学研究者而言，理解与怀疑有时是一对孪生子。理解的增加会导致进一步的怀疑，而后者会驱使科学研究者从事更深层次的研究，其结果自然会加深理解。例如，有人发现，总是运用外部强化来激励学生学习，会导致学生学习动机的降低。这说明影响学习动机的因素中，除了外部因素外，还有内在因素在起作用。所以，其他的学习动机解释就产生了。例如，奥苏伯尔（David Paul Ausubel, 1918—2008）认为，学习动机除了附属内驱力外，还包括认知内驱力和自我提高内驱力。从另一个侧面来说，命题或理论都是有条件的，超出了它适用的条件，这个命题或理论就是错误的。这就是科学知识的可证伪性。随着学习动机研究结果的不断累积和丰富，在将来某一时刻,一定会有人提出突破性的学习动机理论,从而能更全面地解释学习动机现象。

心理学家发展理论,用来解释更多的心理现象。所谓理论通常意味着有相当多的支持证据。一个完整的、正式的理论包括概念的定义和许多命题或假设,它们描述了该理论应用的情境;理论的核心特征是有许多相互关联的、抽象的假设或命题。

通过更精确地解释更多的心理现象,心理学理论与心理学概念和命题相比提供了更抽象的理解。从经验到概念,从概念到命题,从命题再到科学理论,人们可以解释和预测更多的心理现象。在人格心理学家中,从弗洛伊德和荣格到斯金纳和罗杰斯,提出了各种理论来解释人格结构和人格发展动力,加深了我们对人与人之间差异的理解。当然,由于影响人格发展的因素特别复杂和人格研究方法本身的问题,人格理论在解释个体差异上仍然有一定的局限性;但不容否认的是,不同的人格理论,增加了我们对个体差异的理解。

### (三) 干预行为和心理现象

科学研究的目标就是生产知识来理解和解释我们周围的世界。从本质上讲,心理学家的目标都是理解和预测、控制或干预心理现象和行为。例如,心理学家想解释为什么持续的、较高的压力会诱发身心疾病。其目的也是为了预测哪些人容易患与压力有关的疾病。最后,通过改变个体压力的应对方式,避免压力带来的负面影响,维护身心健康。

所谓干预是指操纵某一行为或心理现象的决定因素或条件,以使该行为或心理现象产生预期的改变。凡是能做良好预测的科学命题或理论,往往也是从事干预工作的良好依据。要进行预测,首先要知道行为或心理现象的决定因素或条件,进而预估该行为或心理现象出现的概率。干预则是先要操纵某一行为或心理现象的决定因素或条件,从而产生干预者所希望获得的后果。以动机强化理论为例,行为发生时是否受到奖励是行为是否再度出现的决定因素,因此,在利用此方法去做预测时,只要知道某一行为是否受到过奖励,便可预测这一行为是否会再度出现。但在进行干预时,必须先操纵奖励的给予条件,然后才能产生所期望的后果——如果希望某一行为将来再度出现,便应在该行为现在出现时加以奖励;如果希望某一行为将来不再出现,便应在该行为现在出现时不予奖励。

## 第二节 心理学的发展

心理学既古老又年轻。两千年前,古希腊哲学家柏拉图和亚里士多德就推测过人的本性。17世纪欧洲哲学家如洛克和笛卡尔就在讨论,人是否生来就具有特定的能力,或是否需要通过经验来获得这些能力。所以,心理学是一门古老的科学,因为古代哲学家的论述中就涉及心理学思想。

但早期哲学家在探讨心理现象时,采用的是思辨的方法,而不是实证的研究方法。所以,他们的很多心理学思想是不科学的。

专栏 1-2

## 俗语与心理学研究

**判断下列俗语正确与否。**

下列有8句俗语。每句俗语都被心理学家实证检验。请判断心理学研究是否支持这些说法。

1. 龙生龙,凤生凤,老鼠生儿打地洞。
2. 身教重于言教。
3. 人之初,性本善。
4. 棍棒下面出孝子。
5. 男生比较喜欢长发飘飘的女生。
6. 夫妻长相会相似或越来越相似,即所谓夫妻相。
7. 同病相怜。
8. 男人比较花心。

**心理学研究结果:**

1. 错。在人的发展中,遗传只提供发展的基础,发展水平取决于后天的教育和主观努力。
2. 对。美国心理学家班杜拉的研究证明,成年人言行一致对儿童的影响最积极;当成年人言行不一致时,儿童效仿成年人的行为,而不是遵从成年人的言语教导。
3. 错。人的心理是主客观因素交互作用的结果。
4. 错。年幼时被严厉惩罚的儿童,相较于没有被父母严厉惩罚的儿童,在成年后会有更多的心理问题。
5. 对。在长相一样的情况下,男生更喜欢长发披肩的女生。
6. 错。心理学家把刚结婚、结婚2年、结婚4年、结婚8年和结婚16年的夫妻作为研究对象,没有发现夫妻长得很相似。
7. 对。抑郁的人比不抑郁的人更可能寻求他人的情感支持。
8. 对。心理学家把在校正谈恋爱的大学生作为实验对象进行实验研究。研究分为三个步骤。第一步,评价自己对异性朋友的喜欢程度。第二步,给被试者看漂亮或英俊的异性照片。第三步,重新评价自己对异性朋友的喜欢程度。结果发现,只有男生对女朋友的评价下降。

### 一、心理学发展历史中的主要理论流派

1879年德国心理学家冯特(Wilhelm Wundt, 1832—1920)在德国莱比锡大学创办了第一个心理学实验室,标志着心理学从哲学中独立出来,成为一门独立的学科。冯特也被认为是实验心理学的奠基人。在心理学发展历史中,形成了众多理论流派,推动了心理学的发展。

#### (一)构造主义

构造主义(Structuralism)心理学派的代表人物包括冯特、铁钦纳等。它主张心理学要研究人们的直接经验,即意识;并把人的经验分为感觉、意象和激情状态。他们认为感觉是知觉的元素,激情是情绪的元素,意象是观念的元素。所有复杂的心理现象都是

## 冯特

威廉·冯特，德国心理学家、哲学家，德国第一个心理学实验室的创立者，构造主义心理学派的代表人物。他的《生理心理学原理》是近代心理学史上第一部最重要的著作。1856年冯特获得医学博士学位，1875年任莱比锡大学哲学教授，1879年在该校建立世界上第一个心理实验室。

## 詹姆士

威廉·詹姆士，美国心理学之父。美国本土第一位哲学家和心理学家，也是教育学家，实用主义的倡导者，美国机能主义心理学派创始人之一，也是美国最早的实验心理学家之一。1875年，他建立了美国第一个心理学实验室，1904年当选为美国心理学会主席，1906年当选为美国国家科学院院士。2006年，詹姆士被美国权威期刊《大西洋月刊》评为影响美国的100位人物之一（第62位）。

这些元素构成的。心理学就是要研究这些元素构成更复杂心理现象的规律。在研究方法上，构造主义强调内省方法，即自我报告。

### （二）机能主义

机能主义心理学派的代表人物是美国心理学家詹姆士（William James, 1842—1910）和杜威（John Dewey, 1859—1952）等。机能主义强调研究日常生活中遇到的各种问题，特别是意识，即对环境和自我的觉察。但他们反对研究意识的结构，主张研究意识的机能，主张心理学的研究对象应该是具有适应性的心理活动。他们强调意识活动在有机体与环境之间起重要的中介作用。受达尔文进化论的影响，他们认为心理过程是不断进化的。他们对意识的进化和功能感兴趣。

### （三）行为主义

行为主义（Behaviorism）在心理学发展中具有重大影响。创始人是美国心理学家华生（John Broadus Watson, 1878—1958）、桑代克（Edward Lee Thorndike, 1874—1949）和斯金纳（Burrhus Frederic Skinner, 1904—1990）等。行为主义反对把内隐的意识作为心理学的研究对象，认为只有能直接观察到的行为才是心理学的研究对象；反对内省，主张用实验方法。华生主张从可观测的刺激、反应方面去进行研究，心理学才能成为严格意义上的科学研究，只有客观的方法才是科学的方法。华生认为行为是有机体受到环境刺激的结果。通过改变环境就可以控制行为。行为主义主张用实验方法研究可以观测的行为，对心理学走上客观研究的道路有积极的作用。但是，由于它反对研究意识，不研究心理的内部结构和过程，因此被称为"没有心的心理学"。

## 华生

约翰·布罗德斯·华生是美国心理学家，行为主义心理学的创始人。1915年当选为美国心理学会主席。主要研究领域包括行为主义心理学理论和实践、情绪条件作用和动物心理学。他认为心理学研究的对象不是意识而是行为，主张研究行为与环境之间的关系，心理学的研究方法必须抛弃内省法，而代之以自然科学常用的实验法和观察法。他还把行为主义研究方法应用到了动物研究、儿童教养和广告方面。他在使心理学客观化方面发挥了巨大的作用，对美国心理学产生了重大影响。

### 韦特海默

马克斯·韦特海默是德国心理学家,格式塔心理学创始人之一。他出生于奥匈帝国时期的布拉格,去世于美国纽约州新罗谢尔。他早期学习法律和哲学,后转学心理学,在屈尔佩的指导下获得哲学博士学位,然后长期执教并从事心理学研究。1933年移居美国,受聘于纽约社会研究新学院。韦特海默一生著述不多,但他对格式塔心理学的发展有很大影响。他主张从直观上把握心理现象,并把整体结构的动态属性看作是心理学的本质,认为应从整体到部分地理解心理现象。他还研究了神经活动和知觉的关系、知觉和思维。

#### (四)格式塔心理学

格式塔心理学起源于20世纪初的德国,代表人物有韦特海默(Max Wertheimer, 1880—1943)、考夫卡(Kurt Koffka, 1886—1941)和苛勒(Walfgang Kohler, 1887—1967)。

格式塔是德文"Gestalt"的音译,意为"完形""整体"。格式塔心理学反对把意识分解为元素,认为整体不等于部分之和,整体是先于部分而存在,并且制约着部分的性质和意义。格式塔心理学在视知觉和问题解决中有很多影响深远的研究。

#### (五)精神分析

精神分析学派的创始人弗洛伊德(Sigmund Freud, 1856—1939)是一位奥地利医生。他对神经病学和心理问题特别感兴趣。

弗洛伊德认为人格动力是本能。精神分析学说认为,人类的一切行为,都源于其心灵深处的某种欲望或动机,特别是性欲的冲动。欲望以潜意识的形式支配人,并且表现在人的正常或异常行为中。欲望或动机受到压抑,是导致神经病的重要原因。精神分析是指一种临床技术,它通过释梦和自由联想等手段,发现病人潜在动机,使精神得以宣泄,从而达到治疗的目的。

弗洛伊德认为人格是由本我、自我和超我三个部分构成的系统。本我是人先天具有的,其唯一目的是消除或减轻有机体的紧张以获得满足和快乐,它按"快乐原则"行事;超我是内化了的道德标准,意图压抑本我的盲目冲动,它按"道德原则"行事。自我介于两者之间,它根据外部环境理智地协调本我、超我的关系。它按"现实原则"行事。当自我能很好地协调它们的关系,人格就处于正常状态;当自我失去对本我和超我的控制时,人就会产生各种焦虑。为了减轻焦虑,自我便发展出各种潜意识的防卫机制。弗洛伊德认为,意识只是人的整个精神活动中位于表层的很小一部分,潜意识才是人的精神活动的主体,处于心理的深层。

精神分析学派对精神病学和临床心理学产生了深远的影响,他们使用的一些概念,如潜意识动机、防卫机制等已被主流心理学认同,但泛性论思想和研究方法,却被后世心理学家批评。

#### (六)人本主义心理学

人本主义心理学(Humanistic Psychology)是20世纪中叶在美国产生和发展起来的一种心理学思潮。由马斯洛(Abraham Harold Maslow, 1908—1970)创立,以罗杰斯(Carl Rogers, 1902—1987)为代表,被称为除行为主义和精神分析以外,心理学上的"第三势力"。它既反对行为主义把人等同于动物,只研究人的行为,不理解人的内在本性,又批评弗洛伊德只研究神经症和精神病人,不考察正常人心理。人本主义和其他学派最大的不同是特别强调人的本性和价值,而不是研究人的问题行为,并强调人的成长和发展,即自我实现。

马斯洛提出了需要层次理论,罗杰斯提出了个人中心治疗理论。

## 弗洛伊德

西格蒙德·弗洛伊德，奥地利精神病医师、心理学家、精神分析学派创始人，被称为"维也纳第一精神分析学派"。1873年入维也纳大学医学院学习，1881年获医学博士学位。1882—1885年在维也纳综合医院担任医师，从事脑解剖和病理学研究，然后私人开业治疗精神病。1895年正式提出精神分析的概念。1899年出版《梦的解析》，被认为是精神分析心理学的正式形成。1919年成立国际精神分析学会，标志着精神分析学派最终形成。著有《梦的解析》(释梦)、《精神分析引论》、《图腾与禁忌》等。被世人誉为"精神分析之父"，20世纪最伟大的心理学家之一。

## 马斯洛

亚伯拉罕·马斯洛，美国社会心理学家、人格理论家和比较心理学家，人本主义心理学的主要发起者和理论家，心理学第三势力的领导人。1926年入康奈尔大学，三年后转至威斯康辛大学攻读心理学，在著名心理学家哈洛的指导下，1934年获得博士学位。1935年在哥伦比亚大学任桑代克学习心理研究工作助理。1937年任纽约布鲁克林学院副教授。1951年被聘为布兰代斯大学心理学教授兼系主任，开始对健康人格或自我实现者的心理特征进行研究。1969年离任，成为加利福尼亚劳格林慈善基金会第一任常驻评议员。曾任美国人格与社会心理学会主席和美国心理学会主席(1967)，是《人本主义心理学》和《超个人心理学》两个杂志的首任编辑。主要著作有《动机与人格》《存在心理学探索》《宗教、价值观和高峰体验》《科学心理学》《人性能达的境界》等。

### 二、当代心理学研究的主要取向

走过早期心理学理论流派林立的时期，心理学家发现心理学流派之间并非是非此即彼的关系，而只是研究心理现象的不同视角。在研究复杂心理现象的过程中，当代心理学形成了五种主要的研究取向，即生物学取向、行为主义取向、认知取向、社会文化取向和心理动力取向。

#### （一）生物学取向

近几十年来，越来越多的心理学家使用生物学方法来研究行为和心理过程。生物学取向认为，任何行为、情绪和思想都是由大脑生理或神经系统的变化引起的。生物学取向只是一种研究问题的方法，目的不是建构一种理论。近年来，出现了一个交叉学科——神经科学，它涵盖了心理学、生物学、生物化学、医学，主要研究神经系统的结构和机能。

#### （二）行为主义取向

如前文所述，行为主义取向强调研究可观察的行为。现代心理学受行为主义取向影响最大的是学习领域。行为主义最重要的贡献之一就是研究方法。行为主义认为，心理学概念必须精确定义，反应必须客观测量。

#### （三）认知取向

认知取向研究不能观察的心理过程，包括感知、记忆、思维和理解等。认知取向和行为主义取向的不同主要表现在两个方面。第一，研究对象。前者研究可观察的行为，后者研究不可观察的心理过程。第二，对人的看法。早期行为主义者把人看作是等待环境刺激，然后作出反应的被动的有机体；认知取向则认为，人会主动获取信息，并寻求新的发展,过去的经验会对此产生影响。

### (四) 心理动力取向

虽然认知取向得到众多心理学研究者的认同,但大多数学生选修心理学课程则是由于弗洛伊德的心理分析理论。心理分析取向强调三个核心观点:第一,童年经验决定了成人人格;第二,无意识心理过程影响日常行为;第三,大多数人类行为存在冲突。

### (五) 社会文化取向

社会文化取向着重研究社会文化对个体心理和行为的影响。近年来,跨文化心理学研究成果日益丰富,它研究不同文化背景下人的心理的共同性、差异性,以及社会文化特点对心理产生的影响。

以研究"攻击"为例,可以看到五种研究取向对"攻击"的不同解释(表1-1)。

表1-1 五种主要研究取向的关注点及对"攻击"的解释

| 研究取向 | 关注点 | 对"攻击"的解释 |
| --- | --- | --- |
| 生物学 | 心理的生物基础 | 大脑生化过程及特殊基因 |
| 行为主义 | 外显行为及其刺激的原因和结果 | 强化、模仿 |
| 认知 | 通过行为来推断认知过程 | 认知失调 |
| 心理动力 | 潜意识驱力 | 攻击本能 |
| 社会文化 | 心理多样性的文化根源 | 主流文化和亚文化的影响 |

## 第三节  心理学与教育

### 一、心理学对教育的作用

#### (一) 心理学是开展教育活动的依据和前提

我们都知道,教育在促进学生身心发展中起主导作用,但是学生的身心发展规律也制约着教育活动。教育只有遵循学生的身心发展规律,才能充分发挥这种主导作用。

发展心理学研究发现,个体心理发展遵循从简单到复杂、从低级到高级、从概括到分化的规律。因此,在教育内容的选择、组织、呈现,教学方法的选择,教学组织形式,以及教育评价中,都要考虑学生心理发展水平。教育活动只有遵循学生心理发展规律,才能取得较好的效果。

#### (二) 心理学知识促进教育观念转变

心理学研究在不断发展,教育观念也随着时代变迁在不断变化。对于教师和学生在学习过程中的作用,行为主义主张以教师为中心,人本主义强调以学生为中心;从教育目的来看,从行为主义的传授知识、认知心理学派的学生理解知识、建构主义的意义建构,到人本主义心理学强调培养人;教学方法方面,从讲授法到合作学习、自主学习;教学内容方面,从知识中心转变为问题中心;教学组织形式从以课堂为中心转变为小组学习或个别学习。这种观念的转变体现在学生观、教师观、知识观、教学观等方面。学习心理学知识,有利于教育工作者教育观念的转变。

表1-2 心理学发展与学习观念的改变

| 理论流派 | 学习实质 | 学习过程 | 学习条件 |
|---------|---------|---------|---------|
| 行为主义 | 刺激-反应联结 | 重复 | 正确使用强化 |
| 认知心理学 | 理解新知识 | 用原来认知结构理解新知识 | 建立新旧知识的联系 |
| 建构主义 | 现象的意义建构 | 用个体经验重构关于周围世界的知识 | 以问题为中心的学习 |
| 人本主义 | 学习的价值建构 | 自由学习 | 教师辅助,学生自评 |

## 二、心理学对教师的作用

### (一) 心理学知识是教师教育科学知识的重要组成部分

近年来,人们已经普遍认识到,高素质教师的典型特征是具有教育专长,也就是具有出色的教育表现和与之相适应的复杂的知识结构。对专家型教师和新手型教师的对照研究表明,专家的职业知识结构与新手的职业知识结构无论在数量上还是质量上都有显著的不同。合理的知识结构作为教师素质的一个重要成分,对教师的成功教学起着重要的作用。

对于教师的知识结构,不同研究者有不同的研究角度或研究方式,因而也就有不同的理解。从其功能出发,教师的知识可以分为四个方面的内容:本体性知识、条件性知识、实践性知识和文化知识。

其中,条件性知识是指教师所具有的教育学与心理学知识,它是教师关于"如何教"的知识。例如:怎样设计课程?怎样进行教学设计?怎样评估学生行为?林崇德在其"学习与发展"理论中明确指出:儿童、青少年的心理发展规律是教育实践和教育改革的出发点。教育科学和心理科学知识是教师成功地进行教育教学的条件性知识,它可以具体化为以下三个方面(教师教育心理学的主要内容):(1)关于学生身心发展的知识;(2)关于教与学的知识;(3)关于学生成绩评价的知识。

教学过程是教师将其具有的学科知识转化为学生可以理解的知识的过程。在此过程中使用教育学和心理学规律来思考学科知识,对学科知识的重组和表征是现代教育科学的基本要求。条件性知识是教师成功从事教育教学工作的重要保障。

### (二) 心理学研究有助于提高教育教学质量

教育教学既是一门科学,也是一门艺术,是一个不断完善的过程。青少年发展的心理知识有助于教师更加深入地了解学生,提高教育教学的针对性。学习心理学知识,能够帮助教师更全面、更准确地理解学生学习过程,主动而科学地驾驭教学方法和教育手段,丰富自己的教学艺术,从而全面地提高教学质量。例如,行为主义心理学认为,只要控制好强化物就能塑造和改变人的行为。但是在平常生活和学习中如何正确使用强化物,才能培养和激发学生内在的学习动机呢?布洛菲等(Brophy,1983,Brophy & Good, 1986)总结了有关表扬的文献,认为有效的表扬应具备下列关键特征:(1)表扬应针对学生的良性行为;(2)教师应明确学生的何种行为值得表扬,应强调导致表扬的那种行为;(3)表扬应真诚,体现教师对学生成就的关心;(4)表扬应具有这样的意义,即如果学生投入适当的努力,则将来还有可能成功;(5)表扬应传递这样的信息,即学生努力并受到表扬,是因为他们喜欢这项任务,并想形成有关的能力。所以,心理学研究为家长和教师如何表扬提供了操作指引。

## 参考文献

[1] 黄希庭. 心理学导论[M]. 北京:人民教育出版社,2009.
[2] 林崇德. 发展心理学(第二版)[M]. 北京:人民教育出版社,2014.
[3] 杨国枢,等. 社会及行为科学研究法[M]. 第13版. 重庆:重庆大学出版社,2007.
[4] Keith E. Stanovich. 与"众"不同的心理学[M]. 范照,邹智敏,等译. 北京:中国轻工业出版社,2005.
[5] Brophy, J. Conceptualizing student motivation[J]. Educational Psychologist, 1983(18): 200−215.
[6] Brophy, J., Good, T. Teacher behavior and student achievement[C]// M. C. Wittrock. Handbook of research on teaching (3rd ed). New York: McMillan, 1986.

## 思考题

1. 科学知识是指通过系统的实证性研究方法所获得的有组织的知识。它可以帮助我们理解过去和现在的现象,并预测将来的变化。但是,在日常生活中,人们在追求知识或解决问题时,经常会使用一些非科学的方法。谈谈你所了解的非科学的方法。

2. 心理现象或行为研究,可以从多个角度展开。如果要研究"学习成绩优秀与学习困难学生的差异",请你分别从生物学取向、行为主义取向、认知取向、社会文化取向和心理动力取向谈谈你的研究思路。

3. 俗话说"心诚则灵,心不诚则不灵"。封建迷信经常强调"心诚则灵",即只要你"心诚",则一切愿望皆可实现;如果你的愿望没有实现,是因为你的"心不诚"。从科学方法论的角度来说,"心诚则灵,心不诚则不灵"具有不可证伪性。这是科学与伪科学的重要区别之一。谈谈你对科学知识具有可证伪性的理解。

第二部分

# 青少年发展心理

# 第二章 青少年认知发展

**学习目标**

1. 理解感觉的含义,识别不同的感觉类别,解释和举例感觉的现象。
2. 理解知觉的含义,识别不同的知觉类别,解释和举例知觉的特性。
3. 理解注意的含义,识别不同的注意类别,解释和举例注意的品质。
4. 理解记忆的含义,识别不同的记忆类别,解释和应用遗忘规律、遗忘原因。
5. 理解思维的含义,识别思维的过程和类别。
6. 理解想象的含义,识别想象的类别。
7. 理解问题和问题解决的含义,评价和应用问题解决的过程。
8. 了解和比较皮亚杰认知发展理论与维果斯基认知发展理论。
8. 理解、举例和应用青少年认知发展的规律。
9. 理解创造性的含义和创造性的心理结构。
10. 应用青少年创造性的培养途径。

## 关键术语

**感觉**：人脑对直接作用于感觉器官的客观事物个别属性的反映。

**感觉适应**：在外界刺激持续作用下感受性发生变化的现象。

**感觉后像**：外界刺激停止作用后，暂时保留的感觉印象。

**感觉对比**：感受器不同部位接受不同刺激，对某个部位的强刺激会抑制其他邻近部位的反应，不同部位的反应差别会被加强的现象。

**联觉**：一种感觉的感受器受到刺激时，在另一感觉通道也产生了感觉的现象。

**感觉的相互作用**：不同感受器之间的相互影响和作用，从而使感受性发生变化的现象。

**知觉**：人脑对直接作用于感觉器官的客观事物的各个部分和属性的整体反映。

**注意**：心理活动或意识对一定对象的指向和集中。

**不随意注意**：事先没有目的也不需要意志努力维持的注意，又叫无意注意。

**随意注意**：有预定目的、需要付出一定意志努力才能维持的注意，又叫有意注意。

**随意后注意**：一种既有目的，又无需意志努力的注意，又叫有意后注意。

**记忆**：过去的经验在头脑中的反映。

**遗忘**：对识记过的材料既不能重现也不能再认的现象。

**思维**：人脑借助语言、表象或动作实现的对客观事物间接、概括的反映，它能认识事物的本质特征和事物之间的内在联系。

**想象**：对头脑中已有的表象进行加工改造，形成新形象的过程。

**问题**：在事物的初始状态和想要达到的目标状态之间存在障碍的情境。

**问题解决**：在问题情境中超越对所学原理的简单运用，对已有知识、技能或概念、原理进行重新改组，形成一个适应问题要求的新的答案或解决方案。

**定势**：由先前的心理操作形成的模式所引起的心理活动的准备状态。

**自我中心**：皮亚杰认知发展理论中的概念，指儿童不能从他人的观点来考虑问题，认为别人看到的世界与自己看到的世界相同的心理特征。

**最近发展区**：维果斯基认知发展理论中的概念，是指儿童实际认知发展水平与其可能达到的认知发展水平之间的差距。

**创造性**：也叫创造力，是根据一定的目的和任务，运用已知信息，产生出具有社会或个人价值并具有新颖独特成分的产品的一种能力品质。

**本章结构**

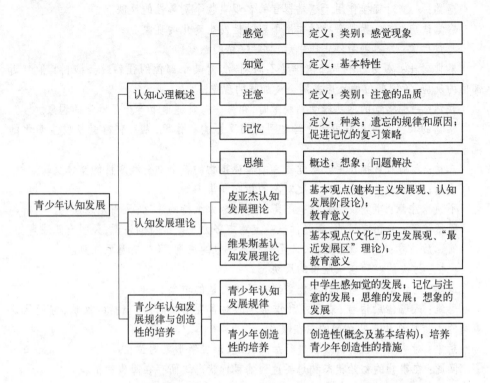

## 第一节　认知心理概述

个体的心理过程包括认知过程、情绪过程和意志过程。本节主要介绍认知过程。认知过程是个体获得知识或应用知识的过程,即信息加工的过程,包括感觉、知觉、注意、记忆、思维等心理过程。

### 一、感觉
#### (一)感觉的定义

从字面意思来理解,感觉就是感官觉察,是指人脑对直接作用于感觉器官的客观事物个别属性的反映。外部世界的刺激是复杂的,我们的感官对于这些刺激的单一属性的最初认识就是感觉。单一属性指的是刺激的某一属性,如颜色、味道、形状等,而就颜色、味道、形状等属性来说,也是指单一的颜色、单一的味道、单一的形状,也就是说,单一属性就是最简单的刺激单元。最初的认识指的是从时间上来说,外界刺激刚刚进入感觉器官,大脑还未对复杂的刺激进行分析、加工,此时只能对刺激的单一属性进行认识,随着加工的进行,大脑就开始认识事物的整体属性了,这是知觉,将在本节的第二部分进行介绍。

当刺激作用于感觉器官时,刺激量较小或刺激量的变化较小时人们是觉察不到的,人们刚刚能够觉察到的刺激量被称为绝对感觉阈限,人们刚刚能够觉察到的刺激量的变化被称为相对感觉阈限。与感觉阈限相联系的概念是感受性,感受性是指人们对刺激物的感觉能力。感觉阈限是衡量个体感受性高低的标准。感觉阈限越低,说明个体的感受性越高。

#### (二)感觉的类别

按照刺激的来源可把感觉分为外部感觉和内部感觉。

1. 外部感觉

外部感觉是由外部刺激作用于感觉器官所引起的感觉,包括视觉、听觉、嗅觉、味觉和皮肤感觉(皮肤感觉又包括触觉、温觉、冷觉和痛觉)。在所有感觉中,人们通过视觉所获得的信息最多,约占人们获得信息总量的80%。

---

**专栏2-1**

**辣属于味觉吗?**

生活中我们常说酸、甜、苦、辣、咸各种味道,但是辣属于味觉吗?

味觉(酸、甜、苦、咸、鲜)是通过作用于味觉细胞上的受体蛋白,激活味觉细胞以及相连的神经通路。而辣的感觉是通过辣椒素等作用于舌头中的痛觉纤维上的受体蛋白而产生的。这条通路同时也是痛觉的传导通路。因此从神经科学的角度来说,辣更类似于痛觉。

---

2. 内部感觉

内部感觉是由身体内部来的刺激所引起的感觉,包括运动觉、平衡觉和机体觉。运动觉反应身体各部分的位置、运动以及肌肉的紧张程度。平衡觉是由人体作加速度或减速度的直线运动或旋转运动引起的,人们在乘坐飞机起飞和降落时所产生的感觉就是平衡觉。机体觉又叫内脏感觉,是由内脏的活动作用于脏器壁上的感受器产生的,包括饿、胀、渴、窒息、恶心、便意和疼痛等感觉。

#### (三)感觉现象

1. 感觉适应

在外界刺激持续作用下感受性发生变化的现象叫感觉适应。例如,从亮的环境到暗的环境,一开始看不到东西,后来逐渐看到了东西,这叫暗适应;从暗的环境到亮的环境,一开始觉得光线刺得眼睛睁不开,但很快就习惯了,叫明适应。各种感觉都能发生适应的现象,而痛觉却难于适应,因为痛觉具有保护性的作用。在各种感觉适应的现象中,暗适应是感受性提高的过程,其他适应过程一般都表现为感受性的降低。

2. 感觉后像

外界刺激停止作用后,暂时保留的感觉印象叫感觉后像。例如,电灯灭了,眼睛里还会看到亮着的灯泡的形状,这就是后像。

后像分正后像和负后像。与刺激物性质相同的后像叫正后像,如看到白光以后眼睛里仍保留着白光的感觉。与刺激物性质相反的后像叫负后像,如看到灯灭了,眼睛里却留下了一个黑色灯泡的形象。正负后像可以相互转换。后像持续的时间与刺激的强度成正比。

#### 3. 感觉对比

感觉对比是指感受器不同部位接受不同刺激，对某个部位的强刺激会抑制其他邻近部位的反应，不同部位的反应差别会被加强的现象。

图 2-1 马赫带

感觉对比有同时对比和先后对比两种。两种感觉同时发生所形成的对比叫同时对比，如明暗相邻的边界上，看起来亮处更亮，暗处更暗了（即马赫带现象，见图2-1），这是明度的对比；又如，绿叶陪衬下的红花看起来更红了，这是彩色对比现象，彩色对比的效果是产生它的补色。两种感觉先后发生所形成的对比叫先后对比，如吃完苦药以后再吃糖觉得糖更甜了；从冷水里出来再到稍热一点的水里觉得热水更热了。

#### 4. 联觉

一种感觉的感受器受到刺激时，在另一感觉道也产生了感觉的现象叫联觉。如红色看起来觉得温暖，蓝色看起来觉得清凉。

---

**专栏 2-2**

### 文学中的联觉

钱钟书先生提出的文学修辞手法"通感"，说的就是心理学中的联觉现象，下面是文学作品中含有联觉现象的表述：

微风过处，送来缕缕清香，仿佛远处高楼上渺茫的歌声似的。

塘中的月色并不均匀，但光与影有着和谐的旋律，仿佛梵婀玲上奏着的名曲。

——朱自清《荷塘月色》

花里带着甜味，闭了眼，树上仿佛已经满是桃儿、杏儿、梨儿。

——朱自清《春》

---

#### 5. 感觉的相互作用

不同感受器之间相互影响和作用，从而使感受性发生变化的现象就叫感觉的相互作用。例如，人们感冒时吃东西常常觉得没有味道，这是因为鼻子堵塞，嗅觉失灵，嗅觉影响了味觉。

### 二、知觉

#### （一）知觉的定义

知觉是人脑对直接作用于感觉器官的客观事物的各个部分属性的整体反映。它是各种感觉器官协同活动的结果，并受人的知识经验和态度的制约。因此，从字面意思来理解,知觉就是知识觉察。同一物体,不同的人对它的感觉即使是相同的,但对它的知觉却可能会有较大的差别。例如,看到一张椅子、听到一首乐曲就属于知觉现象。

### (二)知觉的基本特性

1. 整体性

人在过去经验的基础上,把事物的各个部分、各种属性结合起来,知觉成为一个统一的整体的特性。例如,我们在观看体育比赛时会将穿同样队服的运动员知觉为一个整体。又如,在图2-2中,虽然我们只看到了三个圆弧,但是往往我们将三个圆弧知觉成一个整体,即一个完整的圆。

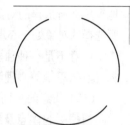

图2-2 知觉的整体性

2. 选择性

我们每时每刻接触的刺激是海量的,人总要根据自己的需要,把一部分事物当作知觉的对象,知觉得格外清晰,而把其他对象当作背景,知觉得比较模糊,这种有选择地知觉外界事物的特性叫作知觉的选择性。被个体选择知觉的对象称为图形,其他部分称为背景。图形和背景是可以发生变化的。双关图形就能说明图形和背景是可以相互转化的(见图2-3)。

图2-3 双关图形

3. 恒常性

在一定范围内,知觉的条件发生了变化,而知觉的映象却保持相对稳定不变的知觉特性叫知觉的恒常性,简称常性。例如,在不同距离看同一个人,尽管他在视网膜上的映象的大小有了变化,但对他的高矮的知觉却可以保持不变,这就是大小恒常性。除了大小具有恒常性外,颜色、明度、形状也都具有恒常性。知觉常性具有十分重要的意义,使我们对外部世界有较为稳定的认识。

图2-4 知觉的理解性

4. 理解性

在知觉外界事物时,人们总要用过去的经验和知识基础对其加以解释,知觉的这种特性叫作知觉的理解性。因此,对于相同的事物,每个人由于经验和知识基础不同,会有不一样的知觉结果。例如,我们会将图2-4中的斑点图知觉为一只小狗。

感觉与知觉的比较如表2-1所示。

| 比较方面 | 感 觉 | 知 觉 |
|---|---|---|
| 概 念 | 人脑对直接作用于感觉器官的客观事物个别属性的反映 | 人脑对直接作用于感觉器官的客观事物的各个部分和属性的整体反映 |
| 字面意思 | 感官觉察 | 知识觉察 |
| 加工过程 | 外界信息输入的过程 | 外界信息输入和已有知识相互作用的过程 |

表2-1 感觉与知觉的比较

### 三、注意

#### （一）注意的定义

注意是心理活动或意识对一定对象的指向和集中。指向性是指由于能力的限制，心理活动不能同时指向所有的对象，而只能选择某些对象，舍弃另一些对象，因此注意的指向性强调的是心理活动或意识在哪个方向上进行活动。集中性是指心理活动能全神贯注地聚焦在所选择的对象上，即心理活动或意识在一定方向上的紧张度和强度。注意能使所选择的对象处于心理活动或意识的中心，并加以维持，从而能够对其进行有效的加工。

注意不是一种独立的心理过程，而只是伴随着其他心理过程而发生。人的感觉、知觉、记忆、思维等心理活动过程离不开注意的参与。

#### （二）注意的类别

根据引起注意及维持注意的目的是否明确和意志努力程度的不同，可以将注意分为不随意注意、随意注意和随意后注意（表2-2）。

表2-2 注意类型的划分依据

| 是否需要意志努力 \ 是否有目的 | 有目的 | 无目的 |
|---|---|---|
| 需要意志努力 | 随意注意 | — |
| 不需意志努力 | 随意后注意 | 不随意注意 |

1. 不随意注意

不随意注意，又称无意注意，指事先没有目的也不需要意志努力维持的注意。"不随意注意"强调此类注意不需要意志努力，"不随意"中的"意"是"意志"的意思。"无意注意"强调没有明确的目的来维持此类注意，"无意"中"意"是"意图"的意思。例如，上课时外面突然出现了巨大的声音，所有人都不约而同地向发出声音的地方望去，这时就是不随意注意在起作用。

是否引起不随意注意受到刺激物的特征和人自身状态的影响。第一，强度大的、对比鲜明的、突然出现的、变化运动的、新颖的刺激容易引起不随意注意。第二，人的需要、兴趣、态度，当时的情绪和精神状态，已有的知识经验等都会影响人们的不随意注意。

2. 随意注意

随意注意，又称有意注意，是指有预定目的、需要付出一定意志努力才能维持的注意。它是在无意注意的基础上发展起来的，是人所特有的一种心理现象。对于学习和工作来说，它有较高的效率。例如为了通过考试，学生虽然对于学习内容没有兴趣，但仍认真听讲，此时就是随意注意在起作用。

影响随意注意的主要因素包括活动的目的与任务、对活动的兴趣和认识、人的知识经验、活动的组织、人的性格及意志品质等。第一，目的任务越明确，越有助于保持随意注意。第二，在随意注意中，活动兴趣往往是间接的，即人们对活动本身可能不感兴趣，但是，对活动的结果感兴趣。所以，对活动结果的强调，激发人们对活动结果的兴趣，即间接兴趣，能够维持人们稳定而集中的注意。第三，如果刺激物和自己已有的知识经验有一定联系，但又不完全了解，这时，维持注意就比较容易了。第四，正确合理地组织活动有助于随意注意的引起和保持。第五,一个具有顽强、坚毅性格特点的人,容易使自己的注意服从于当前的目的与任务。

3. 随意后注意

随意后注意是一种既有目的,又无需意志努力的注意,亦称有意后注意,它一般是在有意注意的基础上发展起来的,兼有不随意注意和随意注意两方面的某些特点。例如,刚开始学习某门学科的时候,不得不付出很大努力去学习,这是随意注意;随着对学习对象的熟悉和兴趣的增加,这时即使不花费多大的意志努力,学习也能继续维持下去,这就成了随意后注意。

---

**专栏2-3**

## 课堂教学中注意规律的应用

**1. 防止不随意注意的发生**

课堂中出现的一些无关刺激会引起学生的不随意注意。因此,教师要尽量避免在课堂教学中出现一些无关刺激。例如,如果教师带了一个不常见的教具,就会引起学生的无意注意,这时教师应该在使用这个教具时才将它拿出来,使用之后即放到学生看不到的地方。

**2. 不随意注意特征的应用**

教师根据影响不随意注意的因素呈现教学内容,使学生能够不自觉地注意到教学内容。例如,教师可以通过语音语调的变化吸引学生的注意,可以根据学生的兴趣准备教学材料。

**3. 随意注意特征的应用**

根据影响随意注意的因素,教师可从以下几个方面提高课堂教学的注意力:第一,教师应明确课堂中的学习任务,使学生有目的地完成学习任务;第二,教师应帮助学生认识到学习内容的重要性,提高学生学习的间接兴趣;第三,教师教学时应注意教学内容与学生已有的知识和经验联系起来;第四,教师在课堂教学时,应明确课堂教学程序,知道自己在不同的教学环节该做些什么;第五,教师应注重培养学生的意志品质,帮助学生在学习时克服困难,排除无关因素的干扰。

**4. 随意后注意特征的应用**

教师在教学时要循序渐进,夯实学生的知识基础,促进学生对学习内容进行整合,完善学生的知识体系,帮助学生认识到学习内容的实践价值,提高学生对于学习内容的直接兴趣。

---

**(三)注意的品质**

1. 注意的广度

(1)注意的广度的含义

注意的广度是指在同一时间内,意识所能清楚地把握对象的数量,又叫注意的范围。在100毫秒的时间内,人眼只能知觉对象一次,因此,这段时间内人们能够知觉到的刺激物的数量,就是这个人的注意广度。一般来说,成人的注意广度是4—6个孤立的对象,幼儿的注意广度是2—3个孤立的对象。

(2) 影响注意广度的因素

注意的范围受制于刺激物的特点、任务的难度、照明条件以及各种现场条件、个人的知识经验等多种因素。例如，被注意的对象越集中，排列得越有规律，注意的广度也越大。

2. 注意的稳定性

(1) 注意稳定性的含义

注意的稳定性是指注意在一定时间内相对稳定地保持在注意对象上，这是注意在时间上的特征。但是，在稳定注意的条件下，感受性也会发生周期性增强和减弱的现象，这种现象叫作注意的起伏，或注意的动摇。与注意稳定性相反的注意品质是注意的分散。注意的分散是指注意离开了心理活动所要指向的对象，被无关的对象所吸引的现象，也就是我们平常所说的分心。

(2) 影响注意稳定性的因素

刺激物的强度和持续时间、刺激物在时间和空间上的确定性、活动内容和活动方式的多样化、对活动结果的了解、个体自身的身体状态、个体的情绪和态度等因素影响注意的稳定性。

3. 注意的转移

(1) 注意转移的含义

由于任务的变化，注意由一种对象转移到另一种对象上去的现象，称为注意的转移。注意的转移不同于注意的分散，注意的转移是由于任务的要求而发生的，注意的分散则是注意离开了当前的任务。

(2) 影响注意转移的因素

注意转移的速度和质量，取决于前后两种活动的性质和个体对这两种活动的态度。

4. 注意的分配

(1) 注意分配的含义

注意的分配是指在同一时间内，个体把注意指向于不同的对象，同时从事着几种不同的活动。

(2) 影响注意分配的因素

能够分配注意的条件是，所从事的活动中必须有一些活动是非常熟练的，甚至已经

---

**专栏2-4**

### 注意分配品质的应用

《韩非子·功名》中提到：右手画圆，左手画方，不能两成。出现这种现象的原因就在于，这两种动作没有经过大量练习，都需要注意资源来完成，而人的注意资源是有限的。要实现同时右手画圆左手画方，至少一种动作能够达到非常熟练的程度。在课堂教学和平时学习中，常常遇到注意分配的问题。例如，学生一边记笔记一边听课，就可能导致听课效果不佳。此时，教师应该训练学生如何记笔记，哪些需要记，哪些不需要记，通过速记的方法记录重要内容，使记笔记和听课不会互相干扰。

达到了自动化的程度。通常,人们是在不同的感觉通道间分配注意,如边听课边记笔记,如果两种任务要求用同一类心理操作来完成,则很难进行注意分配。

### 四、记忆

#### (一) 记忆的定义

记忆是过去的经验在头脑中的反映。记忆包括三个基本过程,分别是识记、保持、回忆。记忆从识记开始。识记是学习和取得知识经验的过程;知识经验在大脑中存储和巩固的过程叫保持;从大脑中提取知识经验的过程叫回忆。回忆包括重现和再认两种形式。识记过的材料能够表述出来是重现,识记过的材料不能表述出来,但在它出现时却能有一种熟悉感,并能确认是自己接触过的材料,这个过程叫再认。识记是记忆的开始,是保持和回忆的前提;保持是识记和回忆之间的中间环节;回忆是识记和保持的结果,通过回忆也是对识记和保持的检验,而且有助于巩固所学的知识。

从信息加工的角度来看,记忆的过程是人脑对外界信息进行编码、存储和提取的过程。

#### (二) 记忆的种类

1. 感觉记忆、短时记忆和长时记忆

根据信息保持时间的长短,可以把记忆分为感觉记忆、短时记忆和长时记忆。

(1) 感觉记忆

当客观刺激停止后,感觉信息在一个极短的时间内被保存下来,这种记忆叫感觉记忆或感觉登记。它是记忆系统的开始阶段。感觉记忆的存储时间大约为0.25秒至2秒,感觉记忆的容量较大。

(2) 短时记忆

短时记忆是感觉记忆和长时记忆的中间阶段,保持时间大约是5秒至2分钟,存储的容量约为7±2个单位。人们对信息的加工发生在短时记忆中,当强调短时记忆的信息加工的功能时,短时记忆被称为工作记忆。

(3) 长时记忆

长时记忆是经过深入加工的信息的记忆,这是一种永久性的存储,保持的时间从一分钟以上到数年甚至终身,其容量没有限度。进入短时记忆的信息如果没有被编码或复述,则会被遗忘,如果对进入短时记忆的信息进行精加工和复述,则该部分信息就进入长时记忆系统。

感觉记忆、短时记忆和长时记忆之间的比较如表2-3所示。

| 比较方面 | 感觉记忆 | 短时记忆 | 长时记忆 |
| --- | --- | --- | --- |
| 存储时间 | 0.25秒至2秒 | 5秒至2分钟 | 1分钟以上到许多年甚至终身 |
| 存储容量 | 较大 | 7±2个单位 | 无限大 |

表2-3 感觉记忆、短时记忆和长时记忆的比较

2. 形象记忆、情景记忆、语义记忆、情绪记忆和运动记忆

根据记忆内容的不同,可把记忆分为以下几种。

(1) 形象记忆

形象记忆是以感知过的事物的具体形象为内容的记忆。它保持的是事物的感性特征,具有鲜明的直观性。

(2) 情景记忆

情景记忆是对个人亲身经历过的、发生在一定时间和地点的事件的记忆。

(3) 语义记忆

语义记忆又叫语词-逻辑记忆,是指对各种有组织的知识的记忆。情景记忆和语义记忆的分类是加拿大心理学家图尔文(E. Tulving)和唐纳森(W. Donaldson)在1972年提出的。

(4) 情绪记忆

情绪记忆是以自己体验过的情绪和情感为内容的记忆。

(5) 运动记忆

运动记忆是以人们操作过的运动状态或动作形象为内容的记忆。

**(三) 遗忘的规律**

1. 遗忘的时间进程

对识记过的材料既不能重现也不能再认的现象叫遗忘。德国心理学家艾宾浩斯是对记忆进行实验研究的先行者,1885年出版了《记忆》一书,记述了以他自己为研究对象、以无意义音节为记忆材料对学习记忆所进行的大量的实验研究。他的实验结果证明遗忘的进程具有先快后慢的规律。图2-5呈现了整个遗忘的进程。

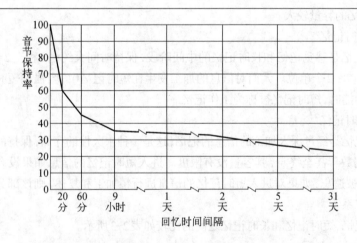

图2-5 艾宾浩斯遗忘曲线

**专栏2-5 我们的遗忘过程和艾宾浩斯遗忘曲线一致吗?**

在艾宾浩斯的遗忘曲线中,我们看到在20分钟和1个小时之内,遗忘的速度非常快。我们会觉得自己在学习和生活中识记过的材料遗忘得并不是如此之快。这是为什么呢?从上面关于艾宾浩斯记忆实验的介绍中可知,艾宾浩斯

> 使用的记忆材料是无意义音节,例如DBK这三个字母的组合。艾宾浩斯使用无意义音节做记忆材料的目的是排除个人头脑中知识的影响。每个人使用这种材料进行记忆,遗忘进行就会非常相似。因此,我们可知,艾宾浩斯遗忘曲线中所显示的"先快后慢"的遗忘进程是适用于多种学习材料的,但是人们学习不同的学习材料遗忘的速度是不相同的。综上,教师在教学中一方面要引导学生及时进行复习,一方面也要注意教学内容的意义性,减缓学生的遗忘进程。

2. 识记材料的性质对遗忘的影响

有意义的材料比无意义的材料遗忘得慢,形象的材料比抽象的材料遗忘得慢,熟练的技能遗忘得较慢。

3. 学习的程度对遗忘的影响

识记过的材料没有一次能达到无误背诵的程度,称为低度学习;如果达到恰能成诵之后还能继续学习一段时间,称为过度学习。低度学习的材料容易遗忘,过度学习的材料比恰能背诵的材料记忆效果更好一些,研究表明150%的过度学习效果最好。

4. 材料的顺序

一般来说,学习材料的中间部分遗忘得最多,学习材料的前面部分和后面部分遗忘得较少,这种在回忆系列材料时发生的现象叫系列位置效应。最后呈现的材料最易回忆,遗忘最少,叫近因效应。最先呈现的材料较易回忆,遗忘最少,叫首因效应。

### (四) 遗忘的原因

1. 痕迹消退说

这种观点认为,由于时间的推移,头脑中的存储的信息会慢慢减弱直至消失。尽管目前没有独特的例证来说明痕迹消退确实存在,但也没有任何一个实例来表明它不存在。

2. 干扰说

这种观点认为,学习前或后所学习的其他内容分散了对当前学习的注意力,从而造成了信息丧失。实验表明,干扰的确存在,而且有两种形式,一个是前摄抑制,指先前学习对后继学习的干扰;一个是倒摄抑制,指后继学习对先前学习的干扰;而那种在学习和回忆系列材料时把中间部分遗忘最多的系列位置效应,就是由于系列材料的中间部分同时受前摄抑制和倒摄抑制的影响而导致了遗忘。

3. 提取失败说

这种观点认为,遗忘是和提取失败有关的,也就是说由于没有对存储的信息进行充分的精加工或组织,因而找不到适当的提取线索,从而导致了遗忘的现象,而信息并非真的"失去"了。生活中我们常常会出现"舌尖现象",即感觉我们知道某个信息,但就是想不起来,说不定什么时候又突然想了起来。"舌尖现象"可以说是提取失败说的一个证据。

4. 压抑说

这种观点认为,遗忘是由于情绪或动机的压抑作用引起的。有些经验进入人的意识会使人产生痛苦的体验,因此被压抑到无意识中。如果这种压抑解除了,记忆就能恢复。

案例 2-1

**电影《归来》中女主人公失忆的原因**

故事发生在1970年,女主人公冯婉喻的丈夫陆焉识是劳改犯,由于陆焉识特别想念家人,而在一次转移的时候,他义无反顾地选择逃跑回家。他偷偷留纸条给妻子冯婉喻约定见面。他们见面时,当冯婉喻向她的丈夫打招呼时被追捕的人发现了,陆焉识再次被捕。陆焉识多年以后得以平反回家,冯婉喻却无法认识自己的丈夫,失忆了。但是冯婉喻的失忆很特殊,唯独记不起自己的丈夫。她的失忆可用压抑说来解释。她将丈夫的被捕归咎于自己身上,她深深自责:如果当时见面时自己不能认得自己的丈夫,那么自己的丈夫不就不会被发现了吗?

### (五) 促进记忆的复习策略

1. 及时复习

因为遗忘的规律是先快后慢,如果学过的东西过了很长时间才去复习,就已经遗忘得差不多了,这时的复习相当于重学,需要付出大量的时间和精力。作为学生,应力争做到当堂复习和当天复习,不要等到考试前才复习,搞突击、开夜车,这无异于临渴掘井,结果只能把自己搞得焦头烂额。

2. 分散复习

即使做到了及时复习,也不能一劳永逸,复习要多次经常进行。许多实验证明,同样时间,分散复习优于集中复习。比如复习外语单词,早晨用30分钟集中复习,就不如早、中、晚各用10分钟分散复习效果好。需多次进行的分散复习,一开始间隔时间不宜过长,以后可以逐步加长。

3. 阅读和尝试回忆相结合

有人做实验证明,单纯阅读式复习课文的小组成员无论是当时回忆,还是延宕回忆,其记忆成绩都比不上阅读与尝试回忆相结合的小组成员。可见阅读与尝试回忆相结合可以使复习效果大大提高。根据实验结果,对于有意义的学习材料,阅读与尝试回忆的最佳时间比是2∶3,即2/5的时间用于阅读,3/5的时间用于尝试回忆。换句话说,用于尝试回忆的时间要多于阅读的时间。

4. 部分与整体复习相结合

将文章从头到尾一遍又一遍地记忆,直至将整篇文章记熟为止,这是整体法;将文章分成几个部分,记熟一个部分,再记下一部分,直至将各个部分都记熟为止,这是部分法;如果将文章从头到尾通读一至数遍,然后再分段通读和记忆,最后再从头到尾通读,直至熟记为止,这是整体—部分—整体法,也称综合法。实验证明,综合法是复习的最佳方法,它的好处显然在于将整体法的"把握全局"与部分法的"各个击破"等优点完美结合了起来。

5. 运用多种感官协同记忆

运用视觉、听觉、运动觉、触觉等多种感官协同记忆,比单独用一种感官效果好。这是由于运用多种感官给信息提取提供了更多线索。

### 五、思维
#### (一) 思维概述
1. 思维的定义

思维是人脑借助语言、表象或动作实现的对客观事物间接、概括的反映,它能认识事物的本质特征和事物之间的内在联系。人的思维具有概括性和间接性两个基本特征。思维的概括性表现在它可以把一类事物的共同特征和规律抽取出来,形成概括性的认识。例如,从众多物体中抽取出它们的数量形成数的概念。思维的间接性是指人们借助一定的媒介和一定的知识经验对客观事物进行间接的认识,对没有直接作用于感觉器官的客观事物(如早起看到地上湿了,判断出昨天晚上下雨了),甚至是根本不能直接感知到的客观事物(如原子核内部的结构)进行反映,对没有发生的事件作出预见(如预测天气的变化)。

2. 思维的过程

(1) 分析与综合

分析是指在头脑中将事物分解为各个部分或各个属性的过程;综合是指在头脑中将事物的各个部分、各种属性结合起来,形成一个整体的过程。分析和综合是思维的基本过程,又是思维过程的两个不可分割、相互联系的方面。

(2) 比较

比较是对事物进行对比,确定它们之间的共同点和不同点以及它们之间的关系的过程。

(3) 抽象与概括

抽象是指在思想上把事物的共同属性和本质特征抽取出来,并舍弃其非本质的属性和特征的过程;概括就是把抽取出来的共同属性和特征结合在一起的过程。

(4) 具体化和系统化

具体化是指在头脑中将抽象出来的一般概念、理论同具体事物联系起来的思维方法。系统化是指在头脑中将个体拥有的知识分门别类地按一定程序整理成层次分明的系统的思维方法。

3. 思维的种类

(1) 直观动作思维、形象思维与逻辑思维

根据思维的形态,可以把思维分为直观动作思维、形象思维和逻辑思维。直观动作思维又称实践思维,它们面临的思维任务具有直观的形式,解决问题的方式依赖于实际的动作。形象思维是指人们利用头脑中的具体形象来解决问题的思维类型。逻辑思维又叫抽象思维,是指人们运用概念、理论知识来解决问题的思维类型。

(2) 辐合思维与发散思维

按照探索问题答案的方向的不同,可将思维分为辐合思维和发散思维。辐合思维又称聚合思维,是指把问题所提供的各种信息汇聚起来,得出一个正确或最好的答案的思维。发散思维是指沿着不同的方向探索问题答案的思维。

(3) 直觉思维和分析思维

根据思维活动的直觉性和严密性程度,可将思维分为直觉思维和分析思维。直觉

思维是指人们在面临新的问题、新的事物和现象时,能迅速理解并作出判断的思维活动。分析思维也就是逻辑思维,它是遵循严密的逻辑规律,逐步推导,最后得出合理结论的思维活动。

(4) 常规思维与创造思维

按照思维活动及其结果的新颖性,可将思维分为常规思维和创造思维。常规思维是指人们运用已获得的知识经验,按现成的方案和程序直接解决问题的思维活动。创造思维是指重新组织已有的知识经验,提出新的方案或程序,并创造出新的思维成果的思维活动。

4. 思维的形式

思维的形式主要包括想象、概念、推理、问题解决。想象是指对头脑中已有的表象进行加工改造,形成新形象的过程,这是一种高级的认识活动。概念是指人脑对客观事物的本质特征的认识。事物的本质特征是指决定事物的性质,并使该事物区别于其他事物的特征。推理是指从具体事物或现象中归纳出一般规律,或者根据一般原理推出新结论的思维活动。问题解决是指在问题情境中超越对所学原理的简单运用,对已有知识、技能或概念、原理进行重新改组,形成一个适应问题要求的新的答案或解决方案。下面详细介绍想象和问题解决。

(二) 想象

1. 想象的概念

想象是指对头脑中已有的表象进行加工改造,形成新形象的过程。这里面涉及一个与想象有关的心理学概念,它就是表象。表象是指当感官没有接触到刺激物时,人们在头脑中形成的与知觉到的刺激物类似的形象。例如,当我们没有看到水杯时,在头脑中形成的水杯的形象就是表象。

2. 想象的类型

根据想象有无目的和是否需要意志努力,可以将想象分为有意想象和无意想象两类。

有意想象又称为随意想象,是指有预定目的、自觉进行的想象。有意想象分为再造想象和创造想象。再造想象是根据语言的表述或非语言的描绘(图形、符号等)在头脑中形成有关事物的形象的过程。创造想象是按照一定的目的、任务,使用自己以往积累的表象,在头脑中独立地创造出新形象的过程。创造想象具有首创性、独立性和新颖性等特点。幻想是指向未来,并与个人愿望相联系的想象。它是创造想象的特殊形式。

无意想象又称为不随意想象,是指没有预定的目的,不需要意志努力,不由自主、自然而然地在头脑中出现的想象。梦是无意想象的极端形式。

3. 想象的认知加工过程

想象的过程是对形象的分析综合的认知加工过程,主要表现为如下几种特殊的形式。

(1) 黏合

黏合就是把客观事物从未结合过的属性、特征、部分在头脑中结合在一起,构成新形象。正是这些看似简单的黏合,产生了众多栩栩如生的童话、神话。

(2) 夸张

夸张又称强调,是指对客观事物形象中的某一部分进行改变,突出其特点,从而产生新形象。

(3) 典型化

典型化就是根据一类事物的共同特征来创造新形象。例如,小说中的人物形象就是作者综合了许多人的特点后创作出来的。

(4) 想象联想

想象联想就是由一个事物想到另一个事物,从而创造出新形象的认知加工过程。例如,鲁班被草划破了手,由此做出了锯,这就是想象联想所起的作用。

### (三) 问题解决

1. 问题与问题解决的概念

问题是指在事物的初始状态和想要达到的目标状态之间存在障碍的情境。每一个问题必然包括三种成分:给定信息,指有关问题初始状态的一系列描述;目标,指有关问题结果状态的描述;障碍,指在解决问题的过程中会遇到的种种亟待解决的因素。当然,问题还包含一种潜在的成分,即解决这个问题的方法。问题具有相对性,这体现在一个题目对于某个人来说是问题,对于另外一个人来说则不是问题。另外,当个体解决了某个问题,再遇到这个问题时,它便不再是问题了。也就是说,问题对于个体来说,它总是新的、没有遇到过的,它总是有难度的、有障碍的,个体在不断的解决问题的过程中,一方面其解决问题的能力在提高,另一方面由于经验增加使其面对问题的概率在降低。

问题解决是指在问题情境中超越对所学原理的简单运用,对已有知识、技能或概念、原理进行重新改组,形成一个适应问题要求的新的答案或解决方案。

---

**专栏2-6**

### 问题与题目的区别

问题对应的英文是problem,题目对应的英文是question。问题和题目的含义是完全不同的。在考试的试卷中呈现的都是题目,有一部分题目考查的是学生对基础知识的识记、理解等,还有一部分是问题。在教育教学中,除了要求学生能够记忆和理解基础知识之外,还需要培养学生的问题解决能力,因此在试卷中一定要有"问题"作为题目,学生需要重组学习过的内容才能够解答。我们在平时会看到,一些教师因为对中考和高考"押题"准确而享有盛名。不可否认,"押题"准确反映了教师对于知识点的把握非常精确。但同时,我们看到,如果教师"押题"准确的话,考试只是考查了学生的识记能力,而没有测查出学生的问题解决能力。为避免出现这种现象,一方面需要命题教师变换思路,设计出好的"问题"。另一方面,教师更应该将精力用于培养学生的问题解决能力上,这样不管遇到什么问题,学生都能解决。

## 2. 问题解决的过程

如图2-6所示，心理学家基克（Gick）等人提出了问题解决过程的模式，认为一般的问题解决过程包括四个阶段。

### （1）理解与表征问题

要解决问题，首先要弄清楚问题是什么，理解问题情境中信息的含义，并以恰当的符号表征问题。

图 2-6　问题解决的过程

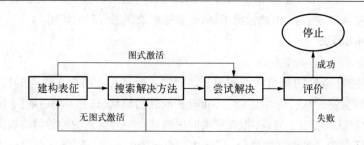

### 案例 2-2　一道数学题的理解和表征

数学题的表述：假如地球是一个纯粹的球体，地球赤道是光滑的，假设地球赤道的周长是 40 000 千米，现在一根绳子正好环绕地球赤道，不长也不短。如果这根绳子加长 10 米，将这根绳子沿着赤道提起来，那么一只小猫能够从赤道和绳子的缝隙中穿过去吗？

要解决这道数学题，就需要先理解题目，弄清楚这道题在数学中属于哪一领域的问题，然后用图形和算式进行表征。

读题之后，乍一看，觉得 10 米和 40 000 千米比起来是微不足道的，会认为小猫无法从缝隙中穿过去。此时就没有理解这道题的数学含义。这道题其实是同心圆的周长差和半径差问题（见图2-7）。外面的圆就是绳子加长后的圆，其周长可以表征为 $2\pi r_2$，里面的圆就是赤道，其周长可以表征为 $2\pi r_1$。根据题意，两个圆的周长差是 10 米。那么整个题目可以表征为：

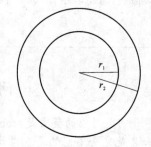

图 2-7　同心圆的周长差和半径差

$$2\pi r_2 - 2\pi r_1 = 10，进一步转化为 2\pi(r_2 - r_1) = 10$$

由此可以计算出两个圆的半径差是 1.59 米。从结果来看，小猫可以轻松穿过去。

综上，问题解决中对于问题的理解和表征是非常重要的。

（2）选择方法

弄清楚问题是什么之后，就要选择合适的方法来解决问题。解决问题的方法有两种类型，分别是算法和启发法。

① 算法

算法就是指具有解决此类问题的一系列特定步骤（在教学中往往以公式、定律的组合形式体现），或是对问题进行穷尽一切可能的尝试。界定清楚的问题主要通过"算法"来解决。无论是简便的公式，还是穷尽一切可能的尝试，算法总能保证问题一定能够得到解决。

② 启发法

启发法是指凭借经验尽快地找出一条或多条有效地解决问题的途径的方法。界定含糊的问题往往用"启发法"。算法不能取代启发法，这是因为有些问题没有算法或尚未发现算法，另外，一些问题虽然有算法，但不如启发法迅速简捷。

主要的启发法有手段-目的分析、逆推法、类推法、爬山法等。手段-目的分析是指将目标划分为许多子目标，将问题划分为小问题后，寻求解决每一个子问题的手段的方法。逆推法是指从目标状态开始逐步递推到初始状态的方法。当从初始状态出发有几条路径可走，但只有一条能达到目标状态时，适合采用该方法，如解决几何问题。类推法是指联系以前使用过的方法寻求解答的方法。爬山法是指从起始点出发，逐渐逼近目标的方法。

> **专栏2-7**
>
> **算法和启发法的相对性**
>
> 算法（algorithm）这个概念来自计算机科学，就是按照指定程序解决问题的方法，是计算机解决问题的方法，也是人类解决问题的方式之一。启发法是人类解决问题的独有方法，反映了人类智力和人工智能的差异。同时，我们要看到算法和启发法的区分并不是绝对的。启发法可以转化为算法。个体面对一个全新的问题，没有固定算法可用，此时需要使用启发法解决这个问题。如果能够通过总结经验找到一个固定解决问题的程序，以后再遇到此类问题时，就可以使用算法来解决。

（3）执行方案

执行方案也就是尝试解答。在这个阶段，或者是把资料放入前一阶段已确定的算法里，答案自然就获得了；或者是选择执行自己所决定的启发法，结果却很难预期。

（4）评价结果

当某个解决问题的方案选定并执行之后，还需对问题解决的结果进行核查，以确定问题是否真的解决了。如果有证据表明问题解决的结果不可靠，就要重新开始问题解决的过程，如果核查结果表明问题真的解决了，本次问题解决的过程到此就结束了。

## 专栏 2-8　问题解决过程模式的特征

如图 2-6 所示,问题解决的过程具有两个特点。第一,问题解决的过程不是线性的。如果问题没有成功解决的话,还会重新回到前面的步骤。第二,问题解决的形成有两条途径。当理解和表征问题之后,如果发现有现成的方法可以解决问题,就直接进入第三个环节。图 2-6 中的图式指的就是固定的问题解决步骤。教师在教学过程中,总结某一种类型题目的解决方法,就是帮助学生形成各种问题解决的图式。如果没有发现现成的方法可以解决问题,就需要进入第二个环节。

3. 影响问题解决的因素

（1）问题情境因素

① 情境刺激的特点

情境刺激的特点即刺激呈现的方式,如刺激间的距离、位置、时间顺序以及它们之间的关系等。如图 2-8 所示,已知圆的半径,求正方形的面积。显而易见,用第二种方式呈现半径会比用第一种方式呈现半径更容易解题。

图 2-8　正方形面积的求解

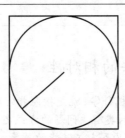
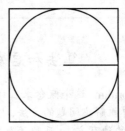

② 定势

定势是指由心理操作形成的模式所引起的心理活动的准备状态,也就是人们在过去经验的影响下,解决问题时的倾向性。在问题解决中,定势的影响既可能是积极的,也可能是消极的。积极的影响表现为,解决类似问题时有采取惯用方式的倾向能提高解题效率;消极的影响表现为限制形成解决方案的范围,使解题方法或方向固定化。例如,我们先问部首"氵"加上"来"字读什么,我们知道"涞"和"来"同音,然后我们再问"氵"加上"去"字读什么时,由于定势的作用,很多人就一时没有反应过来,这个字是"法律"的"法"。这就是定势所造成的影响。

③ 酝酿效应

当人们反复探索问题而仍没有结果时,暂时将问题搁置一段时间后再去研究时,问题就能较快地得到解决。这种现象称为酝酿效应。

④ 功能固着

这是一种从物体的常见功能的角度来思考物体的定势,也就是人们把某种功能赋予某种物体的倾向性。德国心理学家邓克尔曾经设计了一个"蜡烛实验"。在桌子上有三个硬纸盒,盒里分别装着图钉、火柴和蜡烛。要求研究对象用桌子上的这些物品将蜡烛固定在木板墙上。解决的办法很简单:把纸盒钉在墙上,再以它为台基竖立蜡烛。但许多研究对象不会这样解决问题,因为他们把装有东西的纸盒当作容器,看不出纸盒还有别的用途。

(2) 个人因素

① 有关的知识经验

解决问题者是专家还是新手,有无丰富的相关知识,不仅影响着解题者如何理解问题与能否形成恰当的问题表征,而且影响着他为解题而确立的方向、选择的方法以及解题的速度等。一般来说,知识经验越多,解决问题就越容易。

② 智力水平与认知特点

智力中的推理能力、理解力、记忆力、分析能力等对问题解决有重要影响;认知特点,即对问题的敏感性、灵活性、冲动性、反省性等,也影响着问题解决的进程。

③ 个性倾向性与性格特征

个体的动机、兴趣、意志力、勤奋、创造精神等品质都直接影响问题解决的效率。

## 第二节　认知发展理论

### 一、皮亚杰认知发展理论
#### (一) 皮亚杰认知发展理论的基本观点

1. 建构主义发展观

瑞士心理学家皮亚杰(Jean Piaget, 1896—1980)认为人的发展是一个适应的过程,个体在与环境的不断相互作用中建构对于外部世界的理解。每一个体都有其认知结构,皮亚杰称之为图式。皮亚杰认为最初的图式来源于先天的遗传,表现为一些简单的反射,如握拳反射、吸吮反射等。随着成长,为了适应周围的世界,个体逐渐地丰富和完善着自己的认知结构,形成了一系列图式。个体的适应包括同化和顺应两种过程。借助同化过程,个体可以把新的经验纳入已有的图式中,而通过顺应过程,可以使个体改变自己的原有图式以适应外部世界。例如,小孩最初关于"狗"的图式会包括所有的四足动物,但慢慢会认识到"狗"的图式过于宽泛,于是主动作出调整。皮亚杰认为个体的心理发展,就是以同化和顺应的方式在与外部世界相互作用的同时,建构并调整自己的图式以不断达到平衡的过程,个体也正是在平衡与不平衡的交替中不断建构和完善自己的认知结构,实现认知的发展。

**皮亚杰**

皮亚杰,瑞士心理学家、生物学家、哲学家,"发生认识论"创始人,20世纪最有影响的心理学家之一。他在"发生认识论"的研究中关注人类智慧的发生发展,促使其进一步研究儿童智慧的发展,使其成为近代最有名的儿童心理学家。其主要著作有《儿童的语言和思想》《儿童的判断和推理》《发生认识论原理》《建构主义》《教育科学与儿童心理学》等。

2. 认知发展阶段论

皮亚杰认为在个体从出生到成熟的过程中,认知发展会形成几个按不变顺序相继出现的时期或阶段。每一个阶段都有它主要的行为模式,标志着这一阶段的行为特征。他从逻辑学中引进"运算"的概念,作为划分认知发展阶段的依据。这里的运算并不是形式逻辑中的逻辑演算,而是指心理运算,即能在心理上进行的、内化了的动作。皮亚杰把从婴儿到青春期的认知发展分为感知运动、前运算、具体运算和形式运算四个阶段。

(1) 感知运动阶段(0—2岁)

这一阶段儿童的认知发展主要是感觉和动作的分化。初生婴儿只有一系列笼统的反射，随后的发展使得感觉与动作渐渐分化。初生婴儿不具有客体永恒性，即只认为那些能感觉到和接触到的东西才是真实存在的。到了该阶段末期，婴儿才能理解客体永恒，即此时婴儿能够认识到即使自己看不到客体，它们仍然存在于这个世界上，这是以后认知活动的基础。

(2) 前运算阶段(2—7岁)

这个阶段儿童的各种感知运动图式开始内化为表象或形象图式，开始运用语言或较为抽象的符号来代表他们经历过的事物。这一阶段婴儿能够用丰富的语言描述他们见过和听过的事情，也有了较强的记忆能力。"运算"就是个体在头脑中对信息进行的操作。因为这一阶段儿童还不具备运算能力，因此这一时期儿童的认知特点主要表现为以下方面。

第一，儿童会认为一切事物都是有生命的，即持有万物有灵的观点。

第二，思维具有不可逆性、刻板性。可逆性是指个体儿童在思考时能够进行逆运算。例如，当将一杯水倒到另外一个水杯时，如果个体能够通过思考将水再倒回去来判断这杯水的数量是否变化，那么就可以说，这个人的思维具有可逆性了。前运算阶段的儿童还不具备可逆性思维。

第三，没有物体守恒的概念。物体守恒是指个体能够认识到物体不因其形状、排列、移动等变化而导致某个方面的属性有所变化，包括数量守恒、质量守恒、长度守恒等。例如，前运算阶段的儿童看到一个水杯里的水倒向另外一个水杯时，可能会认为水的容量发生了变化。

图2-9 皮亚杰三山实验

第四，不能从他人的观点来考虑问题，认为别人看到的世界都跟自己所看到的一样，即自我中心主义。在皮亚杰的三山实验中(见图2-9)，该阶段的儿童不能区分自己的视野和布娃娃的视野，表现出自我中心的特点。

(3) 具体运算阶段(7—11岁)

这个阶段儿童的认知结构中已经具有抽象概念，因而能够进行逻辑推理；获得了长度、体积、重量和面积等的守恒概念；儿童的思维已经具有可逆性；儿童已经初步克服了自我中心的特点。不过，这个阶段儿童的思维仍需要具体事物的支持。

(4) 形式运算阶段(11岁以上)

这个阶段儿童的思维是以命题形式进行的；能够运用抽象的、符合形式逻辑的(演绎的或归纳的)推理方式去思考和解决各种问题；能根据事实灵活解释规则。

在皮亚杰看来，虽然并不是所有的儿童都能够在同一年龄完成相同的阶段，但是儿童发展的各个阶段顺序是一致的，前一个阶段总是达到后一个阶段的前提。阶段之间的发展是逐渐、持续的变化过程。随着儿童从低级向高级阶段的发展，他们将由一个不能思维,仅依靠感觉和运动认识周围世界的有机体,逐步地发展成为一个具有灵活思维和抽象推理能力的独立个体。

### (二)皮亚杰认知发展理论的教育意义

首先,皮亚杰认为知识的获得是儿童主动探索和操纵环境的结果,学习是儿童进行发明与发现的过程。因此,教育的目的并非增加儿童的知识,而是设置充满智慧刺激的环境,让儿童自行探索,主动掌握知识。这就意味着教育者们要注意在教育中发挥学生的主体性,不要强行灌输知识,而应该设法给学生呈现一些能够引起他们的兴趣、具有挑战性的材料,并允许他们依靠自己的力量去解决问题。

其次,皮亚杰认为认知发展是呈阶段性的,且各个阶段是顺序不变的。儿童在不同的认知发展阶段认识和解释事物的方式是不同的。因此,要了解并根据儿童各阶段的认知特点来设计教学,不能给予明显超出他们认知发展水平的学习材料,如果忽视儿童的认知发展阶段,一味按照成人的想法和要求,只会给儿童带来压力和挫折,让他们感到学习是一件痛苦而不是有趣的事,从而就会扼杀儿童学习的欲望与好奇心。

最后,皮亚杰对认知发展阶段的划分不是以个体年龄为标准的,不同的个体在认知发展的速率上是不同的,有快有慢,因此,同样年龄的儿童其认知发展水平并不一定相同。这就提示教育者在教学中要注意个别差异,做到因材施教。

## 二、维果斯基认知发展理论

### (一)维果斯基认知发展理论的基本观点

1. 文化-历史发展观

苏联心理学家维果斯基(Lev Vygotsky,1896—1934)提出"文化-历史发展理论"来解释人类心理本质上与动物不同的那些高级的心理机能。

(1)两种心理机能的观点

维果斯基强调人类文化在个体发展中起着重要的作用,并以他的文化-历史发展观来解释认知发展的实质。对维果斯基来说,所谓认知的发展就是指个体从出生到成年的心理是在环境与教育影响下,在低级的心理机能的基础上,逐渐向高级的心理机能转化的过程。低级的心理机能是人和动物共同具有的,如感知觉、机械记忆、冲动性的意志等,而高级的心理机能则是随意主动的、概括抽象的、以语词符号为中介的、受社会规律制约的和高度个性化的,如思维、抽象记忆、理智性意志等。

维果斯基

维果斯基,苏联心理学家。他一生主要研究儿童心理和教育心理,着重探讨思维与语言、学习与发展的关系问题,创立了著名的社会文化历史学派。美国心理学家布鲁纳曾作出这样的评价:在过去的四分之一世纪中从事认识过程及其发展研究的每一个心理学家,都应该承认维果斯基的著作对自己的巨大影响。其主要著作有《心理学危机的含义》《儿童期高级注意形式的发展》《高级心理机能的发展》《思维与语言》等。

(2)符号工具说

维果斯基认为人所运用的工具有两类:一类是石刀、石斧乃至现代机器等物质工具,人们运用这类工具进行物质生产、劳动操作;另一类是符号、词乃至语言等精神工具,人们运用这类工具进行精神生产、心理操作。动物没有也不可能有这种精神工具,所以它们的心理机能永远停留在低级水平上。人具有这种高级工具,就使他们的心理机能发生了质的变化,上升到高级的发展阶段。精神工具越复杂,精神生产、心理操作的内部技术也就越高级。人的高级心理机能在结构上具有间接的性质,由于中介环节(符号、语言等)的作用,使人的心理机能具有抽象、概括的能力。

(3) 高级心理机能发展的动力

维果斯基认为,心理机能由低级向高级转化的动力来源于三个方面:一是社会文化-历史的发展,儿童在特定文化的社会中获取知识经验,是受社会规律所制约的;二是个体的发展,儿童在与成人交往的过程中通过掌握高级的心理机能工具——语言、符号,使其具有了能对行为进行调节、表达需求并向思维转化的功能;三是不断内化的结果,高级心理机能首先作为外部形式的活动而形成,然后才出现内化,转化为内部的、能在头脑中默默进行的智力活动。

由此可见,维果斯基对儿童认知发展的看法,是与他的文化-历史发展观密切联系在一起的。

2. "最近发展区"理论

维果斯基根据其社会文化促进认知发展的观点提出了最近发展区理论。所谓最近发展区,是指儿童实际认知发展水平与他可能达到的认知发展水平之间的差距(见图2-10)。前者由儿童独立解决问题的成就来确定(如已学会个位数相加不进位);后者则是指在成人的指导下或是与能力较强的同伴合作时,该儿童表现出来的解决问题的成就(如帮他学习个位数相加进位变成十位数)。因此,实际认知发展水平代表儿童认知发展现时的能力,最近发展区的上限则代表儿童认知可能发展的最大潜力。这两种水平之间的差异就是最近发展区。维果斯基认为,研究儿童的认知发展,不能只注重儿童的实际认知发展水平,而更应特别注重其最近发展区。最近发展区是动态的,当潜在的发展水平变成实际发展水平时,新的最近发展区又形成了。

| 图2-10 最近发展区的概念 | 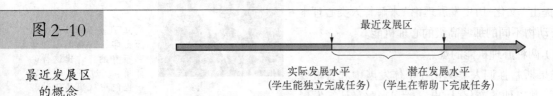 |
| --- | --- |

| 专栏2-9 | 从最近发展区理论理解"名师出高徒"的含义 |
| --- | --- |
| | 在日常生活中,我们常听说"名师出高徒"这句话。名师果真能出高徒吗?一些老师认为,不存在所谓的名师,学生的学习成绩主要是由学生个体因素决定的,和教师的教学无关。成绩优异的学生,哪个老师教成绩都优异;成绩差的学生,哪个老师教成绩都差。从最近发展区理论来看,名师是可以出高徒的。但是名师出高徒并不是说名师的学生各个都优异,而是说名师能够挖掘学生的潜能,他们了解学生的实际发展水平和潜在发展水平,总是能够将学生的潜在发展水平都挖掘出来,使学生不断产生新的最近发展区,在他们的指导下,学生总是能够表现出积极的变化。 |

### (二)维果斯基认知发展理论的教育意义

1. 以发展的眼光看学生的学生观

最近发展区理论给我们的启示是教师不能以静态的眼光看待学生,不能以实际发展水平评价学生,教师要看到学生的潜在发展水平。

2. 教学走在发展前面的教学观

维果斯基提出的最近发展区的概念对于教育具有重要的启示,它告诉我们"教学应该走在发展的前面",教学要尽量创造最近发展区。由于教学应着眼于儿童的潜能发展,教师就不应只给儿童提供一些他们能独立解决的作业,而应布置一些有一定难度、需要在得到他人的适当帮助下才能解决的任务。这样,教学活动就不只刺激儿童已有的能力,而且向前推动了他们的发展。不过,同时应避免在儿童尚未掌握好当前的能力时,就把儿童推向更高一级的发展,并且教师或其他成人所提供的帮助也要适当,否则会造成儿童依赖的心理。

皮亚杰和维果斯基认知发展理论的比较如表2-4所示①。

表2-4 皮亚杰和维果斯基认知发展理论的比较

| 比较方面 | 维果斯基 | 皮亚杰 |
| --- | --- | --- |
| 社会文化环境 | 极力强调 | 不太注重 |
| 建构主义 | 社会建构主义者 | 认知建构主义者 |
| 阶段 | 没有提出普遍的发展阶段 | 非常重视阶段 |
| 关键过程 | 最近发展区、语言、对话、文化工具 | 图式、同化、顺应、运算、守恒、分类、假设演绎推理 |
| 语言的作用 | 重要作用:语言在塑造思维的过程中发挥巨大的影响 | 最小:主要由认知引导语言 |
| 对教育的观点 | 教育起着核心作用,帮助儿童掌握文化工具 | 教育只是锻炼儿童已经萌芽的能力 |
| 教学中的应用 | 教师是推动者和引导者,不是指挥者;让学生向教师和能力更强的同伴学习 | 教师是推动者和引导者,不是指挥者;支持儿童探索自身世界并发现知识 |

## 第三节 青少年认知发展规律与创造性的培养

### 一、青少年认知发展规律

#### (一)中学生感知觉的发展

1. 感知的自觉性增强

中学生感知事物的自觉性逐步增强,能自觉地根据教学要求,有意识、有目的地去感知有关事物。随着自我控制能力的发展,这种自觉性会越来越持久。

---

① 约翰·桑切克.教育心理学[M].周冠英,王学成,译.北京:世界图书出版公司,2007:57.

2. 感知的精确性提高

中学生感知事物的精确性不断提高。在空间知觉上,能较熟练地掌握三维空间关系;在时间知觉上,可以更精确地理解较短的单位,如月、周、时、分等;知觉精确性的提高使得中学生对客观事物细节的感受性逐渐增强。

3. 感知的概括性明显发展

中学生感知事物的概括性明显发展。有研究发现,初中二年级是知觉概括性发展的一个转折点。学生在观察细节的感受能力、辨别事物差异的准确率、理解事物的抽象操作方面不断地发展。

### (二)中学生记忆和注意的发展

1. 记忆的目的性增加

中学生有意识记随目的性增加而迅速发展。低年级中学生的无意识记常常很明显,具体表现为对感兴趣的材料识记得比较好,而对无趣材料识记得比较差。随着教学的要求,学生逐渐学会根据教材内容,独立地提出识记目的和任务,并能自觉检查识记效果,主动选择识记方法,使得有意识记日益发展。

2. 意义识记能力提高

中学生的意义识记能力不断提高。进入中学以后,随着学习内容的增多、加深以及学生抽象逻辑思维能力的发展,中学生的意义识记明显增加,开始超过机械识记,并呈直线上升的趋势。相反,机械识记的使用则越来越少,其效果也越来越差。

3. 抽象记忆高速发展

中学生的抽象记忆快速发展。初中学生在抽象记忆发展的同时,具体形象记忆也在发展,但发展的速度已慢于前者;到了高中时期,抽象记忆发展迅速,而具体形象记忆则开始出现下降的趋势。

4. 注意品质提升

中学生的有意注意进一步发展,注意的稳定性和集中性增强,注意的分配和转换品质也有较大提升。绝大多数学生具有一定的注意分配的能力,例如,他们可以边听老师讲课边记笔记。

### (三)中学生思维的发展

1. 抽象逻辑思维得到发展

中学生思维的主要形式是抽象逻辑思维,其发展的突出特点是由"经验型"上升为"理论型"。初一学生的抽象逻辑思维虽然占优势地位,但总体上仍属于"经验型",还需要直接的感性经验支持;初二是中学生思维发展的关键时期,他们的抽象逻辑思维开始由"经验型"向"理论型"转化。这种转化大约会持续到高中一二年级。

2. 思维的独立性与批判性得到发展

中学生思维的独立性和批判性有了很大的发展,但是容易表现出片面性和表面性的特点。

### (四)中学生想象的发展

1. 想象的有意性增强

中学生想象的有意性迅速增强。初中二年级到初中三年级是学生空间想象力发展的加速期或关键期,而到了高中时期,学生的想象则大多是有意识、有目的的。

2. 想象的创造性增加

中学生想象的创造性成分在不断地增加。创造想象是根据一定的目的、任务,在脑海中创造出新形象的心理过程。这一能力的发展需要中学生凭借积累的知觉材料,进行深入的分析、综合、加工、改造,在头脑中进行创造性的构思。

3. 想象的现实性得到发展

中学生想象的现实性在不断发展。想象的内容比较符合现实,富有逻辑性。中学生的幻想具有现实性、兴趣性,有时也带有虚构的特点。而要达到理性的想象,一般要到高中阶段。

## 二、青少年创造性的培养

### (一) 创造性的概念与基本结构

1. 创造性的概念

创造性,也叫创造力,是根据一定的目的和任务,运用已知信息,产生出具有社会或个人价值并具有新颖独特成分的产品的一种能力品质。创造力所表现的行为是问题解决的最高形式。

2. 创造性的基本结构

创造性是由多种心理因素构成的复合体,其心理结构具有多维性,主要包括创造性认知品质、创造性人格品质和创造性适应品质。创造性认知品质是指创造性心理结构中与认知加工有关的部分,它是创造心理活动的核心,主要包括创造性想象、创造性思维和创造性认知策略三个方面。创造性思维是创造性认知品质的核心,是指用超常规方法,重新组织已有知识经验,产生新方案和新成果的心理过程。创造性思维的核心是发散思维,发散思维具有流畅性、灵活性(又称多变性)和独创性三个特征。流畅性体现了发散思维能够迅速产生观念的特点,灵活性体现了发散思维产生的观念多样性的特点,独创性则体现了发散思维产生的观念新颖性的特点。

创造性人格品质是指有创造性的人所具有的个性品质,包括创造性动力特征、创造性情意特征和创造性人格特质等。

创造性适应品质是指个体在其创造性认知品质和创造性人格品质的基础上,通过与社会生活环境的交互作用,表现出来的对外在社会环境进行创造性的操作应对,对内在创造过程进行调适的创造性行为倾向。

---

**专栏 2-10**

### 创造性个体的认知特征和人格特征[①]

创造性个体所具有的认知特征有:

(1) 比喻性思维。创造性个体经常能够发现两个不相像的观念之间的类

---

[①] A.J.斯塔科. 创造能力教与学[M]. 刘晓陵,曾守锤,译. 上海: 华东师范大学出版社,2003: 64—76.

似之处。

(2) 决策过程中的灵活性与技巧。思维的灵活性一般是指从多个角度看待某一情境，或产生多类反应。决策中的灵活性要求一个人在作出选择之前考虑多种选择与视角。

(3) 判断时的独立性。在判断时具备独立性的个体能够以自身的标准评价情景和产品。

(4) 应对新异性的能力。能够很好地应对新异性的个体会享受新观念。

(5) 逻辑思维技巧。高创造性的个体有着优异的逻辑思维技巧。在收集信息、关注重点问题、评估新异的想法、应对新异性等方面，逻辑思维都是非常重要的。真正的创造性反应是新颖而恰当的，不是漫无边际的瞎猜。

(6) 形象化。创造性的个体能够将他们没有见过的东西形象化。

(7) 不因循守旧。创造性的个体能够跳出日常思维的框架，以新的角度看问题。

(8) 在混沌中找到秩序。多数创造性的个体更喜欢复杂的以及非对称的图象，他们能够以自己独特的方式从混沌中寻找秩序。

创造性个体所具有的人格特征有：

(1) 甘愿冒险。这里的甘愿冒险不是指从事极限运动，而是指创造性的个体敢于接受智力活动的冒险，他们能够坦然面对批评、嘲笑与愚弄。

(2) 坚持不懈与对任务的承诺。真正具有创造性的人不仅不是不需要努力工作，而是他们能够持续努力，能够长时间专注于任务。

(3) 好奇、对经验开放并忍受模糊不清。创造性的个体总是对事物持有好奇心，他们会试图探究任何有细微差别的观念。创造性的个体对所有外界的信息都持有接纳的态度。他们也能够忍受生活中的那些充满矛盾、模糊不清的信息。

## (二) 培养青少年创造性的措施

### 1. 创设包容新异想法的环境

人本主义心理学家罗杰斯特别强调心理安全在创造性活动中的重要性。在一个包容新异想法的环境中，青少年才可能愿意把自己的想法表达出来，才可能愿意在学业活动中展现自己的创造性。刻板地追求秩序和整齐划一的环境会使具有创造性的学生缺乏安全感，处于紧张焦虑之中，没有勇气表达他们的观点。因此，在学校教育中，要尊重学生的新异想法，不能无端指责和他人不一样的观点，一味追求答案的统一。

具体来说，可以从以下几个方面促进青少年的心理安全感。第一，要对青少年无条件接纳。对青少年的无条件接纳强调不管青少年当前的状况如何，一定要认为他们是有价值的、有潜能的。第二，对青少年的外部评价要慎重，引导青少年正确认识外部评价，不要将外部评价视为有效评价的唯一来源。第三，要对青少年进行移情理解，要进入青少年的内心世界。

### 2. 强调独立学习

创造性的个体总是需要独处的时间来开展创造性活动。教师要教给学生独立学习的技能，使他们在独立学习的过程中能够发现问题、探究问题，从而发展兴趣并开发出创造性产品。具体来说，教师可从以下几个方面帮助学生。第一，教师要帮助学生认识到独立的重要性，不要事事依赖他人。第二，教师要教会学生利用好独立学习的时间，学会管理时间。第三，教师要教会学生在自己遇到困难时如何向他人寻求帮助。第四，教师要教会学生排除独立学习中无关因素的干扰。第五，教师要教会学生如何选择自己感兴趣的学业活动。

3. 搭建展示创造性产品的平台

学校要开展丰富的校园活动，在校园活动中，鼓励学生勇于创新，并给他们展示自己作品的机会。

4. 创造学生分享观点的机会

思想的交流是激活创造性的重要途径，因此在学校教育中，要强调团队协作，通过头脑风暴的方法，挖掘学生的潜能。

5. 注重思维品质的培养

创造性思维的核心是发散思维，但创造性思维绝不限于发散思维，它是发散思维与逻辑思维的结晶。具有创造性的个体既具有优异的逻辑思维能力，也具有超强的发散思维和直觉思维能力。因此，在学校教育中，要培养学生的创造性就必须综合培养学生的创造性思维。学生在提出新异想法的过程中，要强调发散思维，要对他们进行发散思维的训练。学生在求证新异想法的过程中，要强调逻辑思维，并对他们进行相应的训练。

> **专栏2-11**
>
> **头脑风暴法的原则**
>
> 头脑风暴法（Brain storming）强调小组成员在正常融洽和不受任何限制的气氛中以会议形式进行讨论、座谈，打破常规，积极思考，畅所欲言，充分发表看法。头脑风暴法要遵循如下原则：
> （1）禁止批评和评论，也不要过于自谦。
> （2）目标集中，追求设想数量，越多越好。
> （3）鼓励巧妙地利用和改善他人的设想。
> （4）小组成员一律平等，各种设想都要全部记录下来。
> （5）主张独立思考，不允许私下交谈，以免干扰别人的思维。
> （6）提倡任意思考，畅所欲言。

**参考文献**

[1] 华东师范大学心理学编写组. 基于教师资格考试的心理学[M]. 上海：华东师范大学出版社，2018.

[2] 约翰.桑切克. 教育心理学[M]. 周冠英，王学成，译. 北京：世界图书出版公司，2007.

[3] A.J.斯塔科.创造能力教与学[M].刘晓陵,曾守锤,译.上海:华东师范大学出版社,2003.
[4] 陈琦,刘儒德.当代教育心理学[M].北京:北京师范大学出版社,2007.
[5] 路海东.心理学[M].长春:东北师范大学出版社,2006.

**思考题**

1. 小林进入初中以后发生了很大的变化。小学时她经常把"这是老师说的"挂在嘴边,现在她经常和同学们一起讨论书本以及老师的一些观点。她觉得书本上和老师的很多观点不合理,经常以独立批判的态度对待老师和家长给出的建议,有时候会为了一个问题的观点同老师争得面红耳赤。老师觉得小林有时候不能根据实际情况对所学原理恰当地加以运用,看待问题有点片面,对一些观点的怀疑和批判缺乏充足的证据。

请根据所学的心理学知识回答下列问题:
(1) 小林进入初中以后思维变化的特点。
(2) 针对小林思维变化的特点,提出促进小林思维发展的建议。

2. 研究者设计了一个"两绳问题"的实验,在一个房间的天花板上悬挂两根相距较远的绳子。研究对象无法同时抓住绳子。这个房间里有一把椅子,一盒火柴,一把螺丝刀和一把钳子,要求研究对象把两根绳子系住。问题解决的方法是:把钳子作为重物系在一根绳子上,将这根绳子摇起来产生钟摆运动,拿着另一根绳子抓住摆动的绳子,从而把两根绳子系起来。结果发现只有39%的研究对象能在10分钟内解决这个问题,大多数研究对象认为钳子只有剪断铁丝的功能,没有意识到还可以当作重物使用。

请根据上面材料回答以下问题:
(1) 上述实验主要说明哪种因素影响问题的解决。
(2) 该实验结果对教学工作有何启示。
(3) 请列举影响问题解决的其他因素。

3. 晓宁平时没有复习的习惯,还有一周就要期末考试了,他开始着急起来,并暗自发誓要考出好成绩。他觉得只要自己努力,反复背诵就一定能取得好成绩。所以,只要有时间他就去背——背外语单词,背课文,背语法,背数学、物理公式和化学方程式等,不会合理安排时间,连课间休息也不放过,甚至从晚上背到深夜,早晨四五点钟就起床接着背,以至于到了头昏脑胀的地步。他从没有哪次考试像这次考试下这么大的功夫,自以为一定能考出好成绩。然而,完全出乎他的意料,各门功课他的成绩都很不理想。他很失望,百思不得其解,到底什么地方出了问题?

请根据所学的心理学知识回答以下问题:
(1) 简述学生应该如何有效地进行复习。
(2) 请指出晓宁在复习中存在的主要问题。

# 第三章

## 青少年情绪发展

**学习目标**

1. 理解情绪和情感的基本含义及其分类。
2. 理解和分析情绪与情感的联系与区别。
3. 理解和评价情绪的生理学观点(詹姆士-兰格理论、坎农-巴德理论)。
4. 理解和评价情绪的认知理论(阿诺德的评定理论、沙赫特的双因素理论、拉扎勒斯的理论)。
5. 识记、理解和分析青少年情绪发展的特点。
6. 识记培养青少年积极情绪的方法,应用这些方法培养青少年的积极情绪。
7. 识记调节青少年消极情绪的方法,应用这些方法调节青少年的消极情绪。

**关键术语**

情绪：情绪是人对客观事物的态度体验以及相应的行为反应。

情感：情感是与人的社会性需要相联系的态度体验，是人类所特有的心理现象。

詹姆士-兰格理论：认为情绪产生于植物性神经系统的活动，把情绪的产生归因于身体的外周活动的变化。

坎农-巴德理论：认为激发情绪的刺激由丘脑进行加工，同时把信息输送到大脑和机体的其他部位，到达大脑皮层的信息产生情绪体验，而传送到内脏和骨骼肌的信息激活生理反应，生理反应与情绪体验同时发生。

阿诺德评定-兴奋理论：认为情绪产生的基本过程是刺激情景→评估→情绪。对于同一刺激情景，对它的评估不同会产生不同的情绪反应。

沙赫特的两因素理论：认为情绪的产生有两个不可缺少的因素，一是个体必须体验到高度的生理唤醒，二是个体必须对生理状态的变化进行认知性的唤醒。

拉扎勒斯认知-评价理论：认为情绪是人与环境相互作用的产物。

**本章结构**

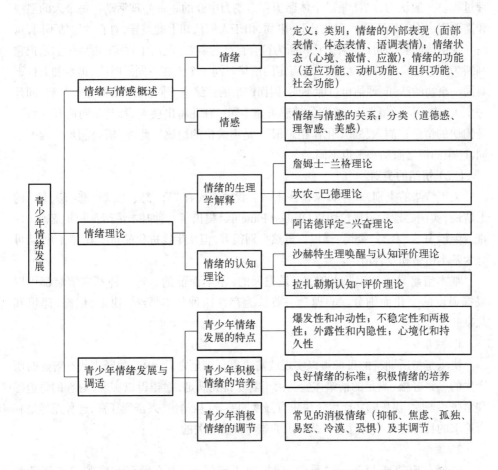

## 第一节 情绪与情感概述

在我们每个人身上,都存在这样一种神奇的力量:它可以使你精神焕发,也可以使你萎靡不振;它可以使你冷静理智,也可以使你暴躁易怒;它可以使你安详从容地生活,也可以使你惶惶不可终日。总之,它可以加强你,也可以削弱你,可以让你的生活充满甜蜜与快乐,也可以使你的生活感到抑郁与沉闷。这种能使我们的感受产生变化的神奇力量,就是情绪。

### 一、情绪

#### (一)情绪的定义

人人都有过切身的情绪体验。情绪不同于认知。感知、记忆、思维等认知活动反映的是事物或事物的属性及其联系和关系。情绪不是反映事物的活动。情绪是人对客观事物是否符合主观需要而产生的心理体验,是伴随特定生理反应与外部表现的一种心理过程。一般认为,情绪是以个体愿望和需要为中介的一种心理活动。每个人的愿望和需要因事因时而不同。因此,同一事物,由于人们认知上的差异,对它的评估不同,从而导致情绪体验不同:如果把它判断为符合自己的需要,就产生肯定的情绪;如果把它判断为不符合自己的需要,就产生否定的情绪。同一个人在不同的时间、地点和条件下对同一事物的认知、评估也可能不同,因而产生的情绪也不同。例如,同是一杯酒,同是一个人,在不同的境遇下,唤起的情感可能不同:"呼儿将出换美酒,与尔同销万古愁",是愉快的情感;"酒入愁肠,化作相思泪",是不愉快的情感。此外,需要满足的程度不同,产生的情绪激动水平也不同。

#### (二)情绪的类别

关于情绪的类别,长期以来说法不一。我国古代有"喜、怒、忧、思、悲、恐、惊"的七情说,美国心理学家普拉切克(Robert Plutchik)提出了八种基本情绪:悲痛、恐惧、惊奇、接受、狂喜、狂怒、警惕、憎恨。虽然类别很多,但从生物进化的角度看,人的情绪可分为基本情绪和复合情绪。

基本情绪是人和动物共有的,是先天的,不学而能的。每一种基本情绪都可以根据强度的变化而细分。心理学一般认为存在四种基本情绪:快乐、愤怒、恐惧和悲哀。

1. 快乐

快乐是指所期待的目标得以实现或需要得到满足之后,内心的紧张状态解除时所产生的一种轻松、满足的情绪体验。由于需要得到满足,愿望得以实现,心理的急迫感和紧张感解除,快乐随之而生。快乐有强度的差异,从愉快、兴奋到狂喜,这种差异是和所追求的目的对自身的意义以及实现的难易程度有关的。

2. 愤怒

愤怒是愿望或利益一再受到限制、阻碍或侵犯,内心紧张和痛苦状态逐渐积累而导致的带有反抗和敌意体验的情绪。愤怒按其意义可以分为积极、增力的愤怒和消极、减力的愤怒。前者如面对祖国受到侵犯,爱国者怒发冲冠;后者如失去理智的狂怒。愤怒也有程度上的差别,一般的愿望无法实现时,会感到不快或生气;遇到不合理的阻碍或恶意破坏时,愤怒急剧爆发,甚至不能自我控制,出现攻击行为。

3. 恐惧

恐惧是一种企图摆脱和逃避危险情境而又无力应付时产生的情绪体验。因此,恐惧的产生除了存在危险情境以外,还与个人应付危险的能力和认知预期有关。如一个初次出海的人遇到惊涛骇浪或者鲨鱼袭击会感到恐惧无比;而一个经验丰富的水手对此可能已经习以为常,而泰然自若。又如一个人预期会看到完整的人,结果他看到断开的手、无头的尸体,就会感到莫大的恐惧。

专栏3-1

恐 惧

大量研究显示,与高兴、愤怒、悲伤等相比,恐惧对有机体的生存和适应具有重要作用。同时,恐惧是许多精神障碍的核心症状。曾有这样的一位病人出现了类似癫痫的症状,医生进行CT和MRI扫描,没有发现类似于肿瘤存在的迹象,但发现她的杏仁核退化了,她患了常染色体隐性遗传病,这种疾病将导致醣蛋白钙累积在内侧颞叶,导致杏仁核的萎缩。她能辨别除恐惧外的其他情绪,能够描述引发恐惧的场景,能使用恐惧的词,能辨别恐惧的声音,但不能辨别恐惧的情绪和描绘恐惧的表情。

资料来源:杨扬,大脑的恐惧中心:杏仁核[EB/OL].[2021-06-30]中国科学院脑科学与智能技术卓越创新中心,www.cebsit.cas.cn/kpwz/201907/t20190703_5332553.html.

4. 悲哀

悲哀是指由于自己心爱的事物失去或理想和愿望破灭时产生的情绪体验。悲哀的程度取决于失去的事物对自己的重要性和价值。失去的事物越宝贵,价值越大,就越悲哀。悲哀时带来的紧张的释放,会导致哭泣。悲哀时哭泣比不掉泪的悲哀对人的身心健康更有好处。

上述四种基本情绪在体验上都是单一的,在此基础上可以派生出许多不同情绪组合形式,即复合情绪。

(三) 情绪的外部表现

情绪是一种内部的主观体验,但在情绪发生时,又总是伴随着某种外部表现。这种外部表现就是可以观察到的某些行为特征。这些与情绪有关的外部表现称为表情,包括面部表情、体态表情和言语表情。

1. 面部表情

面部表情是指通过眼部肌肉、颜面肌肉和口部肌肉的变化来表现各种情绪状态。人的眼睛是最善于传情的,不同的眼神可以表达各种不同的情绪和情感。例如,高兴和兴奋时"眉开眼笑",气愤时"怒目而视",恐惧时"目瞪口呆",悲伤时"两眼无光",惊奇时"双目凝视",等等。口部肌肉的变化也是表现情绪的重要线索。例如,憎恨时"咬牙切齿",紧张时"张口结舌"等,都是通过口部肌肉的变化来表现某种情绪的。相关实验表明,人脸的不同部位具有不同的表情作用。例如,眼睛对表达忧伤最重要,口部对表达快乐与厌恶最重要,而前额能提供惊奇的信号,眼睛、嘴和前额等对表达愤怒情绪很重要。

面部表情具有先天遗传和后天习得的特性。达尔文经过长期对有关人类和动物表情的研究发现,人类的情绪表达是从其他动物的类似表达进化而来的。我们表达情绪的许多原始方式具有某些生存价值的遗传模式。达尔文仔细观察了自己的孩子,比较了世界上各种隔离文化中人们的表情,以此来论证自己的论点。他的推理逻辑是:如果全世界的人不论相互多么隔离,都表现出相同情绪的面部表情,那么这种表情一定是遗传的,而不是习得的。例如,相互隔离的不同文化就发展了不同的语言,因此,语言是人为的产物,是习得的。而不同文化的人表达相同情绪的表情相同,这说明面部表情是遗传的。此外,人类的某些面部表情通过后天学习获得,受社会环境制约,在不同的生活环境、社会文化、风俗习惯的影响下有不同表现,并且个体还能在社会环境中学会掩盖和控制自己的面部表情。例如,布克(Buke,1975)先让幼儿观看一些令人愉快的、迷惑的或不愉快的幻灯片,同时拍摄下他们的面部表情,然后让大学生辨别这些幼儿的表情。结果表明,女孩的表情比男孩的表情更容易被识别。可见,虽然非常小的婴儿面部表情无性别差异,但随着性别角色的社会化,幼儿的面部表情就表现出性别差异。

---

**专栏3-2**

### 微 表 情

"微表情"通常发生在五分之一秒的时间之内,然而这一瞬间的表情变化却正是内心真实情感的流露。例如,在交谈中,一方说错话时,另一方会碍于面子不方便指出,其实表面上故意装作认可对方,但是会有嘴角轻微上扬而又恢复的反应。而当一个人在撒谎时,摇头否认之前可能会有一瞬间的点头动作。这些都是典型的微表情。或者你也可以简单地认为,当人们没有说真话的时候,由于心虚的缘故,表情在某一瞬间会显得很不自然,如果你能抓住这个瞬间的变化并且读懂其真正的含义,就能知道对方是在撒谎。想要真正了解一个人的想法,不能忽视任何一个微小的细节。这就需要善于捕捉表情的瞬间变化,根据面部表情细微的变化来分析心理活动。当人们试图掩盖内心的真实的想法时,虽然基本上能够控制面部表情,但大多数情况下,都会呈现出自相矛盾的信号,但是显现的时间却非常短暂,稍纵即逝。

资料来源:陈璐.微情绪心理学全集[M].北京:中央编译出版社,2015:6-7.

2. 体态表情

体态表情是指除面部以外身体其他部分所表达的情绪状态,可分成身体表情和手势表情两种。

身体表情是个体表达情绪的重要方式。人在不同的情绪状态下,身体姿态会发生变化,如高兴时"捧腹大笑",恐惧时"紧缩双肩",紧张时"坐立不安"等。身体表情不具有跨文化性,而是受不同文化的影响。在日常生活中,即使我们看不清一个人的面孔,但只要能看清他的身体动作,也能了解其情绪状态。流行于欧洲一些国家的哑剧,演员的面部或涂上白粉或戴上面具,不可能较多地使用面部表情,但人们根据姿势、动作仍能理解演员所表达的情绪。此外,所有的舞蹈语词,严格来说都是身体表情动作。我们对舞蹈的欣赏,实际上就是根据身体表情来理解剧中人物的喜怒哀乐的。

手势也是个体经常使用的情绪表达方式。手势通常和言语一起使用,表达赞成还是反对、接纳还是拒绝、喜欢还是厌恶等态度和思想。手势也可以单独用来表达情感、思想,或作出指示。如拍手鼓掌表示兴奋、支持;连连摆手表示否定、反对;双手掩面表示羞怯、悲伤;两手一摊表示无可奈何。心理学家的研究表明,手势表情是通过学习得来的。手势不仅具有个体差异,而且受社会文化和传统习惯的影响,存在文化差异。同一手势,在不同的文化中可表达不同的情绪。例如,在某些国家认为竖起大拇指、其余四指蜷曲表示称赞夸奖,但在另一些国家则认为竖起大拇指,尤其是横向伸出大拇指是一种污辱。

3. 语调表情

语调表情是指人们通过说话时的语音、语调、节奏、速度等的变化来表达情绪和情感。人在高兴时,讲话会语调高昂、节奏轻快、声音连续、语音高低差别较大;而悲哀时,讲话会语调低沉、节奏缓慢、声音断续、语音高低差别不大。有时同一句话,语气、语调不同,含义也不同。如"怎么了?"既可以表示疑问,也可以表示生气、惊讶等不同情绪。又如,美国一位女演员用悲调念26个英语字母,竟使听众落泪,而一个波兰喜剧演员用另一种语调念同样的26个字母,却把听众引得哄堂大笑。同样一句话,由于说话者语气腔调的不同,往往可以使人就说话人的情绪作出相当准确的识别,而听话人的感受也因此有很大差异。歌唱家、演说家主要就是靠他们的声音来打动听众的。

心理学家对语调表情进行了一系列研究发现,表示气愤的声音特征是声音大、声音高、节奏不规则、发音清晰而短促;表示爱慕的声音特征是柔和、声音低、语速慢,具有共鸣音色、声调均衡而微向上升、节奏规则、发音含混。

(四)情绪状态

情绪状态是指在某种事件或情境的影响下,在一定时间内所产生的某种情绪,其中较典型的情绪状态有心境、激情和应激三种。

1. 心境

心境是指一种微弱、平静而持久的带有渲染性的情绪状态,如心情舒畅、闷闷不乐等。心境具有弥漫性,它不是关于某一事物的特定体验,而是以同样的态度体验对待一切事物。如心情舒畅时,干什么都兴致勃勃;悲观失望时,干什么都没有信心。

心境持续时间有很大差别。某些心境可能持续几小时;另一些心境可能持续几周、几个月或更长的时间。一种心境的持续时间依赖于引起心境的客观刺激的性质,如失去亲人往往使人产生较长时间的郁闷心境。一个人取得了重大的成就(如高考被录取,实验获得成功,作品初次问世等),在一段时期内会使人处于积极、愉快的心境中。心境持续时间的长短与人的气质、性格有一定的关系。同一事件对某些人的心境影响较小,而对另一些人的影响则较大。性格开朗的人往往事过境迁不再考虑,而性格内向的人则容易耿耿于怀。

心境产生的原因是多方面的。生活中的顺境和逆境、工作中的成功与失败、人际关系是否融洽、个人健康状况、自然环境的变化等,都可能成为引起某种心境的原因。研究发现,某种气候指标与一定的心境状态密切相关,焦虑、疑虑的心境与日照时间呈负相关,乐观的心境与日照时间呈正相关,困倦的心境与气温或湿度均呈正相关。

心境对人的生活、工作、学习、健康有很大的影响。积极向上、乐观的心境,可以提高人的活动效率,增强信心,对未来充满希望,有益于健康;消极悲观的心境,会降低认知活动效率,使人丧失信心和希望。经常处于焦虑状态,有损于健康。人的世界观、理想和信念决定着心境的基本倾向,对心境有着重要的调节作用。

2. 激情

激情是一种强烈的、爆发性的、为时短促的情绪状态。这种情绪状态通常是由对个人有重大意义的事件引起的。重大成功之后的狂喜、惨遭失败后的绝望、亲人突然死亡引起的极度悲哀、突如其来的危险所带来的异常恐惧等等,都是激情状态。

激情往往伴随着生理变化和明显的外部行为表现,例如,盛怒时全身肌肉紧张,双目怒视,怒发冲冠、咬牙切齿,紧握双拳等;狂喜时眉开眼笑,手舞足蹈;极度恐惧、悲痛和愤怒后,可能导致精神衰竭、晕倒、发呆,甚至出现所谓的激情休克现象,有时表现为过度兴奋、言语紊乱、动作失调。

激情状态下人往往会出现"意识狭窄"现象,即认识活动的范围缩小,理智分析能力受到抑制,自我控制能力减弱,进而使人的行为失去控制,甚至做出一些鲁莽的动作或行为。有人用激情爆发来原谅自己的错误,认为"激情时完全失去理智,自己无法控制",这是有争议的说法。一般认为,人能够意识到自己的激情状态,也能够有意识地调节和控制它。因此,个人对在激情状态下的失控行为所造成的不良后果都是要负责任的。激情并非都是消极的,它也可以成为激励个体积极行动的巨大力量。战士在枪林弹雨中冲锋陷阵需要激情,诗人写出脍炙人口的诗句需要激情,科学家进行发明创造也离不开激情。要善于控制自己的激情,做自己情绪的主人。培养坚强的意志品质、提高自我控制能力就可以达到这个目的。

3. 应激

应激是指人对某种意外的环境刺激所作出的适应性反应。人们遇到某种意外危险或面临某种突然事变时,必须运用自己的智慧和经验,动员自己的全部力量,迅速作出选择,采取有效行动,此时人的身心处于高度紧张状态,这就是应激状态。例如,飞机在飞行中,发动机突然发生故障,驾驶员紧急与地面联系着陆;正常行驶的汽车意外遇到故障时,司机紧急刹车;战士排除定时炸弹时的紧张而又小心的行为等。应激状态的产生与人面临的情境及人对自己能力的估计有关。当情境对一个人提出了要求,而他意识到自己无力应付当前情境的过高要求时,就会体验到紧张而处于应激状态。个体在应激状态下的反应有积极和消极之分。积极反应表现为急中生智、力量倍增,个体的体力与智力都得到"超水平发挥",从而化险为夷,转危为安,及时摆脱困境。人们此时常常能够做出许多平时根本做不到的事情。消极反应则表现为惊慌失措、意识狭窄、动作紊乱、四肢瘫痪。有关研究表明,持续发生的应激状态能击溃个体的生物化学保护机制,导致胃溃疡、高血压等多种疾病。一般来说,应激状态的某些消极影响是可以调节的。过去的知识经验、良好的性格特征、高度的责任感等,都是在应激状态下防止行为混乱的重要因素。

> **案例 3-1**
>
> **最美公交车司机**
>
> 2012年5月29日中午11时10分,吴斌驾驶客车从无锡返杭途中,一块铁块从对向车道迎面飞来,击碎了面前的挡风玻璃,砸向他的腹部和手臂,导致吴斌肝脏破裂及肋骨多处骨折,肺、肠挫伤。危急关头,他强忍剧痛,换挡刹车将车缓缓停好,拉上手刹、开启双闪灯,完成一系列完整的安全停车措施,在生命的最后时刻,他用顽强的意志和崇高的职业精神,保护车上24名乘客安然无恙,而他自己却因伤势过重去世。
>
> 案例来源:周竞."最美司机"吴斌:普通人创造"爱的奇迹"[EB/OL].[2021-05-20]. https://China.huanqiu.com/artide/9CaKrnJvGO1.

### (五)情绪的功能

**1. 适应功能**

有机体在生存和发展的过程中,有多种适应方式。情绪是有机体适应生存和发展的一种重要方式。如动物遇到危险时产生恐惧的呼叫,就是动物求生的一种手段。

情绪是人类早期赖以生存的手段。婴儿出生时,不具备独立的生存能力和言语交际能力,这时主要依赖情绪来传递信息,与成人进行交流,得到成人的抚养。成人也正是通过婴儿的情绪反应,及时为婴儿提供各种生活条件。在成人的生活中,情绪与人的基本适应行为有关,包括攻击行为、躲避行为、寻求舒适、帮助别人和生殖行为等等。这些行为有助于人的生存及成功地适应周围环境。

情绪直接反映着人的生存状况,是人的心理活动的晴雨表,如:愉快可以表示处境良好,痛苦可以表示面临困难;人还通过情绪进行社会适应,如用微笑表示友好,通过移情维护人际关系,通过察言观色了解对方的情绪状况,进而采取相应的措施或对策等。总之,人通过情绪了解自身或他人的处境,适应社会的需求,得到更好的生存和发展。当然,情绪有时也有负面作用,如一些球迷会因为输球被负性情绪影响在赛场闹事、斗殴,破坏公共财产,甚至造成人身伤亡。

**2. 动机功能**

情绪是动机的源泉之一,是动机系统的一个基本成分。它能激励人的活动,提高人的活动效率。适度的情绪兴奋,可以使身心处于活动的最佳状态,推动人们有效地完成任务。研究表明,适度的紧张和焦虑能促使人积极地思考和解决问题。同时,情绪对于生理内驱力也具有放大信号的作用,成为驱使人的行为的强大动力。如人在缺氧的情况下,产生了补充氧气的生理需要,这种生理驱力可能没有足够的力量去激励行为,但是,这时人的恐慌感和急迫感就会放大和增强内驱力,使之成为行为的强大动力。

3. 组织功能

情绪的组织作用是指情绪对其他心理过程的影响。情绪心理学家认为,情绪作为脑内的一个检测系统,对其他心理活动具有组织作用。这种作用表现为积极情绪的协调作用和消极情绪的破坏、瓦解作用。中等强度的愉快情绪,有利于提高认知活动的效果,而消极情绪如恐惧、痛苦等会对操作产生负面影响。消极情绪的激活水平越高,操作效果越差。

情绪的组织功能还表现在人的行为上。当人处在积极、乐观的情绪状态时,容易注意事物美好的一面,其行为比较开放,愿意接纳外界的事物;而当人处在消极的情绪状态时,容易失望、悲观,放弃自己的愿望,或者产生攻击性行为。例如:一个学生在考试时,因过分紧张会把原来掌握的知识忘得一干二净,这就是"怯场"。人在不同情绪状态下,身体各部位的活跃度也不同,如图3-1所示,快乐让人全身上下轻松温煦,而抑郁却使人全身冰凉。

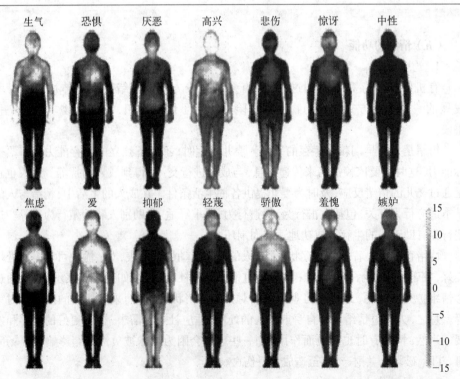

图 3-1 身体的情绪地图

注:2014年PNAS上发表了一篇有关人体情绪地图的文章 *Bodily maps of emotions*,显示出了人们不同情绪状态下的全身热图。

4. 社会功能

情绪在人际间具有传递信息、沟通思想的功能。这种功能是通过情绪的外部表现即表情来实现的。表情是思想的信号，如用微笑表示赞赏，用点头表示默认等。表情也是言语交流的重要补充，如手势、语调等能使言语信息表达得更加明显或确定。从信息交流的发生来看，表情交流比言语交流要早得多，如在前言语阶段，婴儿与成人相互交流的唯一手段就是情绪。情绪在人与人之间的社交活动中具有广泛的功能。它可以作为社会的黏合剂，使人们接近某些人；也可以作为一种社会的阻隔剂，使人们远离某些人。如某人暴怒时，你可能会后退或碍于他的身份而压抑自己的消极情绪，不让它表露出来。由此可见，人所体验到的情绪，对其社会行为有重大影响。

## 二、情感

情感是与人的社会性需要相联系的态度体验，是人类所特有的心理现象。

### （一）情绪与情感的关系

情绪和情感可以笼统地称为感情，在日常生活中的区分并不严格。但是作为科学概念，情绪和情感是相互区别又紧密联系着的两个概念（表3-1）。

1. 情绪和情感的区别

（1）情绪和情感赖以产生的需要不同。情绪通常与有机体的生理需要相联系，是人和动物所共有的。情感通常与个体的社会性需要相联系，如交际、劳动等，是人类特有的心理现象。

（2）情绪和情感的强度不同。情绪具有冲动性，并带有明显的外部表现。情绪一旦发生，其强度往往较大，有时个体难以控制。例如悔恨时捶胸顿足，愤怒时暴跳如雷。情感则经常以内隐的形式存在或以微妙的方式流露，并始终处于意识的调节支配之下。例如母亲对于孩子的爱。

（3）情绪和情感的稳定性不同。情绪具有鲜明的情境性和短暂性，往往随着情境的改变和需要的满足而很快减弱或消失。例如，一个哭泣吵闹的孩子得到他想要的玩具之后，马上就兴高采烈了。而情感则具有较大的稳定性、深刻性和持久性。例如对祖国的热爱。

2. 情绪和情感的联系

情绪和情感又是相互联系的。一方面，情感离不开情绪。稳定的情感在情绪的基础上形成，又通过情绪反应得以表达。另一方面，情绪也离不开情感。情感的深度决定着情绪的表现强度，情感的性质决定了在一定情境下的情绪表现形式。因此，情绪是情感的外部表现，情感是情绪的本质内容，二者水乳交融、密不可分。

|  | 情　绪 | 情　感 |
|---|---|---|
| 内　容 | 生理需要 | 社会需要 |
| 稳定性 | 情境性、不稳定 | 稳定、持久 |
| 表达方式 | 外显 | 内隐 |
| 层　级 | 低级、简单，人与动物共有 | 高级、复杂，人特有 |

表 3-1

情绪与情感的区别

### (二) 情感的类别

现在一般认为,人类高级的社会性情感主要有道德感、理智感和美感。

1. 道德感

道德感是用一定的道德标准去评价自己和他人的思想和言行时所产生的情感体验。如果自己的言行符合一定的道德标准,个体就会产生自豪、幸福、欣慰等肯定的情感体验;反之,则产生不安、羞愧、内疚等否定的情感体验。同样,当别人的言行符合一定的道德标准时,个体就会产生赞赏、爱慕、敬佩等肯定的情感体验;反之,则产生反感、厌恶、憎恨等否定的情感体验。

不同的文化有不同的道德标准,在集体主义文化占主导地位的国家,崇尚爱国主义、集体主义、见义勇为和互帮互助等。在青年期,随着世界观的初步形成和人生理想的确立,人的情感也更为独立和稳定,对人的行为有一种持久而强大的推动力。当个体的行为符合自己的理想和价值追求时,就会感到自尊、自重,并产生自豪感;而当个体的所作所为同自己坚持的理想和价值标准相违背时,就会感到痛苦、懊悔,甚至丧失自尊心。显然,这种情感体验具有明显的自觉性,能对自己的行为产生调控和监督作用。

2. 理智感

理智感是在智力活动中,认识和评价事物时所产生的情感体验。例如,探求事物的好奇心、渴望理解的求知欲、解决问题中的怀疑感、取得成就后的自豪感、对科学结论的确信感、对真理的热爱,这些都属于理智感。科学研究中面临新问题的惊讶、怀疑、困惑和对真理的确信,问题得以解决并有新发现时的喜悦感和幸福感,这些都是人们在探索活动和求知过程中产生的理智感。人们越积极地参与智力活动,就越能体验到更强烈的理智感。

3. 美感

美感是根据一定的审美标准来评价事物时所产生的情感体验。美感包括自然美感、社会美感和艺术美感三种。在客观世界中,凡是符合我们审美标准的事物都能引起美的体验。游览桂林山水、昆明石林,观赏泰山日出时产生的美感属于自然美感;目睹坚强、勇敢、善良、纯朴、诚实、坦率等行为和品质时产生的美感属于社会美感;欣赏绘画、音乐、戏剧时产生的美感属于艺术美感。

人类对美的评价有其共性。如人们普遍认为鳄鱼的形象是丑的,仙鹤的形象是美的;奸诈、虚伪的品质是丑的,善良、友好的品质则是美的。但是,由于文化背景不同、民族不同,人们对事物美的评价也表现出极大差异。例如,中国封建社会以女性脚小为美,如"三寸金莲"。一般来说,人类的自然美感具有较多的共性,而社会美感和艺术美感则有较大的差异。

## 第二节 情绪理论

如果在森林里遇到一只熊,你会如何反应?是立即逃跑,然后感到害怕,还是感到害怕,同时逃跑,抑或者认为熊对自己有威胁才逃跑?反应的不同,体现不同的情绪解释理论。

## 一、情绪的生理学解释

### （一）詹姆士-兰格理论（外周神经理论）

美国心理学家詹姆士于1884年提出了对情绪历程的解释。他认为情绪并非由刺激引起，而是由生理变化激起的神经冲动传至中枢神经后产生的，即大脑对身体反应的反馈。他在《心理学原理》一书中写道："情绪，只是一种身体状态的感觉；它的原因纯粹是身体的。"又说："人们的常识认为，先产生某种情绪，之后才有机体的变化和行为的产生，但我的主张是先有机体的生理变化，而后才有情绪。""所以更为合理的说法是：因为我们哭，所以愁；因为动手打，所以生气；因为发抖，所以怕；并不是我们愁了才哭；生气了才打；怕了才发抖。假如知觉之后，没有身体变化紧跟着发生，那么，这种知觉就只是纯粹知识的性质；它是惨淡、无色的心态，缺乏情绪应有的温热。"

丹麦生理学家兰格（C. Lange）于1885年也提出了同样的解释。他特别强调情绪与血管变化的关系。他以饮酒和用药为例来说明情绪变化的原因。酒和某些药物都是引起情绪变化的因素，它们之所以能够引起情绪变化，是因为饮酒、用药都能引起血管的活动，而血管的活动是受植物性神经系统控制的。植物性神经系统支配作用加强，血管舒张，结果就产生了愉快的情绪；植物性神经系统活动减弱，血管收缩或器官痉挛，结果就产生了恐怖。因此，情绪取决于血管受神经支配的状态、血管容积的改变以及对它的意识。

詹姆士和兰格都认为情绪产生于植物性神经系统的活动，把情绪的产生归因于身体的外周活动的变化，所以该理论又称为外周神经理论（图3-2）。詹姆士-兰格理论看到了情绪与机体变化的直接关系，强调了植物性神经系统在情绪产生中的作用；但是，他们片面强调植物性神经系统的作用，忽视了中枢神经系统的调节、控制作用，因而引起了很多争议。

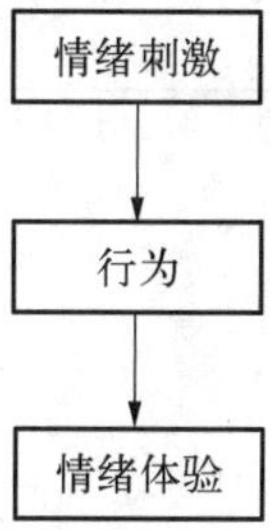

图 3-2 詹姆士-兰格理论图解

情绪刺激 → 行为 → 情绪体验

### （二）坎农-巴德理论（丘脑理论）

对于詹姆士-兰格理论提出的行为先于情绪，甚至行为导致情绪的主张，坎农（Walter Cannon）和巴德（Philip Bard）则提出不同意见：(1) 机体上的生理变化在各种情绪上的变化无法分辨。原因在于，一方面，在不同的情绪状态下会出现相同的内脏变化，另一方面，仅依靠内部器官的反馈难以分辨各种不同的情绪；(2) 由于受植物性神经系统支配，发展过于缓慢，不能说明瞬息万变的情绪；(3) 虽然能用药物激活，但是只激活生理状态，不能产生某种情绪，如使用药物（肾上腺素）能够人为地激活某些机体的生理状态，却不能产生真正的情绪体验。

坎农由此认为，情绪中心不在外周神经系统，而在中枢神经系统的丘脑。机体的生理变化与情绪体验同时发生，它们都受丘脑控制，所以该理论又称为丘脑理论。例如，某人遇到一只熊，先由视觉器官引起冲动，经内导神经传至丘脑，然后发出两种冲动：一是经躯体神经系统和植物性神经系统到骨骼、肌肉及内脏，引起生理应激准备状态，如逃跑；二是传至大脑，使人意识到熊的出现，认为熊会伤人，于是恐惧产生了。随着逃跑时身体生理变化的加剧，恐惧情绪体验也加强了。坎农-巴德理论认为，激发情绪的刺激由丘脑进行加工，同时把信息输送到大脑和机体的其他部位，到达大脑皮层的信息产生情绪体验，而到达内脏和骨骼肌肉的信息激活生理反应，因此，身体变化与情绪体验同时发生（图3-3）。

**图 3-3**

坎农-巴德丘脑学说图解

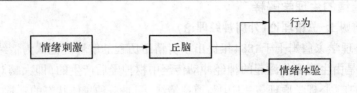

## 二、情绪的认知理论

### (一) 阿诺德评定-兴奋理论

美国心理学家阿诺德(Magda B. Arnold)提出情绪的评定-兴奋学说。她认为,刺激情景并不直接决定情绪的性质,从刺激出现到情绪的产生,要经过对刺激的估量和评价。情绪产生的基本过程是刺激情景→评估→情绪。对于同一刺激情景,对它的评估不同会产生不同的情绪反应。评估的结果可能认为对个体"有利""有害"或"无关"。如果"有利",就会引起肯定的情绪体验,并企图接近刺激物;如果"有害",就会引起否定的情绪体验,并企图躲避刺激物;如果"无关",个体就予以忽视(图3-4)。例如,在森林里看到一只熊产生恐惧,而在动物园里看到一只关在笼子里的熊就不产生恐惧。同一刺激之所以引发不同情绪,在于对情景的认知评定。该评定的实质是刺激情景对人的意义,对人的需要、愿望或渴求的满足。情绪的产生是大脑皮层和皮下组织协同活动的结果,大脑皮层的兴奋是情绪行为最重要的条件。

**图 3-4**

阿诺德的评定-兴奋学说图解

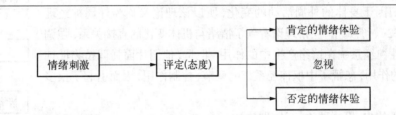

### (二) 情绪两因素理论

美国心理学家沙赫特(S. Schachter)和辛格(J. Singer)认为,情绪的产生有两个不可缺少的因素:一是个体必须体验到高度的生理唤醒;二是个体必须对生理状态的变化进行认知性的唤醒。为了检验情绪的两因素理论,他们进行了实验研究。他们给被试注射一种药物,并告诉他们这是一种复合维生素,目的是测定这种新药对视力的影响。但实际上注射的是肾上腺素。注射肾上腺素能引起心跳加快、血压升高、手发抖、脸发热等生理反应。从注射角度来说,被试都处于一种典型的生理激活状态。然后,实验者向被试说明注射后可能产生的反应,将被试分为三组:正确告知组、错误告知组和无告知组,分别给予不同的指示语。对于正确告知组,告诉他们注射这种新药会出现心跳加快、手发抖、脸发热等反应。对于错误告知组,有意错误地告诉他们注射这种新药可能无感觉、会发麻、发痒、头痛等。对无告知组,实验者什么也没有告诉他们。然后,实验者把注射药物以后的三组被试,每组对半分,分别安排进入预先设计好的两种实验环境里休息:一种是欣快的环境,另一种是愤怨的环境。实验后,主试询问被试当时的内心体验。

结果显示,错误告知组的反应最容易受情境的情绪所感染,正确告知组的反应不容易受情境气氛的影响,无告知组的反应则介于上述两组之间。该实验说明,注射肾上腺素虽然引起了典型的生理唤醒状态,但它的单独作用不能引起人的情绪。人对生理反应的认知评价对人的情绪的产生起着决定性的作用。处于生理唤醒状态的错误告知组,因对其自身的生理状态不能作出恰当的说明,他一方面环视周围环境,以求得某些说明的线索,同时又认为自己之所以体验到这种生理反应,乃是由环境的气氛所致,于是就把自己的生理状态与环境线索相适应说成是欢乐或愤怒。正确告知组由于已经具有说明自己生理反应的信息,便不去寻找环境中的线索。无告知组从实验者那里什么信息也没有得到,完全按自己的评价作出反应。

于是沙赫特和辛格认为,情绪是认知因素和生理唤醒状态二者交互作用的产物,因而沙赫特和辛格的情绪理论又称为情绪两因素理论(图3-5)。

图 3-5 沙赫特认知理论图解

## 案例 3-2

### 危桥约会实验

心理学家达顿(Donald Dutton)和阿伦(Arthar Aron)曾做过一个有趣的实验:他们让一位女性作主试,进行主题统觉测验。一种情境是在一座230英尺高的吊桥上,下面是深不见底的峡谷;另一种情境是在10英尺高的石桥上。参加实验的被试都是男性。两次的实验程序完全一样:女主试把题目交给男被试,让其完成后对他说,"如果你想知道这次测验是怎么回事,可以给我打电话",说完留下电话号码。实验控制了各被试对测验的兴趣因素。结果发现,吊桥上的男子过后与女主试联系的比例显著高于石桥上的男子。这表明,情境唤醒内容影响了被试的认知活动,男被试对生理唤醒源的错误归因(女性代替了危险的桥梁)导致了这样的情绪化判断和行为("我对这个女人感兴趣")。

### (三)拉扎勒斯认知-评价理论

美国心理学家拉扎勒斯(Richard Lazarus)认为情绪是人与环境相互作用的产物。在情绪活动中,人不仅反映环境中的刺激事件对自己的影响,同时要调节自己对于刺激的反应。也就是说,情绪是个体对环境知觉到有害或有益的反应。因此,人们需要不断地评价刺激事件与自身的关系。具体有三个层次的评价:初级评价、次级评价、重新评价。初级评价是指人确认刺激事件与自己是否有利害关系,以及这种关系的程度。次级评价是指人对自己反应行为的调节和控制,它主要涉及人们能否控制刺激事件,以及控制的程度,也就是一种控制判断。重新评价是指人对自己的情绪和行为反应的有效性和适宜性的评价,实际上是一种反馈性行为(图3-6)。

**图 3-6 拉扎勒斯认知-评价理论图解**

初级评价、次级评价和重新评价相继进行,在许多情况下循环往复。例如,人们在公园里和森林里看见熊产生不同的情绪,这是由于初级评价不同:公园里的熊被评价为安全的,森林里的熊被评价为危险的。同样是在森林里遇见一只熊,如果手持枪支,或者力大艺高,所产生的恐惧就小;如果赤手空拳、身体孱弱,所产生的恐惧就大,这是由于次级评价不同。在战争中,开始时的轻敌产生骄傲和大意,随后碰上战斗吃亏了,于是就要认真对待了,这是重新评价对初级评价和次级评价的调整。

对上述情绪理论的小结如表3-2所示。

**表 3-2 情绪理论小结**

| 情绪理论 | 提出者 | 观　　　点 |
| --- | --- | --- |
| 外周神经理论 | 詹姆士和兰格 | 情绪并非由刺激引起,而是生理变化激起的神经冲动传至中枢神经后产生的,即大脑对身体反应的反馈。 |
| 丘脑理论 | 坎农和巴德 | 情绪中心不在外周神经系统,而是中枢神经系统的丘脑。机体的生理变化与情绪体验同时发生,它们都受丘脑控制。 |
| 评定-兴奋理论 | 阿诺德 | 刺激情景并不直接决定情绪的性质,情绪产生的基本过程是刺激情景-评估-情绪。 |
| 情绪两因素理论 | 沙赫特和辛格 | 情绪的产生有两个不可缺少的因素:一是个体必须体验到高度的生理唤醒;二是个体必须对生理状态的变化进行认知性的唤醒。 |
| 认知-评价理论 | 拉扎勒斯 | 情绪是人与环境相互作用的产物,是个体不断评价刺激事件与自身的关系有害或有益的反应。 |

## 第三节　青少年情绪发展与调适

青少年阶段是个体生理发展已接近成熟,但心理水平还处在发展之中的特定时期。这一时期的青少年经历着心理发展的种种困惑、矛盾和挑战,急剧的身体发育、激素水平变化和社会化变迁容易使青少年情绪激荡。

### 一、青少年情绪发展的特点

#### (一)爆发性和冲动性

随着青少年自我意识的增强,他们的成人感迅速发展,自主感、自信心和自尊心也有很大提高。当青少年意识到自己"像个大人"之后,他们的情绪与一种特殊的积极性紧密联系在一起。他们要求参加成人的生活,企望获得成人的能力、权利和品质,因而对各项活动表现出特有的热情。有时,当他们迷上了某一门知识和活动时,可以达到废寝忘食的地步。但由于他们的思想还不成熟,还不善于很好地调节和控制自己的情绪,自我监督能力不强,加上某些生理激素的变化,因而具有高度的情绪兴奋性、紧张性、冲动性和爆发性。同样的刺激情境,成年人可能不会引起明显的情绪反应,而青少年却能激起较强烈的情绪体验。尤其是在别人的评价涉及他们的品性、品质和行为,涉及对他们观点的肯定或否定时,最容易冲动。青少年可能为一句话而大打出手,为一个小问题而争辩不休,为失恋而痛不欲生。

> **青春期的大脑发育特点**    专栏3-3
>
> 　　到了青春期,青少年脑部里的神经元之间再度蓬勃发展出新的联结。其中,许多特定的新连结并没有特定的功用。但是,多了这些新路径,会让信号传递出现中断或是困扰。这种新生的连结造成了青春期孩子的混乱现象。中枢神经系统的兴奋性过强是导致初中生反抗性出现的另一个原因。青春期孩子的中枢神经系统处于过分活跃状态,使他们对于周围的各种刺激,包括别人对他们的态度等表现过于强烈,常因区区小事就暴跳如雷。
>
> 资料来源:青少年叛逆是因为"脑子有问题"[J].科学之友,2008(4):27.

### (二) 不稳定性和两极性

由于自我意识的发展,青少年的高级情绪体验更明显,而他们的认知发展还不成熟,对于外界的评价也更敏感,易于受到环境的影响,加上自身生理变化的因素,使得他们的情绪体验波动性比儿童和成人的强度更大、变化更快,具有不稳定性。他们的情绪很容易从一个极端转向另一个极端,他们对事物的看法较片面,很容易产生偏激反应。他们时而愁容满面,时而欢乐开怀;时而黯然落泪,时而摇头发笑;会为很小的一件事伤心好一阵子,而别人的一句赞扬又会顿感世界是那么美好;当别人赞成自己的观点时欣喜若狂,当听到反面的意见时,难以求同存异,喜欢争论得明明白白。有的人把自己的目标定得过高,根本无能力达到,受到别人的嘲讽后郁郁寡欢;有的人做事要求十全十美,往往因为小小的瑕疵而自责,从而影响情绪。他们受到挫折和意外打击时,产生悲观失望与消沉的情绪,易走向极端。

### (三) 外露性和内隐性

随着青少年自我意识增强,他们逐渐学会控制情感及情感反应,一方面既表现出强烈的情绪情感反应,一方面又能掩饰、压抑自己的情绪,使这种情绪的表露有时带有很大的文饰性,并逐渐学会用理智控制自己的情绪反应。青少年的情绪表达已经能够顾及自己的形象和当时的情境,有意识地掩饰、修整和控制自己的情绪表达方式和程度。有时候,他们会具有一些表演性质的大笑或微笑,有时候对一件明明有厌恶情绪的事件会表现出无所谓,甚至热情。特别是对于自己喜欢的人,他们会倾向于掩饰,表面上无动于衷,甚至故意回避,内心却对于对方的言行非常敏感,并时刻关注对方的一举一动。与此同时,为了掩饰与理想形象不一致的真实情绪,他们常会要求自己按照理想自我认为的最应该表达的情绪来表现给别人看。

### （四）心境化和持久性

无论是外显的情绪反应，还是内心的情绪体验，青少年的情绪在时间上比儿童更有延续性。一件事情引起的反应能够较长时间地留在心头，这种拉长了的情绪状态则会转为稳定的心境。所谓心境性就是情绪反应相对持久稳定，情绪反应的时间明显延长。一方面，表现为延长反应过程，如有的青少年在受到教师批评之后，当时可能不会表现出来，但是会为此而闷闷不乐好几天。这一方面是由于青少年逐步发展出情绪的自控能力，即使引起情绪的外部刺激消失，情绪也会转化为具有弥散性的心境体验，而不像儿童期那样，情绪主要受到外部环境的影响，儿童的情绪犹如六月天，反应快、变化也快；另一方面，青少年发展出一定程度的集体感和自尊心，这些与稳定的集体感和自我观念相联系的情绪体验就会有较长的持续性。

## 二、青少年积极情绪的培养

### （一）良好情绪的标准

1. 能够准确表达自身感受

能够准确地表述出对周围环境的心理感受，良好情绪首先要求能够对周边的环境作出准确的表述，这种对自己心理感受的准确表达，不仅仅要表达出自己的积极情绪，同时也要表达出自己的消极情绪。

2. 能够客观评价周围环境

良好情绪表现在对周围环境的评价上，对周围环境的评价要客观、适当，如果表现得过于激烈或者过于消沉，则属于不良情绪。

3. 能够恰当转移情绪

良好的情绪还会表现在情绪的转移能力方面。如果兴奋的情绪停止，那么兴奋状态就不应该再延续下去；如果悲伤的情绪停止，那么就不该再继续悲痛。

4. 情绪表现符合年龄特点

良好情绪还需要与年龄特征相符合。如果一个人的情绪表现超出了自己的年龄范围，那么也不是良好的情绪。比如，一个成年人如果遇到小麻烦还经常会哭，就不符合他的年龄特点，此时的悲伤表现就不正常。

### （二）积极情绪的培养

1. 培养对生活和工作的热爱

一个人对生活的意义有着正确认识，就会热爱生活。这样的人往往情绪稳定，充满乐观主义精神。如果一个人富有事业心、热爱工作，在完成一件有意义的工作后，就会体验到满足感与成功感。这样的人可以避免把精力消耗在生活琐事上，因此，精神生活充实，在遇到困难或挫折时，能够正确对待并积极克服；而那些对工作毫无兴趣，整日患得患失的人，常常会情绪低落、表现消极。

2. 学会正确处理人与人之间关系的技巧

人与人之间关系友好，引起满意而愉快的情绪反应，会使人心情舒畅；人与人之间关系紧张，则会引起不满意、不愉快的情绪反应，会使人心情抑郁不快。

3. 要善于把心中的不快表达出来

如果心理上的冲突引起情绪变化，长期压抑在心中，就可能影响神经系统的功能而引起疾病。人在情绪苦闷的时候,可以找朋友谈心,倾吐心中抑郁,心情就会恢复平静,释放紧张情绪。

4. 学会控制自己的情绪

人的情绪是受人的意识和意志控制的。因此,人都要主动地控制自己的情绪,善于驾驭自己的情绪。任意放纵消极情绪滋长,经常发怒,将导致情绪失调,引起疾病。

5. 培养幽默感

幽默感是调剂人的情绪紧张、适应环境的有力工具。幽默感能降低愤怒和不安情绪,使情绪变得轻松。

---

**专栏3-4**

### "笑疗"的疗效

大量研究证明,笑是最自然、最没有副作用的止痛剂。当你笑时,脑中的快乐激素便会释出,快乐激素是最有效的止痛化学物质,能缓和体内各种疼痛,因此一些患风湿、关节炎的人,要经常笑笑,以减轻病情。笑能令体内的白血球增加,促进体内的抗体循环,这都能增强免疫能力,对抗病菌。另外,笑也有助于血液循环,加速新陈代谢,给人很有活力的感觉。同时,大笑是保持身材苗条的最佳方法。德国研究人员发现,大笑10—15分钟可以增加能量消耗,使人心跳加速,燃烧一定数量的卡路里。

资料来源:宋子伟."笑疗"的疗效[N].新民晚报,2019-09-21(22).

---

### 三、青少年消极情绪的调节

#### (一)青少年常见的消极情绪

1. 抑郁

抑郁是由社会、心理因素引起的一种持久的情绪低落状态。青少年的抑郁情绪多半是由于学习或生活中各种各样的烦恼造成的。比如,学校适应不良、学习遇挫、与同伴出现纷争、与父母沟通困难等都会给青少年带来烦恼。一方面,面对这些烦恼无计可施会让他们的内心郁闷,愁眉苦脸;另一方面,青少年往往有强烈的独立意识,面对挫折和失败而不去向父母和老师求助,从而产生强烈的孤独感和无助感。处于抑郁情绪状态下的青少年总是显得内心愁苦,缺乏愉快感,思维迟钝,注意力不集中,记忆力减退,动作缓慢,疲乏无力,常感到不顺心,对什么事情都没有兴趣且缺乏信心,有时还伴有失眠或昏睡、体重下降、饮食过多或过少等生理变化。

2. 焦虑

焦虑是指当一个人预测将会有某种不良后果产生,或模糊的威胁出现时的一种不愉快情绪,表现为紧张不安、忧虑、烦恼、害怕。任何对人的身心构成威胁的情境都可以引起焦虑。如,疾病的威胁,对个人自尊心的挫伤,超过个人能力限度的学习与工作上的压力,人际交往中的矛盾冲突,生活中的挫折,等等,都可以引起人的焦虑。焦虑会使人处于持续紧张状态,终日惶恐、忧心忡忡、提心吊胆、坐卧不安,过分敏感、容易激动、注意力不集中，对外界事物缺乏兴趣。有时还伴有失眠多梦、胃肠不适。担心考不好所引起的考前焦虑是青少年的一个主要焦虑来源。

3. 孤独

孤独在社会生活中是一种非常普遍的现象。孤独是一种主观上的社交孤立状态，伴有个体知觉到自己与他人隔离或缺乏接触而产生的不被接纳的痛苦体验。如果一个人认为自己孤独，那么他就是孤独的。一个人可能因为被孤立而孤独，也可能身处人群中而感到孤独。也有可能周围空无一人，这个人也不会感到孤独。因为他只想安静，不想跟他人交往。心理学家魏斯（Brian L. Weiss）把孤独分为情绪性孤独和社会性孤独。情绪性孤独是指没有任何亲密的人可以依附而引起的孤独。社会性孤独是指当个体缺乏社会整合感或缺乏由朋友或同事等所提供的团体归属感时产生的孤独。一个人远在他乡，常因感觉不能融入当地人际圈而缺乏社会整合感和团体归属感而产生社会性孤独。来自不同文化背景的人，因很难融入当地人的生活，产生的就是社会性孤独。从持续时间维度，可以把孤独分为短暂孤独和慢性孤独，也可以叫作状态孤独和特质孤独。短暂或状态孤独是暂时的，是外部环境引发的，容易恢复。慢性的（特质）孤独持续时间更长，是人的因素引起的，不容易恢复。例如，当一个少年生病不能跟朋友在一起，引发的只是暂时的孤独。只要他康复了，消除孤独是很容易的。一个人无论是家庭聚会，跟朋友在一起，或者独处，都感到孤独，这就是慢性孤独。无论环境发生什么变化，孤独体验会如影随形。孤独不是有或没有的问题，而是程度的问题。研究显示，几乎所有的人都曾有过孤独体验。

4. 易怒

所谓易怒就是指容易冲动、急躁、爱发脾气。青少年常常会表现出兴奋过强或紧张过度，表现为情绪反应过敏，情绪的自我控制能力减退，易激惹，即使是轻微的刺激，也容易引起强烈而短暂的情绪反应。从生理角度来说，愤怒易导致高血压、心脏病、溃疡、失眠等疾病；从心理角度而言，易怒会破坏人际关系，阻碍情感交流，使人内疚、情绪低沉。

5. 冷漠

冷漠是指情感冲动强度较弱、情感表现淡漠的心态。具体表现为对外界刺激缺乏相应的情感反应，对亲友冷淡，对周围事物失去兴趣，面部表情呆板，内心体验贫乏，严重时对一切都漠不关心，与周围环境失去情感上的联系。造成情感冷漠的主要原因是外界刺激、打击或遭受挫折。一些青少年由于在生活中碰了几次钉子，受到一些挫折和打击，就变得心灰意冷，原来生活的热情消失了，对一切事物的兴趣也没有了，对周围一切都漠然处之、麻木不仁了，看不到生活的希望和曙光，不能寻觅到挚友和知音，也激发不起生活的热情和兴趣，终日伴随自己的只是内心深处的孤寂、凄凉和空虚。这种对人和事都采取漠视和冷淡态度的人，不仅会丧失青春活力，而且容易步入歧途。

6. 恐惧

恐惧是对某种特定对象或境遇产生了强烈、非理性的害怕，一般并不导致危险或威胁。青少年由于神经系统功能还不稳定，认知能力、意志品质存在偏差和缺陷，社会经验和社交技能欠缺，对心理压力的承受力较弱，因此，在人际交往中会遇到各种问题和挫折，表现出害羞、局促不安、避免目光接触、不敢在公开场合讲话等，造成社交恐惧；

在某些特殊情境中出现特异性的恐惧,如一些青少年对学校产生恐惧,害怕看校门、害怕见到老师和同学、回避学校生活。当处于恐惧状态时,不仅会出现明显的紧张、焦虑,甚至愤怒等情绪反应,有时还伴有心悸、出汗、头痛、头晕等强烈的生理反应。

### (二)消极情绪调节的方法

1. 学会积极认知

青少年的情绪和情感通过认知的折射而产生的。积极的认知就是在看到事物不利、消极方面的同时,更能看到事物有利、积极的方面。积极的认知产生积极的情绪和情感,消极认知则产生消极的情绪和情感。人的消极情绪来自人对所遭遇事情的信念、评价、解释或哲学观点,而非来自事情本身。事件能否发生是不以当事人的意志为转移的,但情绪和行为受制于认知。

---

**案例 3-3**

### 晴天乎?雨天乎?

一位老婆婆的两个宝贝女儿都长大嫁人了,大女儿嫁了个晒盐的,小女儿嫁了个卖伞的。自从小女儿出嫁后,老妇人每天都在唉声叹气,下雨天她愁大女儿家没法晒盐,大晴天,她又愁小女儿家的雨伞没人买。老妇人整天都在愁眉苦脸地过日子,终于有一天她病倒了。

一个路过的智者听说了这件事,对她讲:"你为什么不这样想呢,下雨天小女儿家的雨伞好卖了;晴朗天大女儿家正好可以晒盐,两个女儿多幸福啊。"

老妇人心头一亮:"是啊,我以前怎么就没想到呢?"事情还是那个事情,只不过换了个想法,就得到了快乐。

---

2. 转移法

转移法就是把注意力从引起不良情绪的事情转移到其他事情上,这样可以使人从消极情绪中解脱出来,从而激发积极愉快的情绪反应。比如,当我们心情低落时,可以听听音乐,散散步,这样可以将我们的注意力转移到音乐上和周围的景物上,缓解心情。

---

**案例 3-4**

### 爱巴的故事

在古老的西藏,有一个叫爱巴的人,每次和人生气起争执的时候,就以很快的速度跑回家,绕着自己的房子和土地跑三圈,然后坐在田边喘气。

爱巴工作非常勤奋努力,他的房子越来越大,土地也越来越广。但不管房和地有多么广大,只要与人起争执而生气的时候,他就会绕着房子和土地跑三圈。

"爱巴为什么每次生气都绕着房子和土地跑三圈呢?"所有熟悉他的人心里都想不明白,但不管怎么问他,爱巴都不愿意明说。

直到有一天,爱巴很老了,他的房地也已经广大了,他生了气,拄着拐仗艰难地绕着土地和房子转,等他好不容易走完三圈,太阳已经下了山,爱巴独自坐在田边喘气。

他的孙子在旁边恳求他:"阿公,你已经这么大年纪了,这四周地区没有其他人的土地比你的更广大,你也不能再像从前,一生气就绕着土地跑三圈了。还有,你可不可以告诉我你一生气就绕着房子和土地跑三圈的秘密?"

爱巴终于说出了隐藏在心里多年的秘密,他说:"年轻的时候,我一和人吵架、争论、生气,就绕着房屋跑三圈,边跑边想自己房子这么小,土地这么少,哪有时间去和别人吵架呢!想到这里气就消了,把所有的时间都用来努力工作了。"

孙子问道:"阿公!你年老了,又变成最富有的人,为什么还要绕着房子和土地跑呢?"爱巴笑着说:"我现在还是会生气,生气时绕着房子和土地跑三圈,边跑边想,自己房子这么大,土地这么多,又何必和人计较呢?一想到这里,气就消了!"

案例来源:胡象斌,吴量. 大学生心理健康教育[M].西安:西北工业大学出版社,2017:198.

### 3. 宣泄法

当我们出现不满和悲伤等激烈情绪时,可以采用合理的发泄方法将这些情绪发泄出去。发泄情绪的方法和途径有很多种,比如,哭、喊、诉说、打骂象征物等方法。青少年宣泄情绪有一个"度"的问题,要做到适时、适度,注意时间、场合和方式方法。不能把合理的情绪宣泄理解为疯狂时的情绪发泄。如果以暴力或其他不恰当的方式发泄情绪,其后果往往很严重,不仅不利于问题的解决,反而会引发新的问题。

**专栏3-5**

## 合理宣泄情绪的方法

1. 倾诉

在自己很不愉快、很烦的时候,找知心朋友聊天是最简单最有效的宣泄方式,当把自己心中的烦闷、不愉快一股脑全倒出来的时候,就如同阴天云散、碧空万里一样轻松舒畅。

2. 运动

当你心情不好时,可以干些体力活,也可以到操场上跑几圈。这时你的不愉快心情会归于平静。因为运动有助于人们加速代谢,也会让人们更有活力,而爆发力的运动更加有助于人们发泄多余的精力和不满情绪。

3. 痛哭

当悲伤、委屈等不良情绪左右着自己的时候,不妨痛快地哭一场,痛哭可以使自己的不良情绪得到缓解,此时,因情绪紧张而带来的不良感觉、记忆以及思维障碍就会自行消退,使自己冷静下来,可以客观地感知外界事物,分析、思考、寻找解决问题的方法。

4. 淡化

中学生的不良情绪和情绪行为的产生,往往是与他的某些需要没有得到满足有关系,为了解除烦恼,有时不妨来一点超脱感,如能做到"东方不亮西方亮",或就用一种比较平淡的眼光看待问题。

5. 听听音乐

轻松的音乐有助于缓解情绪。如果你懂得弹钢琴、吉他或其他乐器,不妨以此来对付心绪不宁。当心情不开心时可以约三五好友找个KTV开心地唱歌,释放出自己心里的情绪。

总之,要注意情绪排泄法的及时应用,这可以达到不良情绪的有效化解,使自身的精神堤坝达到坚不可摧,让精神之库不断注入振奋、欢欣与愉悦,让心境之水永远清澈与蔚蓝。

资料来源:李晓芸.中学生情绪情感的宣泄与调整[J].安顺师专学报,2002(1):77-79.

4. 升华法

升华是改变不为社会所接受的动机和欲望,而使之符合社会规范和时代要求的情绪调节方法,是对消极情绪的一种高水平的渲泄,是将消极情感引导到对人、对己、对社会都有利的方向去。即以高境界表现出来,谓之升华,常说的有"化悲痛为力量"。有人对很有成就的同行产生了嫉妒情绪,理智又不允许他将这种心理表现出来,于是加倍努力、奋力拼搏,最终超过对手。不少人身处逆境,忍辱负重,但乐观进取、自强不息,取得了出众的成绩,为世人传颂。如:文王拘而演《周易》;仲尼厄而作《春秋》;屈原放逐,乃赋《离骚》;左丘失明,厥有《国语》,这些都是升华的典型。

**参考文献**

[1] Michelle Shiota, James Kalat. 情绪心理学[M]. 周仁来,等译. 北京:中国轻工业出版社,2015.
[2] 王瑶. 中学生心理健康与指导[M]. 北京:北京师范大学出版社,2015.
[3] 彭聃龄. 普通心理学[M]. 北京:北京师范大学出版社,2004.
[4] 张积家. 普通心理学[M]. 广州:广东高等教育出版社,2004.

**思考题**

1. 小丁在笔记本中有如下表述:我是后进生行列中的一员,我也曾努力过、刻苦过,但被一盆盆冷水浇得心灰意冷。就拿一次英语考试来说吧,我觉得学英语比登天还难,每次考试不是个位数就是十几分。一次英语老师骂我是蠢猪,我很气愤,下决心一定要考好。于是,我加倍努力,有一次真的拿了个英语第一名,心想这次老师一定会表扬我了吧!可是出乎意料,老师一进教室就当着全班同学的面问我:"你这次考得这么好,不是抄来的吧?"听了这话,我一下子从头凉到脚,对学习再也提不起兴趣了。

问题:分析材料中小丁的情绪变化。

2. 小明现在是一名初中生,小学时成绩优秀,并在升学考试中以第一名的成绩考入初中。进入初中后,因学习不适应,渐渐地成绩下降到第二十几名,这给小明的打击不小。从此,小明对学习再也提不起兴趣。

问题:小明出现了什么样的情绪问题?

# 第四章

## 青少年人格发展

**学习目标**

1. 理解人格的含义及特征。
2. 理解气质的含义,比较四种气质的行为表现,以及与高级神经活动类型的关系。
3. 根据不同气质特征进行因材施教。
4. 理解性格的含义及基本结构,比较气质与性格的差异。
5. 理解并能评价弗洛伊德的人格理论。
6. 理解特质的含义,比较奥尔波特人格特质理论中的首要特质、中心特质和次要特质。
7. 理解并能评价埃里克森人格发展阶段理论。
8. 理解自我意识的含义和类型,理解青少年自我意识发展的阶段和特点。
9. 理解社会行为的发展、亲社会行为和攻击性行为。
10. 理解影响人格发展的主要因素。

## 关键术语

**人格**：指个体在其遗传素质与环境因素交互作用中，逐渐形成的不同于他人的独特的、稳定的、持久的心理特征或特质。

**气质与气质类型**：表现在心理活动的强度、速度、灵活性等方面的一种稳定的心理特征，分为活泼、敏捷、易变的多血质；直率、热情、冲动的胆汁质；安静、耐心、缓慢的粘液质；敏感、细腻、多疑的抑郁质四种类型。

**性格**：个体在社会生活过程中形成的对客观现实的稳定态度和与之相应的习惯化的行为方式。

**特质**：指个人在遗传与环境相互作用下形成的对刺激发生反应的一种内在倾向。

**弗洛伊德的人格理论**：人格由本我、自我和超我三部分组成，三者失去协调和平衡状态，人格的发展就会受到危害。

**奥尔波特人格特质理论**：人格特质分为共同特质和个人特质，而个人特质依其在生活中所起作用的大小，可分为首要特质、中心特质和次要特质。

**埃里克森人格发展阶段理论**：人格的发展要经历八个阶段。每个阶段都存在着一种特定的心理危机，如果解决了这个危机，就能形成积极的人格品质，相反则形成消极的人格品质。

**自我意识**：人对自己身心状态及对自己同客观世界的关系的一种意识。

**亲社会行为**：指包括利他行为和助人行为在内的一切对社会有积极作用的行为。

**攻击性行为**：指对他人（包括个体、群体）的身体或心理进行伤害的行为。

**家庭教养方式类型**：鲍姆林德根据要求性和反应性，把教养方式分为权威型、专制型、溺爱型和忽视型四种类型。

## 本章结构

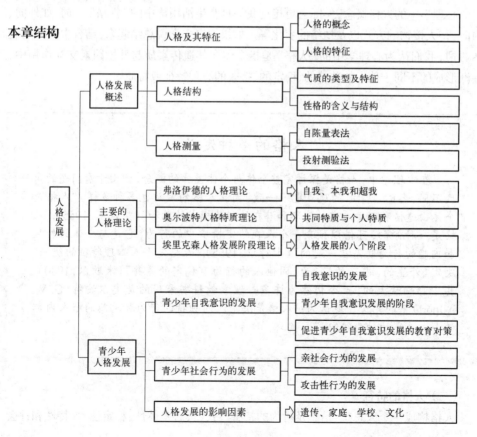

## 第一节 人格发展概述

### 一、人格及其特征

**(一) 人格的概念**

汉语中的人格(Personality)一词是从日文中引进的,而这一概念最早出自拉丁文。古罗马的一位戏剧演员在表演中带上面具,以掩盖他斜眼的缺陷,后来便逐步演变出Persona这个词。其本义是指戏剧中演员所戴的面具,随人物角色的不同而变换面具,就如同中国京剧中的脸谱一样:红脸代表忠心,白脸代表奸佞,黑脸代表刚正……面具体现了角色的特点和人物性格。

在日常生活中人格一词有着多种含义:一是指人品,与品格同义,这是从伦理道德出发对人的行为进行评价,比如说某人有着高尚的人格,某人的人格卑劣;二是指权利与义务主体之资格,是法律上的一般解释,比如说侵犯了某人的人格尊严等;三是指人的个性,是心理学上的解释。

心理学沿用"面具"的含义,转译为"人格",其中包含以下两个方面的内容。一方面是指一个人在人生舞台上所表现出来的种种言行,这是人们遵从社会文化习俗的要求所表现出来的性格,如女性要稳重,男性要坚强等。人格所具有的"外壳"就像舞台上根据角色要求所戴的面具,表现出一个人外在的人格品质。另一方面是指一个人由于某种原因没有展现的内隐人格成分,是人格的内在品质,如同面具后的真实自我。

心理学中的人格概念,实际上更接近我们日常生活用语中的"性格"一词,如外向、内向、待人接物的方式以及情绪的变化等。如果把诸多学说总结起来,结合中国人的表达习惯,我们认为心理学中的"人格"是指个体在其遗传素质与环境因素交互作用中,逐渐形成的不同于他人的独特的、稳定的、持久的心理特征或特质。

---

**专栏4-1**

### 人格的多种定义

在心理学中,人格是探讨完整个体与个体差异的概念,但由于看问题的角度不同,各心理学派的观点也不一致,因此人格的定义也多种多样。"人格是个体由遗传和环境决定的实际和潜在的行为模式的总和"(艾森克,1955);"人格是一种倾向,可借以预测一个人在给定情境中的行为,它是与个体的外显和内隐的行为联系在一起的"(卡特尔,1965);"人格是个人心理特征的统一,决定(外显的,内隐的)行为,同他人的行为有稳定的差异"(米歇尔,1980)。其中影响最大的,至今仍然为许多心理学教科书采用的是奥尔波特(G. W. Allport)下的定义。他认为:"人格是决定人的独特的行为和思想的个人内部的身心系统的动力组织。"

---

**(二) 人格的特征**

人格构成一个人思想、情感及行为的特有模式,具有整体性、稳定性、独特性和社会性四种基本特性。

1. 人格的整体性

人格的整体性是指人格的任何一个方面都不是孤立的,而是与其他方面密切联系的。比如一个人从自信到自卑的改变,会引起情绪、认知和行为等方面的改变,我们感受到的不仅仅是其自信心的改变,而是整个人的改变。人格的有机结构具有内在一致性,受自我意识的调控。当人格结构的各方面和谐一致时,就会呈现出健康的人格特征,否则就会出现各种心理冲突,导致"人格分裂"。

2. 人格的稳定性

人格的稳定性是指那些经常表现出来的特点,是一贯的行为方式的总和,具有跨时间、跨情境的一致性。正如人们常说的"江山易改,本性难移"。人格是一个人在成长过程中受家庭、社会潜移默化的影响,经过学校教育的熏陶,以及个人在实践活动中长时间逐渐塑造而成的,它一经形成就显得比较稳定。比如说一个性格外向的学生,他不仅仅在家庭中非常活跃,而且在班级活动中也表现出积极的一面,在老师面前同样也能主动地表现自己。我们说某人做事谨慎,说明他平时都循规蹈矩、做事稳重,而偶尔表现出的冒失、轻率等行为,则并不是他的人格特征。

当然,人格具有稳定性,并不是说人格是一成不变的,人格也具有可塑性。由于人格特征是在生活实践中逐渐形成的,随着社会生活条件的改变,人格也会有所变化。生活中的重大事件,如丧失至亲、迁居异地等,有时候也会使一个人的人格出现巨大的变化。意志坚强的人通过自我教育也可能改变自己的人格。

3. 人格的独特性

人格的独特性是指每个人都是独一无二的个体。世界上没有两片相同的树叶,更没有两个人格完全相同的人。正所谓"人心不同,各如其面",即使是同卵双生子,由于不同的人生经历、不同的环境影响,人格也会有所差异。在遗传、成熟、环境、教育等先天、后天因素的交互作用下,个体形成了独特的心理特点。如有的人开放自然、有的人顽固自守、有的人沉默寡言、有的人豪爽、有的人谨慎等。

当然,强调人格的独特性并不排除人格的共同性,人格是独特性与共同性的统一。某一群体、某一阶层或某一民族,在一定的生活环境和自然环境中会形成共同的典型的心理特点。如美国人喜欢冒险开拓,德国人谨慎多思,法国人浪漫多情,中国人勤劳含蓄等,这是由各个民族的文化传统、生活方式所决定的。

4. 人格的社会性

人既是一个自然实体,又是一个社会实体。因此,人格的形成既要受生物学规律的制约,又要受社会因素的制约,可以说一个人的发展是由生物实体向社会实体转化的过程,也即个体社会化的过程。每个人的人格都打上了他所处时代的烙印,不同社会的政治、经济、文化对个体有不同的影响,使其人格带有明显的社会性。

## 二、人格结构

人格可以说是人的心理长相。人的生理长相包括身材、身高等诸多方面,同样,人的心理长相也包括多个方面。人的心理长相的各个方面构成了个体的人格结构。人格是一个复杂的结构系统,它包括许多成分,其中主要包括气质、性格、认知风格、自我调控等方面。

**(一) 气质**

1. 气质的概念

在日常生活中人们所说的"气质"一词,其含义近似于"风度""气派"等,这与心理学中的"气质"有很大差异。心理学中所说的气质概念,含义近似于人们日常所说的"脾气""秉性"等,是指一个人与生俱来的心理活动的动力特征,表现在心理活动的强度、速度、灵活性等方面的一种稳定的心理特征。速度指知觉、思维以及动作反应等的敏捷程度;强度包括情绪的强度、意志力的强弱等;灵活性是指心理活动发生变化的快慢。

人的气质差异是先天形成的,受神经系统活动过程的特性所制约,在出生不久的婴儿身上就有明显的表现。如有些婴儿好动,四肢不停地活动;有些婴儿安静,即使醒着也显得很安稳,活动量少。在课堂上我们也会发现,有些学生总是反应灵活、思维活跃,回答问题总是很积极,而有的学生却很安静、反应缓慢,回答问题时总要反复思考;有的同学喜形于色,情绪明显表露在外,心里藏不住事情,而有的同学不论做什么事总是不动声色;有的同学做事总是十分急躁,而有的同学干任何事情都不急不躁。这些特征就是不同气质类型的行为表现。

气质在环境和教育的影响下虽然也会有所改变,但与其他个性心理特征相比,环境因素对其的影响作用非常缓慢,多数人的气质特征在一生之中往往只有表现程度的变化,而难有质的改变。

2. 气质类型及特征

心理学家将人的气质类型划分为四种,它们的典型心理特征和行为表现概括如下。

(1) 多血质气质类型:灵活、敏捷,反应迅速,注意力易转移,兴趣容易变换。情感丰富、外露但不稳定。外向、活泼好动,喜欢与人交往。在良好教育下,容易形成能言善辩、有朝气、热情、有同情心、思维灵活等品质,容易接受新鲜事物,对新环境适应能力强;在不良环境影响下,也容易形成不够扎实、缺乏一贯性等特点。

(2) 粘液质气质类型:安静、稳重、反应缓慢,注意稳定,兴趣专一。情绪稳定,强度低但持续时间较长。善于忍耐,情绪不易外露、沉默寡言,好静不好动,做事总是慢条斯理。为人比较随和,但交际中比较被动,不喜欢过多与人来往。在良好教育下,容易形成沉着坚定、勤勉、埋头苦干、持之以恒的特点;在不良环境影响下,也容易形成萎靡、怠惰、冷漠、固执等不良品质。

(3) 胆汁质气质类型:情绪体验强烈、爆发快、平息快,思维灵活、精力旺盛、争强好胜,喜欢激烈运动,做事果断、胆大、急躁、易于冲动,是有名的急性子。为人热情、直率,易与人发生冲突,但大多具有过后即忘的特点。在良好教育下,容易形成性情豪爽、意志坚强、敢闯敢干、好打抱不平等品质;在不良环境影响下,也容易形成草率、冒失、性情粗鲁、攻击性强等不良品质。

(4) 抑郁质气质类型:情绪体验深刻、细腻持久,感受性高,观察敏锐,善于觉察别人不易注意的细节。情绪的易感性高、多愁善感,情绪体验强烈、深刻且持久,但情绪内抑,表情收敛,严重内向。为人敏感、易多心、交际圈小、不大合群,最怕与陌生人交往或在公众场合抛头露面。做事过分谨慎、优柔寡断、行动迟缓、精力不足、容易疲劳。在良好教育下,容易形成高度负责、感情专一、鞠躬尽瘁等品质;在不良环境影响下,也容易形成多疑、孤僻、心胸狭隘、悲观绝望等品质。

虽然不同气质的人会表现出明显的差异,但气质本身并无好坏之分,因为气质既不能决定一个人的智力水平和成就高低,也不能决定一个人的道德水平及社会价值。任何一种气质类型都有其积极的一面,也有其消极的一面。例如,多血质的人灵活性好而稳定性差,粘液质的人稳定性好而灵活性差,胆汁质的人刚毅果断但易于冲动,抑郁质的人谨慎细致但优柔寡断。因此在现实生活中,每种气质类型的人都应注意扬长避短,发挥自己的优势。另外,典型的气质类型在人群中只占少数,多数人属于两种或多种类型的混合型。

丹麦漫画家赫尔卢夫·皮德斯特鲁普(Herluf Bidstrup)画过一幅漫画,表现一个人发现自己的帽子被旁人一屁股坐到之后的不同反应,你能判断出从上到下的四个人分别是什么气质类型的典型表现吗?(图4-1)

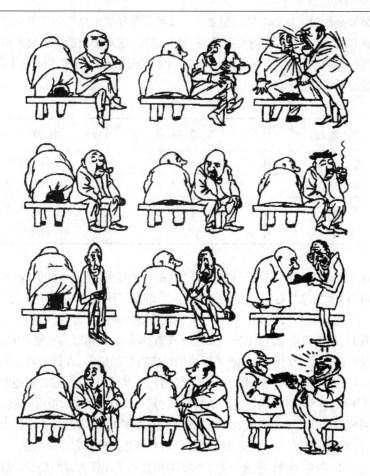

图 4-1

四种典型气质类型的行为特征

3. 气质类型与高级神经活动类型的关系

巴甫洛夫(1927)用高级神经活动类型学说解释气质的生理基础,为气质的分类找到了科学依据。他根据神经活动过程的基本特性,即兴奋过程和抑制过程的强度、平衡性和灵活性,划分了四种基本的神经活动类型。神经活动的强度是指神经细胞和整个神经系统的工作能力与耐力,强者能够承受强烈而持久的刺激。平衡性是指兴奋和抑制两种神经过程的相对关系,二者强度大体相同就是平衡,否则就是不平衡。灵活性是指兴奋和抑制两种神经过程相互转换的速度,转换速度快的就是灵活的,反之,就是不灵活的。四种气质类型与高级神经活动特点的关系如表4-1所示。

**表4-1 气质类型与高级神经活动类型**

| 高级神经活动过程的特性 | 高级神经活动类型 | 气质类型 |
| --- | --- | --- |
| 强、不平衡 | 冲动型、不可遏制型 | 胆汁质 |
| 强、平衡、灵活 | 活泼型 | 多血质 |
| 强、平衡、不灵活 | 安静型 | 粘液质 |
| 弱 | 抑制型 | 抑郁质 |

4. 气质特征的教育意义

气质类型是教师因材施教的依据之一。教师要指导学生分析和认识自己气质特征中的长处和短处,加强对行为的自我管理,扬长避短,这对于塑造健康的人格具有重要意义。此外,教师应根据学生的不同气质类型因材施教,依据学生不同的气质特征,采取不同的教育策略(表4-2)。

**表4-2 针对不同的气质特征的教育对策**

| 气质类型 | 气质弱点 | 教育对策 |
| --- | --- | --- |
| 胆汁质 | 自制性 | 以柔克刚 |
| 粘液质 | 主动性 | 热情引导 |
| 多血质 | 稳定性 | 刚柔相济 |
| 抑郁质 | 耐受性 | 鼓励引导 |

对胆汁质的学生,首先,应提供更多富于挑战性的任务,使其发挥勇敢、进取和主动等优点,同时注意培养其自制力,逐渐克服冲动、轻率等缺点。其次,在人际交往上,发挥其热情、爽朗等特点,并逐渐培养其约束脾气暴躁的缺点。最后,对胆汁质的学生进行批评教育时,教师切忌急躁,不能以强硬方式激怒他们,宜用以柔克刚等方法。

对粘液质的学生,首先,应注意照顾他们反应迟缓的特点,在讲课时不能语速过快或教学进度过快,否则他们难以跟上。还应经常监控其学习进度,必要时还要进行个别辅导,及时补课。同时引导他们发挥认真踏实、精力专注、持之以恒等优点,不断促使其提高学习成绩及自信心。其次,注意引导他们开发多方面兴趣,防止他们出现偏科现象。最后,鼓励他们积极参与新活动、接触新事物,防止形成墨守成规的品质。

对多血质的学生,首先,应给予更多的活动机会和工作任务,使其发挥灵活敏捷、喜欢发言、喜欢为同学服务等特点。其次,利用其兴趣广泛的特点,拓展其知识面,培养多种能力,但还应注意逐渐引导他们培养中心兴趣以及持之以恒的精神。最后,对于他们注意力不够稳定、上课喜欢做小动作等特点,一方面要适度容忍,另一方面要加以引导,培养他们的自我约束能力。

对抑郁质的学生，首先，应注意发挥他们观察敏锐、耐心细致、情感深刻等特点，以促使其取得良好的学习成绩，培养其自信心。其次，由于他们的自尊心脆弱而敏感，因此切忌在公开场合给予批评，对他们存在的问题私下里用和气的态度指出即可。再次，应注意引导他们多参加集体活动，并鼓励其他同学私下多与之交往，逐渐消除他们在人际交往中的顾虑，使其融入集体。最后，安排他们从事有一定困难又力所能及的工作，逐渐培养其战胜困难的勇气或心理承受力。

---

**专栏4-2**

### 孔子的因材施教

有一次，子路请教孔子："一个人想办一件事，能不能马上动手？"孔子回答说："你有父兄健在，怎么能不先去问问他们的意见呢？"随后冉有也向孔子请教相同的问题，孔子却说："当然应该马上去做！"旁边的学生觉得奇怪，问孔子为什么同一个问题有两种回答。孔子说："冉有遇事犹豫不决，所以应该鼓励他办事果断；而子路总是好胜急躁，所以要他多方考虑，避免草率从事。"

---

### （二）性格

1. 性格的含义

性格（character）一词源于希腊语，意为雕刻的痕迹。心理学中，性格是指个体在社会生活过程中形成的对客观现实的稳定态度和与之相应的习惯化的行为方式。它在人的人格中起着核心的作用，是一个人的本质属性的独特结合，是一个人区别于其他人最显著、最集中的表现。性格是在后天社会环境中逐渐形成的，有好坏之分，主要体现在对自己、对别人、对事物的态度和所采取的言行上，受人的价值观、人生观、世界观的影响。

首先，性格是态度与行为方式的统一。态度是认知、情感与意志的综合产物。一个人在社会生活过程中，会逐步对各类事物（包括人）形成一定的认知，并由此形成情感及意志，它们综合起来形成态度，比如肯定或否定、接纳或拒绝等。一个人的性格就是其为人处事的方式。其中"做什么"反映的是人对现实的态度，"怎么做"反映的是人的行为模式。

其次，性格是稳定性和可塑性的统一。性格是个体在长期的社会生活过程中逐步形成的，它一旦形成就具有相对的稳定性。但并不是人对现实的任何一种态度都代表他的性格特征。在有些情况下，人对待事物的态度是属于情境性、偶然性的。例如，一个人处理事情通常很果断，偶尔会表现出优柔寡断，那么优柔寡断就不能被视为此人的性格特征，而果断才是他的性格特征。

另外，性格的稳定性是相对的，它同时具有较大的可塑性。性格是后天社会生活塑造的。儿童早期的生活经验形成了他的性格基础，虽然也具有一定的稳定性，但还会在后来的社会生活中不断被塑造，从而不断地丰富、发展和变化。成年人的性格稳定性更强，但成人还形成了比较高的自我调节能力，自我调节对性格的约束及改造也能发挥较大作用。

最后,性格是一个人人格中最重要、最显著的心理特征,在人格中起核心作用。因此,现实生活中人们所说的性格大多是指一个人的整个人格。

2. 性格的结构

性格由许多个别特征组成。我国心理学界将性格特征分为以下四大类,它们构成了性格的基本结构特征(表4-3)。

表4-3 性格的结构

| 类别 | 内容 |
|---|---|
| 认知特征 | 指个体在认知活动中表现出来的个别差异,表现在感知、记忆、想象、思维等认识过程中态度和活动方式上的差异。比如有的人分析问题立足于现实,全面看问题。有的人常常构建幻想,脱离现实,人云亦云,钻牛角尖,等等。 |
| 情绪特征 | 指一个人的情绪对他的活动的影响,以及他对自己情绪的控制能力。表现在情绪活动的强度、稳定性、持久性和主导心境等方面。比如有些人善于控制自己的情绪,常常处于积极乐观的心境状态,有些人无论事情大小、事情是否和自己相关,都能引起他的情绪波动,心境消极悲观。 |
| 意志特征 | 指个体在调节自己的心理活动时表现出的心理特征,表现在自觉性、果断性、坚韧性、自制性四个方面。良好的意志特征如行动有计划、独立自由、不受别人左右、果断、坚韧不拔、有毅力、自制力强;不良的意志特征包括盲目、随波逐流、优柔寡断、被动、虎头蛇尾、偏执、固执、任性、怯懦等。 |
| 态度特征 | 指个体对现实生活各个方面的态度中表现出来的一般特征(对社会、集体和他人的态度;对劳动、工作、学习的态度特征;对自己的态度)。主要指处理各种社会关系的性格特征,具有较强的道德评价意义。例如关心他人、乐于助人、正直、文明、勤劳、礼貌、谦逊、谨慎、节约,也包括自私自利、损人利己、狡猾、奸佞、暴躁、挥霍、敷衍、狂妄等等。 |

3. 性格与气质的关系

从性格和气质的概念来看,二者是两个完全不同的概念,气质受先天因素影响较大,性格受后天因素影响较大,但是性格与气质关系很密切。一方面,气质和性格相互影响。气质能影响性格的表现方式,它使性格特征带有明显的个体独特色彩。同时,性格对气质也有深刻影响,它可以掩盖和改造气质。另一方面,同一气质类型的人可以形成不同的性格特征,不同气质类型的人也可以形成相同的性格特征。

(三) 认知风格

认知风格是指个体所偏爱使用的信息加工方式,也叫认知方式。例如:有的人喜欢与别人讨论问题,从别人那里得到启发;有的人则喜欢自己独立思考。认知风格有多种分类,包括场独立型和场依存型、冲动和沉思型、同时性和继时性等。

1. 场独立型和场依存型的认知风格

场独立型的人在信息加工中对内在参照有较大的依赖倾向,他们的心理分化水平较高,在加工信息时,主要依据内在标准或内在参照,与人交往时也很少能体察入微。而场依存型的人在加工信息时,对外在参照有较大的依赖倾向,他们的心理分化水平较低,处理问题时往往依赖于外部环境("场"),与别人交往时较能考虑对方的感受。

2. 冲动型和沉思型的认知风格

具有冲动型认知风格的人反应快,但精确性差。他们面对问题时总是急于求成,不能全面细致地分析问题的各种可能性,不管正确与否就急于表达出来,有时甚至没有弄清楚问题的要求,就开始解答问题。而沉思型的个体反应虽然很慢,却很仔细、准确,他们喜欢深思熟虑,虽然答案相对准确,但费时、效率较低。

3. 同时性与继时性的认知风格

具有左脑优势的个体在解决问题时会表现出继时性的认知加工风格,他们能一步一步地分析问题,每一步只考虑一种假设或一种属性,提出的假设在时间上有明显的前后顺序,解决问题的过程像链条一样,一环扣一环,直到找出问题的答案;而具有右脑优势的个体则表现出同时性的认知加工风格,同时考虑多种假设和可能性去解决问题,解决的方式是发散式的,许多数学操作、空间问题的操作都依赖于这种同时性的认知方式。

(四)自我调控系统

自我调控系统是人格中的内控系统或自控系统,对人格的各种成分进行调控,以保证人格的完整、统一、和谐,包括自我认知、自我体验、自我控制三个子系统。

1. 自我认知

自我认知是对自己的洞察和理解,包括自我观察和自我评价。自我观察是对自己的感知、思想和意向等方面的觉察。自我评价是对自己的想法、期望、行为及人格特征的判断与评估,这是自我调节的重要条件。如果一个人不能正确地认识自我,只注意到自身的不足,觉得处处不如别人,就会产生自卑心理,丧失信心,做事畏缩不前;相反,如果一个人过高地估计自己,便会骄傲自大、盲目乐观,导致工作的失误。因此,自我认知是调节和完善人格的重要前提。

2. 自我体验

自我体验是伴随自我认知而产生的内心体验,是自我意识在情感上的表现。当一个人对自己作积极的评价时,就会产生自尊感,作消极的评价时,会产生自卑感。自我体验可以使自我认知转化为信念,进而指导一个人的言行。自我体验还能伴随自我评价,激励适当的行为,抑制不适当的行为。如一个人在认识到自己不适当的行为后果时,会产生内疚、羞愧的情绪,进而制止这种行为的再次发生。

3. 自我控制

自我控制是自我意识在行为上的表现,是实现自我意识调节的最后环节。比如,当学生意识到学习对自己发展的重要意义时,便会激发起努力学习的动机,在行为上表现出勤奋刻苦的精神。自我控制包括自我监控、自我激励、自我教育等成分。

自我认知、自我体验和自我调控之间相互联系、相互制约,统一于个体的自我意识之中。自我认知是其中最基础的部分,决定着自我体验的主导心境以及自我控制的主要内容;自我体验又强化着自我认知,决定了自我控制的行动力度;自我控制则是完善自我的实际途径,对自我认知、自我体验都有着调节作用。三个方面整合一致,便形成了完整的自我意识。

## 三、人格测量

人格测量是指采用测量的方法对人格进行测验,测出一个人在一定情境下,经常表现出来的典型行为和人格特征等。人格测量的主要方法有自陈量表法和投射测验法。

**(一) 自陈量表法**

自陈量表法是让被试按自己的意见，对自己的人格特质进行评价的一种方法。用自陈量表法编制的人格量表，常见的有明尼苏达多项人格测验量表、爱德华个人兴趣量表、卡特尔16种人格特质量表和艾森克人格类型量表等。

1. 明尼苏达多项人格测验

明尼苏达多项人格测验量表（简称MMPI）是目前著名的人格测验之一。它是由美国明尼苏达大学教授哈瑟韦（S. R. Hathaway）和麦金力（J. C. Mckinley）编制的，内容包括健康状态、情绪反映、社会态度、心身性症状、家庭婚姻问题等26类题目，测验包括10个临床量表：疑病、抑郁、癔病、精神病态、男子气或女子气、妄想狂、精神衰弱、精神分裂症、轻躁狂、社会内向；另外还有4个效度量表：说谎分数、诈病分数、校正分数、疑问分数。所有题目均采用是、否、不一定来回答，例如：

（1）我相信有人反对我。　　是[ ]　　不一定[ ]　　否[ ]
（2）每隔几夜我就会做噩梦。　是[ ]　　不一定[ ]　　否[ ]

这个测验所重视的是被试的主观感受，而不是客观事实，又因为在编制量表时采用正常与异常两个对照组为样本，因此MMPI不可用作临床上的诊断依据，但可用来评定正常的人格，使人们对一个人的人格有概略的了解。

2. 艾森克人格问卷

艾森克人格问卷（简称EPQ）由英国心理学家艾森克编制，有成人问卷和儿童问卷两种格式。EPQ包括四个分量表：内外倾向量表（E）、情绪性量表（N）、精神质量表（P）和效度量表（L）。P、E、N量表得分随年龄增加而下降，L则上升。这个量表有良好的信度和效度。中国的修订版仍分儿童和成人两种，各88个问题。因量表题目少，使用方便，比较适用。

自陈量表人格测验的优点是题数固定，题目内容具体而清楚，因此施测简单，记分方便。其缺点是因编制时缺乏客观效标，效度不易建立；而且测验内容多属于情绪、态度等方面的问题，每个人对同一问题常常会因时空的改变而选择不同的答案；另外，使用这种方法时，还难免出现反应的偏向。例如，有些被试对问卷中提出的各种问题总是持赞同的态度，这种反应偏向影响到对人格作出客观的评定。因此，其信度和效度都不如智力测验。

**(二) 投射测验法**

投射测验法是以弗洛伊德精神分析的人格理论为依据的人格测验方法，在测验时向被试提供一些无确定含义的刺激，让被试在不知不觉中自由投射出自己内在的思想感情，然后确定其人格特征。投射测验种类较多，以下仅举两例。

1. 罗夏墨迹测验

罗夏墨迹测验是由瑞士精神科医学家罗夏（Hermann Rorschach）设计的，共包括10张墨渍卡片，如图4-2所示。其中5张为黑白，另5张为彩色图形。施测时每次按顺序给被试呈现一张，同时问被试"你看到了什么"，"这可能是什么东西"或"这使你想到了什么"等，允许被试自己转动图片从不同的角度去看。这种测验属于个别施测，每次

 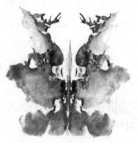

（原图为彩色）

图 4-2

罗夏墨迹测验卡片示例

只能施测一个被试。施测时，主试一方面要记录被试的语言反应，另一方面要注意被试的情绪表现和伴随的动作。

2. 主题统觉测验

主题统觉测验是由美国心理学家默瑞（Henry Murray）编制的。这种测验的性质与看图说故事的形式很相似。全套测验由30张模棱两可的图片构成，另有一张空白图片，图片内容多为人物，也有部分景物，不过每张图片中至少有一个人物在内，如图4-3所示。测验时，每次给被试一张图片，让他根据所看到的内容编出一个故事。故事的内容不受限制，但必须回答以下四个问题：图中发生了什么事情？为什么会出现这种情境？图中的人物正在想些什么？故事的结局会怎样？主题统觉测验的主要假定是，被试在面对图片情境时所编出的故事会和其生活经验有联系，因而不自觉地把自己隐藏或压抑在内心的动机和欲望穿插在故事中，进而把这些内在的东西"投射"出来。因此，通过分析被试自编的故事，有可能对他的需要和动机作出鉴定。

图 4-3

主题统觉测验卡片示例

投射测验的优点是能够绕过人的自我防御，也便于对没有阅读能力的人进行测验，进而推论其人格倾向。投射测验也有缺点：首先，评分缺乏客观标准，对测验的结果难以进行解释。同样的反应由于施测者的判断不同，解释很可能不一样。其次，这种测验对特定行为不能提供较好的预测。例如，测验结果可能发现某人具有侵犯他人的无意识欲望，而实际上，他却很少出现相应的行为。最后，由于投射测验适于个别施测，因此需要花费大量的时间。

## 第二节　主要的人格理论

人格理论是心理学家用来解释和说明人格实质、人格结构、人格发展动力、人格影响因素以及人格发展阶段等理论问题，以反映人格的本质与规律的一套概念体系。这些问题包括：人格是指什么？它的结构是怎么样的？人格发展的动力系统是什么？人格发展呈现出什么样的进程，有没有阶段性的特征？人格发展受到哪些因素的影响？

什么样的人格是健康的？问题人格应该如何矫正？不同的心理学家对这些问题的理解各有不同的侧重，因此，就形成了不同的人格理论。

### 一、弗洛伊德的人格理论

#### （一）人格结构理论

弗洛伊德是第一个对人格进行全面而深刻研究的心理学家，他提出了人格中的欲望、动机等非理性的无意识因素的存在和影响，大大丰富了心理学的研究内容。他提出的人格理论标志着西方人格心理学的开始。弗洛伊德认为人格是一个整体，包括三个部分，即本我、自我和超我。这三个部分互相影响，在不同的时间内，对个体行为产生不同的支配作用（表4-4）。

表4-4 弗洛伊德的人格结构理论

| 成分 | 遵循的原则 | 具 体 表 现 |
|---|---|---|
| 本我 | 快乐原则 | 人格结构中最原始的部分，包括追求饥、渴、性等人类的基本需要的满足，表现为追求快乐，逃避痛苦。是非道德的本能和欲望的体现。构成人格的能量系统，它所寻求的就是及时满足愿望。 |
| 自我 | 现实原则 | 自我是现实化了的本我，通过后天的学习和与环境的相互作用发展起来的。本我产生的各种需求，因为受到超我的限制，不能在现实中立即满足，需要在现实中学习如何满足需求。最终的现实状态就是自我。帮助本我最终合理获得快乐的满足。 |
| 超我 | 道德原则 | 道德化了的自我，是社会道德规范、个体的良心、自我理想等。良心是儿童受惩罚而内化了的经验，它负责对违反道德的行为做惩罚；自我理想是儿童获得奖赏而内化了的经验，它规定着道德的标准。超我的主要功能是控制行为，使其符合社会规范的要求。 |

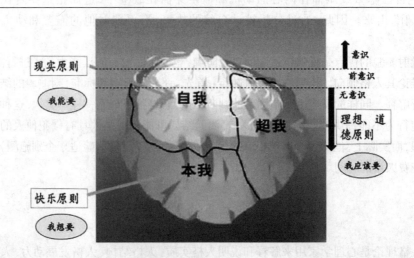

图4-4 弗洛伊德的人格理论

弗洛伊德认为，本我不顾现实，只要求满足欲望，寻求快乐；超我按照道德准则对人的欲望和行为多加限制，而自我夹在本我和超我之间，它以现实条件实行本我的欲望，又要服从超我的强制规则，它不仅必须寻找满足本我需要的事物，而且还必须考虑到所寻找的事物不能违反超我的道德观。因此,自我的力量必须能够协调它们之间的冲突和矛盾,否则,人格结构就处于失衡状态,导致不健全人格的形成。

### (二) 人格发展理论

弗洛伊德的人格发展理论认为,成人的人格很大程度上取决于早期的童年经验。在童年的不同发育阶段,本我、自我和超我共同的发展动力是一致的,即源于心理性欲或力比多(Libido)的满足。他将性本能的能量称为力比多,把它看成人类行为最重要的动力。据此,弗洛伊德认为人格发展的顺序依次经历五个心理性欲发展时期:口唇期、肛门期、性器期、潜伏期和生殖期。

口唇期(0—18个月)阶段,儿童的口腔部分是能够引起他快乐的主要部位,口腔部分的满足与否便会成为形成他人格特征的重要因素。如果此一时期出现问题,个体的人格发展就会受到挫折。如果儿童的需求受到父母的过度满足,可能会发展出依赖型口唇人格,拥有依赖型口唇人格的个体表现为过分依赖他人,非常容易轻信他人。如果儿童的满足受到父母严格的限制,可能会发展出表现为野心勃勃、攻击性很强的攻击性口唇人格。每个人都经历口唇期的阶段,到成人后抽烟、饮酒、嚼口香糖的快感都是口唇快感的延伸。

肛门期(18个月—约3岁)阶段,这一时期肛门成为儿童获得快乐的来源。儿童能够控制自己的肌肉活动和排泄行为,如果这一时期受到创伤,则会形成"肛门期人格"。比如,若父母采用严厉高压的态度约束这个阶段的儿童,他们会不排泄,以此激怒父母,在今后形成顽固、吝啬等性格;若儿童在该阶段因为大小便控制不好而经常受到讥讽和嘲笑,则可能发展出羞怯的性格。

性器期(3—6岁)阶段,此时,儿童已经注意到性器官的不同,并对其他人的生理构造也产生兴趣,从中得到快乐。这一阶段的儿童已经有了对性别的初步认识,弗洛伊德特别强调男孩子面临着俄狄浦斯情结,也称恋母情结,并会出现阉割焦虑。同时,女孩子也面临着相似的问题。成功解决这些问题,则儿童会建立对同性的认同感,超我会获得发展。

潜伏期(6岁—青春期)阶段,儿童的性驱力被压抑在潜意识中,这种压抑是生理的自然发展,而不是文化的外在压力所致。这一时期儿童对异性的兴趣很少。

生殖期(青春期及以后)阶段,青少年对异性再度产生兴趣,具有生育能力,攻击和性本能变得活跃。如果前面各阶段发展正常,此时他们将融合各阶段中的快乐源泉,形成成熟和健康的成人性活动,奠定成人的行为模式。

## 二、奥尔波特人格特质理论

人格特质论起源于20世纪40年代的美国。主要代表人物是美国心理学家奥尔波特(G. W. Allport)和卡特尔(R. B. Cattell)。特质是个体有别于他人的基本特性,是人格的有效组成元素,是个体在遗传与环境相互作用下形成的对刺激发生反应的一种内在倾向。如果不作严格区分,也可把特质简单理解为性格特征。要描述一个人的人格就必须了解个体在人格测量中的得分,了解他在多大程度上具有某一特质。

奥尔波特是人格特质理论的创始人,他认为特质是人格的基本单元,一种特质就是一个人格维度。特质论用多个基本的特质来描述人的人格,每一个特质都是对立两端联系起来所构成的一个维度,任何人都在这个维度上有一个确定的位置。奥尔波特把人格特质分为共同特质和个人特质两类。共同特质是指在某一社会文化中大多数人或群体所具有的那些特质。个人特质是指个人身上所独有的特质,代表个人的行为倾向,是表现人格的真正特质。个人特质依其在生活中所起作用的大小,可分为首要特质、中心特质和次要特质。需要注意的是,不是每个人都有首要特质,但人人都有中心特质(表4-5)。

表4-5 个人特质的结构

| 个人特质 | 含义 | 举例 |
| --- | --- | --- |
| 首要特质 | 一个人最重要、最具影响力的人格特质,代表个人特点,渗透于个人的一切活动之中。 | 在《三国演义》中,诸葛亮、关羽、赵云、曹操分别代表了忠、义、勇、奸四种首要人格特质。 |
| 中心特质 | 代表个体主要特征的几个特质,通常用5—10个形容词来描述。 | 如林黛玉的清高、聪明、孤僻、抑郁、敏感等,就属于中心特质。 |
| 次要特质 | 指那些普遍性和一致性较差、不够鲜明的特质。 | 如对食物偏好、对音乐的态度等,通常只有熟悉的人才会意识到。 |

## 三、埃里克森人格发展阶段理论

埃里克森(Erik H. Erikson,1902—1994)认为,个体人格的发展是一个逐渐形成的过程,它必须经历一系列顺序不变的阶段,每个阶段都有一个由生物学的成熟与社会文化环境、社会期望之间的冲突和矛盾所决定的发展危机。每一次危机的解决都同时包含积极的和消极的因素,积极因素较多则得以积极地解决,消极因素较多则只能消极地解决。埃里克森将人格发展划分为以下八个阶段。

**爱利克·埃里克森**

爱利克·埃里克森是新精神分析学派的代表人物。他于20世纪60年代提出了著名的人格发展八阶段理论。他认为,个体在发展中逐渐形成的人格,是生物的、心理的和社会的三方面因素构成的统一体。在人格的发展过程中,要经历顺序不变又相互联系的八个阶段。每个阶段都存在着特定的心理发展上的一对矛盾,从而构成了一种"心理危机"。如果个体解决了这个任务,就能形成积极的人格品质,相反则形成消极的人格品质。个体就是这样在不断地解决冲突、克服心理危机、完成发展任务的过程中从一个阶段向下一个阶段过渡。

第一阶段:婴儿期(0—1岁)。此阶段的发展任务是获得信任感,克服怀疑感,体验着"希望"的实现。婴儿出生后首先面临的就是生存问题,他对世界是否安全、能否满足自己的生存需要有着本能的敏感。如果能够得到成人的精心照料和保护,便会逐步形成对周围人及世界的信任感(即安全感)。否则就会产生不信任感,并将在今后的生活过程中,对周围人及这个世界充满内心的疑虑。在这一阶段,母婴关系是决定人格发展的主要因素。埃里克森认为,信任感是整个人格发展的基础,信任感在人格中形成了"希望"的品质。

第二阶段:儿童早期(1—3岁)。此阶段的发展任务是获得自主感,克服羞怯感,体验着"意志"的实现。这个时期儿童的活动能力快速发展,特别好动,凡事都想亲自尝试,以显示自己的力量。"让我来""我不"成为这时期孩子的口头禅。因此,这时的孩子与父母的冲突开始出现,出现了"第一反抗期"。如果父母在安全的范围内给孩子一定的自由,能够耐心和温和地鼓励孩子的自由发展,就能使孩子获得自主感。反之,如果父母对儿童限制过多、指责或惩罚过多,便会使儿童产生对自身能力的怀疑与羞怯感。埃里克森认为,自主感在人格中形成了"意志"的品质。

第三阶段:学前期(3—6岁)。此阶段的发展任务是获得主动感,克服内疚感,体验着"目的"的实现。这个时期的儿童对周围环境和他人产生强烈的好奇心,在自主性的基础上,发展出更广泛地探索世界、扩充环境的愿望。如果他的主动探究行为受到鼓励,幼儿就会形成主动性,这为他将来成为一个有责任感、有创造力的人奠定基础。如果成人讥笑幼儿的独创行为和想象力,那么幼儿就会逐渐失去自信心,这使他们更倾向于生活在别人为他们安排好的狭窄圈子里,缺乏自己开创幸福生活的主动性。主动性形成了人格中的"目的"品质,即"一种正视和追求有价值目标的勇气"。

需要注意的是,埃里克森的原话是"主动对罪恶",因为中国文化不是罪感文化,而是耻感文化,所以国内多数学者把"罪恶"改为"内疚"。

第四阶段:童年期(6—12岁期)。此阶段的发展任务是获得勤奋感,克服自卑感,体验着"能力"的实现。这个时期的儿童大多是在校学习,学校是训练儿童适应社会、掌握今后生活所必需的知识和技能的地方。为了努力完成学习任务、与他人共处,儿童必须勤奋努力。如果他们能够顺利地完成学习任务,就可以体验到勤奋带给他们的自信和快乐,他们就会获得勤奋感,形成良好的学习态度,这使他们在今后的学习和生活中形成通过勤奋努力克服困难的习惯。反之,他们就会感到自卑。这个时期儿童最需要的是老师以及父母的支持和鼓励,帮助他们避免自卑,积极健康地去生活和学习。

第五阶段:青春期(12—18岁)。此阶段的发展任务是建立自我同一性,防止同一性混乱,体验着"忠诚"的实现。自我同一性是一种关于自己是谁,在社会上应占据什么样的地位,将来准备成为什么样的人,以及怎样努力成为理想中的人等一系列的感觉。跨入青春期的个体,由于身体迅速发育、性的成熟,以及所面临的种种社会义务与选择,会对过去怀疑,对将来迷惘,现实自我与理想自我难以统一,这就是同一感危机。如果个体在进入青春期之前,有较强的信任感、自主感、主动感和勤奋感,在此阶段整合良好的个体就会容易形成一个清晰且多面的自我——将多种角色整合成一个身份,形成自我认同。否则容易出现"同一性混乱",对自我能力、交往和目标产生不确定和迷茫。

---

**专栏4-3**

## 埃里克森与自我同一性

爱利克·埃里克森生于德国,父亲是丹麦人,母亲是犹太人,他继承了父亲那丹麦人的外貌,而又有犹太血统,这使他的童年在人际交往上备受冷落——非犹太儿童将其视为犹太人而疏远他,而犹太儿童又视他为丹麦人同样不愿接近他,这种尴尬使他无法形成自我的同一感,这对他以后形成"自我同一性"概念产生了影响。

中学毕业后,他放弃了高等教育的机会,选择了艺术道路,并且周游欧洲。到维也纳后,受聘于弗洛伊德的女儿安娜·弗洛伊德,在一家私立学校教美

> 术,受安娜的影响对精神分析产生了兴趣,并随安娜从事儿童精神分析工作。1933年,埃里克森全家迁往美国,并加入美国国籍。
>
> 在埃里克森看来,如果青年人在这个阶段中获得了积极的同一性,他们就会形成"忠诚"的美德。"忠诚"意味着,一个人有能力按照社会规范去生活,尽管它存在着不完善和不和谐之处。这并非要求青少年接受不完善,如果一个人热爱自己所在的社会,当然希望自己所在的社会变得更加美好,但"忠诚"意味着能在既定的现实中找到自己的位置。在这个位置中能奉献自我,实现自己的价值,在有意义于社会的同时也感受自己生活的意义。由此可以看出,同一性的确立,关系到一个人的健康发展,关系到他能否更好地适应社会、能否体验到自身的价值和人生的意义。
>
> 埃里克森把"同一性危机"理论用于解释青少年对社会不满和犯罪等社会问题上,用以解释青少年所表现出来的许许多多骚乱和攻击现象,他称之为"同一性扩散、混乱的危机"。他指出:"如果儿童感到环境对允许他把下一阶段整合在个人的自我同一性之内的所有表现形式进行彻底剥夺,那么,儿童就会以野兽突然被迫捍卫其生命般地迸发出惊人的力量进行抵抗。的确,在人类生存的社会丛林中,如果没有同一性的意识就没有生存的感觉。"所以,他宁做一个坏人,或干脆死人般地活着,也不愿做不伦不类的人,他自由地选择这一切。

第六阶段:成年早期(18—30岁)。此阶段的发展任务是获得亲密感,避免孤立感,体验着"爱"的实现。恋爱与婚姻是这一阶段的主要特征,只有具有牢固的自我同一性的人,才敢于冒与他人发生亲密关系的风险。但这种亲密决不是单纯的性欲关系,而是彼此都愿意共享和互相调节他们生活中的一切重要方面,即能彼此信赖、理解、支持和分享快乐与忧伤。有了健全、稳定的自我同一感,才能与人坦诚相见,关心和帮助别人,建立深厚的、持久的个人关系。未形成自我同一感的人不可能与人建立真诚的关系,将成为孤独者。如果长期经历这种孤独,就会导致情绪和个人满足感方面的欠缺,就可能出现无法坦诚地面对自己并接纳别人,无法建立良好的亲密关系。

第七阶段:成年中期(30—60岁)。此阶段的发展任务是获得繁殖感,避免停滞感,体验着"关怀"的实现。在这一时期,人们不仅要生育孩子,同时要承担社会工作,这是一个人关怀下一代和对社会发挥创造力的愿望最旺盛的时期。繁殖感是生养及教育下一代,这是一种生命的延续感。一个人即使没生孩子,也可以通过关心或教育他人的孩子而获得繁殖感。人们通过照顾家庭、努力工作以获得生活的快乐和满足。如果此时人们还无所事事,就会体验到发展的停滞感以及人生的无意义感,将成为一个自我关注的人,他们只考虑自己的需要和利益,失去关怀他人的热情。

第八阶段:成年晚期(60岁以后)。此阶段的发展任务是获得完善感,避免失望感,体验着"智慧"的实现。在体验了人生的众多喜怒哀乐后,当老人们回顾过去,如果感到自己的一生没有虚度,就会产生对生活的完善感,从而可以怀着充实的感情坦然地面对死亡。埃里克森把智慧定义为"以超然的态度对待生活和死亡"。与此相反,那些对过去的生活感觉不满意的老人,往往会内心充满失落感,对人生感到厌倦和失望。

## 第三节 青少年人格的发展

### 一、青少年自我意识的发展

青少年介于儿童和成人之间的过渡阶段，自我意识从分化、矛盾走向同一。自我意识的发展和稳定的自我形象的形成，构成了青少年心理发展最重要的一个方面。

#### （一）自我意识的发展

自我意识不是一个人生来就具有的，它是个体在社会交往过程中通过认识他人而逐渐认识自己的。自我意识的发展表现为三个阶段：生理自我、社会自我、心理自我。

第一个阶段是生理自我，又称为物质的自我，它是指一个人对自己身躯的认识，包括占有感、支配感和爱护感。婴儿出生以后，最初他们不能区分属于自己与不属于自己的东西。对于自己的手、脚和周围的玩具，都视为同样性质的东西加以摆弄，要到2岁左右，才会认识在镜子里的自我形象，开始学会使用"你"这个人称代词。到3岁的时候，自我意识中的生理自我才能形成，同时也开始更多地使用人称代词"我"字。这时候儿童所表现出来的行为，大都是以"我"为中心的，所以有些心理学家称这一时期为"自我中心期"。

第二个阶段是社会自我，又称为个体客观化时期。大约从3岁到青春期之前，是社会教化对个体影响最深刻的时期，也是角色学习的重要时期。儿童在学校接受各种教育，通过在游戏、学习、劳动等活动中不断地练习、模仿和认同，逐渐习得社会规范，形成各种角色观念，如性别角色、家庭角色、同伴角色、学校中的角色等。学校中的社会化过程，是个体自我意识形成的重要阶段。在学校必须学习文化科学知识，掌握各种技能技巧，按照一定的道德规范严格要求自己，逐步地使自我实现的愿望和动机与社会的要求相吻合，最终达到社会的自我。

第三个阶段是心理自我，又称精神的自我，这个阶段主要是从青春期到成年大约10年的时间。心理自我是指个体对自己心理属性的认识，包括对自己的感知、记忆、思维、智力、性格、气质、动机、需要、价值观和行为等的意识。青春期的个体无论在生理上还是在心理上都发生了一系列急剧的变化，比如骨骼的增长，性器官的成熟，想象力的丰富，逻辑思维能力的日益完善，进一步使个体自我意识的发展趋向主观性。这时，青少年开始形成自觉地按照一定的行动目标和社会准则来评价自己的心理品质和能力。他们的自我评价越来越客观、公正和全面，且具有社会道德性，并在此基础上形成自我理想，追求最有意义和最有价值的目标。初中生在日常生活中常常将很多心智用于内省，自我意识高涨，使其人格出现了暂时的不平衡性；而高中生的自我意识中的独立意识日趋强烈，在心理上将自我分成了"理想自我"和"现实自我"两部分，强烈关心自己的个性成长，自我评价成熟，有较强的自尊心，道德意识高度发展。

#### （二）青少年自我意识发展的阶段

青少年期自我意识的发展，一般要经过三个阶段。

第一个阶段是"自我"的分化。由于生理的成熟和心理的变化，社会人际关系的扩大以及认识能力的发展，青少年心理活动逐渐转向对自己心理活动的观察和分析，以求尽力认识自己。原来儿童只是一个观察者，到了少年期以后，他们不但是观察者，而且成为被观察者。原来不可分割的"我",如今一分为二,一个是进行观察和认识活动的"主体我",是理想中的"自我",另一个是被观察、被认识的"客体我",是现实中的"自我"。从而他们能经常进行自我观察、自我分析、自我评价,这个时期又称为"自我发现期"。

第二个阶段是"自我"的矛盾,出现了"自我"的混乱,也就是埃里克森说的同一性混乱。这个阶段相当于少年末期到青年初期。自我意识的分化,引起了自我意识内部的矛盾,使青少年开始感受到儿童期从未体会到的种种内心冲突。自我意识的矛盾最突出地表现为理想自我与现实自我的矛盾冲突。在冲突中,有时候出现自我萎缩,总是认为自己无用,具有较强的自卑感;有时候又出现自我膨胀,自以为了不起,常常利用各种机会炫耀自己。萎缩和膨胀在同一个青少年身上也会交替出现,他们时而充满信心,时而又感到自卑,时而激动,时而绝望。正是在这种矛盾中,他们觉察到了"自我"的分裂,从而产生了"自我"同一的要求。

第三个阶段是"自我"的同一,即"现实中的我"达到了"理想的我"的要求。人常常面对各种可能的选择,会产生许多愿望和动机。儿童的愿望是多变的,今天说想当科学家,明天又说想当警察,却很少把此愿望作为自己行动的指南,也意识不到实现这些愿望同主观努力之间的关系。只是到了青年期,才懂得愿望的实现必须靠自己的主观努力。当青年把多种愿望、多种目标或多种选择,逐渐地集中统一起来,形成一个可能实现的主导目标,并且使自己的行为服从于这个主导目标时,这才标志着"自我"达到了同一。

专栏4-4

## 青春期的"假想观众"现象

由于高度关注自己的形象,导致了青春期特有的一种心理现象——"假想观众",如同舞台上的演员时刻被观众所关注和议论一样,他们往往感觉自己也时刻被周围人所关注和议论。例如,当自己出现在人多的场合,总觉得大家都在注意自己;当看到周围有人在窃窃私语时,常觉得他们是在议论自己。这种现象反过来又导致自我意识的高度敏感,在人际交往中往往过于谨慎甚至紧张。

青少年的自我中心与幼儿时的自我中心有本质的差别。青少年早已能够从别人的角度看待客观世界,知道别人的思想与自己不同。但是他们往往不能区分自己关注的焦点与他人关注的焦点。例如,他们非常关注自己的一切,就会下意识地以为别人也像他自己一样关注他们的一切。他们凭空制造出了假想的观众,感觉自己生活在一个大舞台上,随时随地都可能受到别人的喝彩、批评或者嘲讽。于是,他们非常注意自己的形象,为了应付这些假想的观众,他们往往要花费大量的时间和精力。女生越来越注意的是脸蛋和身材,男生越来越注意的是身高和肌肉。有证据表明,大部分少女对自己体重的估计超过实际水平,而大部分少男对自己肌肉发达水平的估计也和实际水平有偏差。女孩渴望自己苗条、漂亮一点,男孩希望自己强壮、高大一点,许多男孩女孩都为自己的外表苦恼,这是众人皆知的现象。

> 假想观众心理使得青少年必须时刻保持警觉,以避免做出任何可能导致尴尬的行为。别人一句无心的话、一个细微的动作,甚至毫无意识的眼神,到他们那里,都有可能产生严重的紧张和不安,甚至爆发冲突。当自己做了好事或取得成功的时候,青少年会认为别人都注意到了他所做的一切,并对他投以赞扬和敬佩的目光。他们会因此而获得一种成就感和自豪感。相反,如果他做了错事,他就会觉得所有的人都在看他的笑话。当他们身处公共场合时,往往会感到有千万双眼睛在注视着自己,于是表现得过分拘束和紧张。
> 
> 实际上,关注他们的都只不过是他们自己,因为别人也都在关注着自己而无暇顾及他人。所以,他们既是自己的演员,也是自己的观众。

### (三) 促进青少年自我意识发展的教育对策

自我意识是制约个体人格形成、发展和重建的关键,所以,教育工作者应当采取各种措施来促进青少年自我意识健康、积极地发展,以使其在整个人格的完善中充分发挥积极的调控作用。

1. 通过确立合理的人生目标减少自我冲突

现实自我是发展的起点,理想自我是发展的目标。如果现实自我与理想自我差距过大,经过努力仍无法达到,青少年便会产生挫折感,导致自卑、丧失自信,最终走向自我否定。如果理想自我设计过低,青少年则很容易满足、沾沾自喜,或妄自尊大,不思进取。教育者应该引导青少年在充分正确地认识现实自我的基础上,确立一个既高于现实自我又要经过努力便可实现的理想自我,只有这样才能促使青少年不断进取以完善自我。

青少年时期是摆脱对成人的依赖、走向独立的关键时期。要抓住这个人生观迅速形成的时期,引导他们在全面、客观地认识自己的基础上,根据自己的兴趣爱好、优势潜能等提出切实可行的人生目标,对自己的人生做出合理定位。在鼓励他们要有理想、有抱负、有追求的同时,还要引导他们确立正确的人生观和价值观,使其能够正确看待幸福、金钱、人生、社会需要和个人理想的关系等问题。

2. 通过分析和反省了解自我

客观地剖析自己的内心活动和言行,有助于修正、完善自我认知。定期对自己的内心活动、言行作出深入、客观的分析,养成自我剖析和反省的习惯,使其既能不断地发现自己的长处、优点,又能正视自己的缺点并及时加以改正。引导青少年记日记是一种简单有效的办法。他们可以在日记中记述自己的活动与感受,分析自己的进步与不足及改进措施。另外,也可以在日记中记录一些名人名言、格言警句作为自己的座右铭,看模范人物的书籍以不断对照反省和鞭策自己前进。

3. 通过他人对自己的评价来认识自我

他人是反映自我的镜子,个体正是从他人对自己的看法、态度和评价中逐步完善对自我的认识。在个体的成长过程中,父母、老师、同伴等对个体的看法、态度、评价都会对个体的自我认知产生深刻的影响。教育工作者应鼓励青少年积极投身各种社会生活实践,拓宽他们的生活交往范围,让他们多关注现实、多接触不同的人,从而不断地摄取新的生活经验以丰富自我、发展自我。广阔的交往范围可以获得更广泛的来自他人对自我的评价,有利于青少年综合、全面地分析他人对自己的评价来认识自我,以免仅受片面之词的影响。

另外,广阔的交往范围也有利于青少年通过与他人的比较来认识自我,往往在相互比较中认识到自己能力的高低、品质的好坏、要求目标是否恰当等。交往的人多,可以提供更多的参照者,在与不同类型他人比较中认清自己的优势和劣势,以达到取长补短,完善自我的目的。

4. 通过成功的体验获得自信与自尊

自信和自尊来源于个人成功的经历和体验。一个人总有一定的长处,有的学生能说会道、能言善辩;有的学生则有天然的吸引力,其领导能力、组织能力较强;还有些学生很有音乐天赋,或有做运动员的天分,或擅长画画,等等。

首先教师要善于发现、挖掘学生的闪光点,及时予以表扬、鼓励或投以赞许的目光,让学生充分感受到老师的赞许与赏识。在学习生活中,引导青少年选择一些自己感兴趣且符合自己特长的活动,以自己的优势来证明自己的能力。

其次,还要尽可能为青少年创设成功的机会,让他们经常体验成功的快乐,并针对青少年的特点给予具体、正确而又略带赞赏或鼓励性的评价,使他们增强自信,形成自尊感。

最后,要教育青少年正确对待挫折和失败。青少年情绪不稳定,一遇挫折就容易心灰意懒,陷入自卑,要对青少年经常进行挫折教育,让他们明白挫折是每个人成长道路上不可避免的,鼓励他们要勇于面对挫折,善于从挫折中获取经验与信心。

### 二、青少年社会行为的发展

社会行为发展是指个体在与周围环境的相互作用中,逐渐学会按照社会规则和规范作出为社会接受和鼓励的行为的过程。在这方面,心理学界主要研究的是亲社会行为和攻击性行为。

#### (一)亲社会行为

亲社会行为是指包括利他行为和助人行为在内的一切对社会有积极作用的行为。作为道德行为的重要组成部分,亲社会行为是人与人之间形成并维系和谐关系的重要基础,也是个体社会化的主要内容,同时亲社会行为还贯穿于个体心理品质发展的过程之中,对个体人格发展及社会适应有着积极而深远的影响。

心理学家通过研究发现,亲社会行为不是本能地与生俱来,而是个体在后天社会化的过程中形成的。这种行为的发生与年龄有关,婴儿是没有利他行为的,要到一定的年龄才可能发展起来,而且随着年龄的增长而增多。认知发展论者皮亚杰认为,儿童的道德是经历了"他律道德性"和"自律道德性"两个有质的差别的阶段发展起来的。在第一阶段,儿童以自我为中心,因此这个时候的儿童只有在作为权威者的父母的要求下,才会作出帮助别人的行为,由于以自我为中心,造成缺乏移情能力,所以,很难自动做出助人行为。在第二阶段,儿童脱离了自我中心,开始产生关心他人的想法和感情,移情能力增强,帮助他人的行为增多,而且,得到别人的帮助就产生感激之情,损害了他人就会产生罪恶或内疚感,于是互惠的助人行为和补偿的助人行为随之增多起来。

家庭(父母)和同伴对青少年社会性行为的影响,主要是通过与青少年的交往而起作用的。青少年的亲社会性行为,如分享、谦让、协商、帮助、友爱、尊敬长辈、关心他人等,就是在与父母的交往中,在父母的要求和指导下逐渐形成与发展的。早期亲子交往的经验对青少年与他人交往也有极为明显的影响,甚至会影响到青少年成年以后的人际交往态度、行为。心理学研究发现,婴儿最初的同伴交往行为,几乎都是来自更早些时候与父母的交往。比如婴儿在对成人第一次微笑和发声等社会行为发生后的2个月,在同伴交往中才开始出现相同的行为,父母对待儿童的行为与方式影响着儿童随后对待同伴的态度行为与方式。

因此,通过特定的学习经验,尤其是通过社会化经验来促进个体亲社会行为的发展是完全可能的。作为教育主阵地的学校,开展青少年亲社会行为培养工作更加有着极其重要的现实意义。

青少年群体认同的亲社会行为大致有:调节行为(谦让、幽默、鼓励、赞美等调节他人情绪、使之改变不良状态的行为);帮助行为(捐赠、合作、紧急或非紧急情况下的物资、体力等的援助性行为);分享行为(将自己的物品、机会等给予他人的共享性行为);利他行为(只顾他人利益、不考虑行为代价、不图任何回报的无私行为);习俗行为(微笑、问好、和颜悦色等礼貌行为);包容行为(团结他人、邀请他人参加群体活动等吸纳性的行为);公正行为(主持正义、见义勇为、在朋友遇到麻烦时挺身而出等支持性行为);控制行为(终止他人的打架、谩骂等不友好或攻击性行为)。

**(二) 攻击性行为**

攻击性行为是指对他人(包括个体、群体)的身体或心理进行伤害的行为。近年来,青少年攻击行为所造成的欺凌与暴力事件频发,因矛盾而互相辱骂、中伤、打架,甚至动用武器伤害生命的事件在校园中也屡屡发生,导致了很多不可挽回的悲剧,造成了不良的社会影响。攻击性行为不仅对身心健康、人格发展和学业进步有消极影响,也严重影响学校正常的教育教学秩序。

攻击性行为也称为侵犯行为,是指一种故意伤害他人的行为,它包含三个方面:主观故意,攻击行为和伤害结果。攻击行为是指故意伤害他人,并给他人带来身体和心理伤害的行为活动,根据其表现形式可以分为直接身体攻击、直接言语攻击和间接攻击。

攻击性行为的理论模型有弗洛伊德的本能论、多拉德的挫折-侵犯理论和班杜拉的社会学习论等。弗洛伊德的精神分析理论认为攻击是人的两大本能中的死之本能的体现,死之本能的能量在体内逐渐集结起来,所以必须通过一定的行为方式释放出来。多拉德的挫折-侵犯理论则认为攻击是挫折的一种后果,所以青少年攻击行为的产生,总是以挫折的存在为条件的。社会学习理论观点则认为通过奖励儿童的攻击行为,可以明显增加儿童对于攻击行为方式的运用,即发现攻击行为可以通过强化来培养。既然攻击性行为可以习得,那么它也可以通过新的学习过程予以改变或消除。社会认知理论认为是社会认知偏差导致的攻击。社会认知是指人对社会客体关系的认知,以及对这种认知与人的社会行为之间关系的理解和推断。而具有攻击性行为的青少年一般都存在着社会认知偏差,他们的自我认知、对他人和社会的认知倾向表现出与一般青少年不同。

发展心理学研究显示,个体在婴儿期就出现了身体攻击,会说话后出现言语攻击。超过70%的儿童在17个月时就表现出了身体攻击,其中14%的儿童在17个月到30个月之间表现出较高的攻击行为水平。学前期儿童攻击发展表现为以工具性攻击为主,向敌意性攻击为主的变化趋势,攻击多由同伴冲突或抢夺物品引起。推打等身体攻击行为在2岁前一直较多,然后骤然下降,被言语攻击所代替,如批评、嘲笑、辱骂等。这不仅是由于儿童言语沟通技能的提高,也因为成人愿望与规则的变化,大多数父母和教师对于"唇枪舌剑"更易忽视。与婴儿期相比,学前期攻击发展的一个重要的特点是出现了明显的性别差异,表现为男孩参与更多的冲突。尽管在整体上女孩的攻击性水平低于男孩,但她们的间接攻击多于男孩,女孩表现出更多关系性攻击的行为。

进入小学阶段,攻击的总体发生频率下降,大多数儿童很少表现出攻击性行为,而越来越集中在少数几个儿童身上,他们经常打人、骂人或抢别人的东西等,构成了学校欺负事件中的欺负者。引起攻击的主要因素包括感觉到的威胁和对自尊的损害,对他人行为的归因开始起作用。此外,小学时期说谎、欺骗和偷东西等反社会行为的发生频率增多。

进入青春期后,攻击性行为发生的频率有所下降,但青少年期却是严重的攻击与暴力行为上升的时期,尤其是青春叛逆期,缺少家庭关爱和学校管教的青少年,攻击越来越与反社会行为联系在一起,因此严重性或危险程度更大。

根据现有的研究来看,影响青少年攻击性行为的因素多种多样,主要有遗传因素、个人因素、社会媒介因素、家庭教育因素和学校因素等。青少年攻击性行为不仅给受害人身心健康和生命财产造成极大的伤害,也让青少年这一群体承受种种负面影响。青少年作为祖国的未来,正处于人生中的成长期,具有相当大的可塑性,社会、学校和家庭有责任给予充分的支持和关注,帮助他们培养健全的人格,掌握人际交往的基本技巧,正确面对和处理生活中的矛盾冲突,采取更积极的应对方式,以减少不良攻击行为的发生。

### 三、人格发展的影响因素

人格的形成和发展是在生物遗传素质的基础上,通过后天的家庭、学校和社会环境的影响,经过个体积极能动的实践活动才逐渐形成的,反映着一个人的整个生活历程。影响人格形成和发展的因素主要包括以下几个方面。

#### (一) 生物遗传因素

遗传素质是人格形成的自然基础,它为人格的形成与发展提供了可能性以及潜在的发展趋向。双生子研究被认为是研究人格遗传因素的最好方法。同卵双生子由于基因完全相同,所以他们之间的任何差异基本可以归结为环境影响;异卵双生子的基因虽然不同,但在出生时间、母亲年龄、生活条件等环境因素方面具有很大的相似性,因此他们之间的不同体现了遗传作用。完整研究这两种双生子,就可以看出不同环境对相同基因的影响,或者是相同环境下不同基因的表现。

> 专栏 4-5
>
> ## 遗传对人格的影响研究
>
> 弗洛德鲁斯等人对瑞典 12 000 名双生子的研究表明，同卵双生子在外向性和神经质上的相关是 0.5，而异卵双生子的相关只有 0.21 和 0.23。明尼苏达大学在 20 世纪 80 年代也对成年双生子的人格进行过比较研究，有些双生子是一起长大的，有些双生子则是分开抚养的，平均分开的时间是 30 年。结果发现，在支配性、社会性、社交性和责任心等方面，同卵双生子比异卵双生子都有更高的相关，分开抚养的与未分开抚养的同卵双生子具有同样高的相关。

当然，影响人格形成的遗传因素有很多，有些原因尚未明确，在性格发展方面，目前心理学界研究较多的是高级神经活动特性和性别两个方面。

高级神经活动类型对性格的形成具有制约作用，它可以对某些性格的形成起加速或延缓作用，还可以对某些性格特征产生掩盖或改造作用。这从气质与性格的相互作用中可以印证：通常，活泼型的人比抑制型的人更容易形成热情大方的性格；在不利的客观情况下，抑制型的人比活泼型的人更容易形成胆怯和懦弱的性格特征，而在有利的条件下，活泼型的人比抑制型的人更容易成为勇敢者。

性别差异对人类性格的影响也有明显的作用。一般认为，男性比女性在性格上更具有独立性、自主性、攻击性、支配性，并有强烈的竞争意识，敢于冒险；女性则比男性更具依赖性，较易被说服，做事有分寸，具有较强的忍耐性。这些差异与不同性别的遗传素质相关，当然也与社会环境的影响相关。每一个社会都有自己的性别角色模型，这种性别角色会对生活在其中的每个人产生社会期望，使其完成性别角色的社会化，形成与性别角色相吻合的外显行为。

此外，身高、体重、体型和外貌等生理特点都会在一定程度上影响性格的形成。

众多的研究结果显示，人格的许多特性都有遗传的可能性。大致来看，遗传因素对人格的作用程度因人格特征不同而异。通常在智力、气质等与生物因素相关较大的特征上，遗传因素较为重要；而在价值观、信念、性格等与社会因素关系紧密的特征上，后天环境因素更重要。由此可见，人格发展过程是遗传与环境交互作用的结果，遗传因素影响人格发展方向及形成的难易。

**（二）家庭环境因素**

在个体的早期经验中，家庭构成了个体最初也是最重要的社会生活环境。家庭的各种因素，例如，家庭经济的收入水平，家长的职业，家庭结构的健全程度（是否有父母，或只有父或母，或由继父或继母抚养），家庭的气氛，父母的教养态度，家庭子女的多少，儿童在家庭中的作用等，都会对个体人格的形成起重要作用。儿童与母亲的关系构成了其最初也是最亲密的人际关系。儿童出生后首先要以其特有的遗传素质（如气质类型）适应家庭生活环境，从而形成自己最初的性格。此外，家庭又是社会的缩影，父母的生活方式、思想观念以及教育方式都不同程度地体现了社会的文化准则与风俗习惯。可以说，社会首先是通过家庭开始对儿童进行社会化的。

在家庭生活中，直接影响儿童性格形成的因素有：父母的教育观念及教育方式、父母本身的个性、家庭生活方式、家庭气氛、儿童在家庭中的角色与地位等。

1. 家庭结构和气氛

家庭结构按健全程度可以分为双亲家庭和单亲家庭。大量研究表明，单亲家庭对儿童人格发展较为不利。在离异家庭中成长的儿童，他们较多地出现道德行为问题和心理问题。父亲或母亲缺失的单亲家庭对子女性别角色的发展有不利的影响。家庭气氛特别是父母之间的关系，对儿童人格形成有重要作用。和睦、尊重、理解和相互支持的家庭气氛，会使儿童心情愉快、情绪安定，有利于各种良好人格特质的形成；相反，父母关系紧张，儿童处于争吵、猜疑、隔阂、互相攻击的家庭氛围中，时时在恐惧、焦虑中生活，会形成退缩、多疑等不良的人格特征。性格暴戾的父亲和母亲，都会对子女（特别是男孩）的人格发展产生明显的消极影响。

2. 父母的教养方式

教养方式是指父母在抚养、教育子女的过程中采取的手段和方法，是父母教养的态度、行为和非言语表达的集合。美国心理学家鲍姆林德（Diana Baumrind）依据两个维度（反应性和要求性）把教养方式分为专制型、溺爱型、忽视型、权威型。反应性是指父母给予孩子爱、接纳和支持的程度，父母能否对孩子表达爱，对孩子的需要敏感的程度。要求性是指父母是否对孩子的行为建立适当的标准，并督促其达到这些标准。不同的教养方式造就出具有不同人格特征的孩子。

(1) 专制型（高要求、低反应）家庭教养方式的特征：这类父母会提出很多规则，期望孩子能够严格遵守。他们很少向孩子解释遵从这些规则的必要性，而是依靠惩罚和强制性策略迫使孩子顺从。他们不能接受孩子的反馈，对孩子缺少热情和尊重，不能敏感觉察到孩子的不同观点，而是希望孩子一味地听他们的话，并服从他们的权威。在这种环境下长大的孩子容易形成消极、被动、依赖、服从、懦弱或冷酷、执拗等人格特征。

(2) 溺爱型（低要求、高反应）家庭教养方式的特征：这种教养方式的特点是溺爱，让孩子随心所欲。他们只习惯于被爱，不懂得感恩，稍不满意就嫉恨在心。人的私欲是满足不了的，所以，古人说"娇儿无孝子"。他们往往在家里胆大包天，在外胆小如鼠，产生畸形心理。多表现为任性、幼稚、自私、野蛮、依赖、唯我独尊、蛮横无理等。

(3) 忽视型（低要求、低反应）家庭教养方式的特征：这种教养方式下，父母对孩子不太关心，他们不会对孩子提出要求和对其行为进行控制，同时也不会对其表现出爱和期待。对于孩子，他们一般只是提供食宿和衣物等物质，而不会在精神上提供支持。在这种教养方式下长大的孩子，很容易出现适应障碍，他们的适应能力和自我控制能力往往较差。

(4) 权威型（高要求、高反应）家庭教养方式的特征：这种教养方式的特点是平等、尊重，父母在孩子心目中有权威，并给孩子一定的自主权和积极正确的引导。这种教养方式能使儿童形成活泼、快乐、自立、彬彬有礼、善于交往、富于合作、思想活跃等人格特征。

在家庭的诸因素中，父母的教养方式对儿童性格的形成具有深刻的影响。日本心理学家诧摩武俊对这方面的研究成果作了概括，如表4-6所示。

表4-6 父母的教育方式与儿童性格的关系

| 父母的教育方式 | 儿童性格 |
|---|---|
| 支配性的 | 消极、任性、依赖、缺乏独立性 |
| 溺爱性的 | 任性、骄傲、利己主义、缺乏独立精神、情绪不稳定 |
| 过于保护的 | 缺乏社会性、依赖、被动、胆怯、深思、沉默、亲切 |
| 过于严厉的(经常打骂的) | 顽固、冷酷、残忍、独立,或者怯懦、盲从、不诚实、缺乏自信心和自尊心 |
| 忽视的 | 妒忌、情绪不安、创造力差,甚至有厌世、轻生情绪 |
| 父母意见分歧的 | 易生气、警惕性高,或者有两面讨好、投机取巧、好说谎的作风 |

3. 出生顺序

出生顺序对儿童人格的形成也有一定的影响,但这种影响主要不是由出生早晚决定,而是由父母对孩子的态度和他在家庭中的地位决定的。贝尔(Bell, R. Q., 1977)的研究表明,长子、长女人格多偏于保守,进取心较弱,缺乏自信心,易受暗示,不善于表达感情,有自卑感,缺乏安全感等。但也有一些研究表明,由于长兄是父亲事业和财产的当然继承者,而大姐则负有照料弟弟妹妹的义务,所以长兄容易形成优越感,富有支配性,而大姐则较为温存和谦让。

我国的独生子女多,使很多家庭面临独生子女的教育问题。由于独生子女在家庭中的特殊地位,他们容易受到娇惯和溺爱,缺乏伙伴和分享,所以更易形成任性、自私、以自我为中心、依赖、胆怯、孤僻、爱发脾气等不良的人格特征。但也有研究表明,独生子女的家庭地位并非都是劣势,也具有某些优势,只要教育得法,独生子女和非独生子女的人格并无显著差异。

综合家庭因素对人格影响的研究资料,我们可以得出以下结论:第一,家庭是社会文化的媒介,它对人格具有强大的塑造力;第二,父母的教养方式直接影响孩子人格特征的形成;第三,父母在养育孩子的过程中表现出了自己的人格,并有意无意地影响和塑造着孩子的人格,形成家庭中的"社会遗传性"。

(三) 学校教育因素

学校是对学生进行有目的、有计划、有组织的教育的场所,对学生人格的塑造具有重要作用。各种学习任务,以及更为广泛而复杂的人际交往关系,使得个体必须适应新的学校环境,从而使自己的人格不断丰富和发展。

学校的教育观念、教育方式、教育内容对学生的认知结构、学习态度及动机、社会情感及品德等都具有重要的影响作用。在传授知识的过程中,训练学生习惯于系统地、有明确目的地学习,克服学习中的困难,可以培养坚定、顽强等性格。体育课不仅能使学生掌握运动技能,也能培养学生的意志力和勇敢精神。学生在学业上的成功或失败,会影响到教师和同学对他的评价及态度,最终影响到学生对自己的评价及态度(如自信或自卑等),这对其性格的发展具有重要作用。

校风、班风也会对学生的性格产生潜移默化的作用。良好的校风和学风,有助于学生形成勤奋好学、讲礼貌、守纪律等优良人格;否则,容易使学生形成冷漠、自私、消极、不负责、孤独等人格特征。学生在集体中通过参加学习、劳动、文体及其他兴趣小组活动，可增强其责任感、义务感、集体感，也会培养其乐观、坚强、勇敢、向上等优秀品质。

教师是学生的一面镜子，是学生模仿学习的榜样，教师的言行对学生的性格会产生潜移默化的作用。教师的高尚品格，如强烈的责任心、有同情心、谦虚朴素等，会对学生产生深刻的影响；教师的消极性格，如粗暴、偏心、神经质等，可能会使学生产生自暴自弃、不求上进等消极作风。

### （四）社会文化因素

人一出生，便置身于社会文化之中，并受社会文化的熏陶与影响，文化对人格的影响伴随着人的终生。社会文化环境所蕴含的因素主要有社会阶层、家庭结构、生活方式、生产方式、消费方式、风俗习惯、宗教信仰、伦理观念、审美观念等。社会文化渗透到社会生活的各个方面，如家庭、学校、各类社会组织、社会传媒等。一种社会文化对生活在其中的个体具有整体性的影响，从而形成全体文化成员人格上的共同特征，这就是通常所说的"国民性"，反映出一个国家或民族中多数成员共同具有的精神特质及性格特征，如价值观、思维方式、情感内涵、生活态度、人际关系等。例如西方文化更注重培养自由、平等观念，以及独立自主、自我肯定、个人奋斗等。而东方文化更注重培养个体的集体观念和责任意识，强调人与人关系的和谐以及相互照顾。

现代社会还可以通过大众传媒等途径施加广泛的文化影响。一些研究发现，电视节目里的许多攻击性行为对年幼无知的孩子的行为发展影响很大。此外，随着信息时代的到来，通过网络传播的各种信息对儿童及青少年的性格形成产生的影响是广泛而深刻的，这就对教育工作者提出了新的研究课题。

---

**专栏4-6**

## 社会文化对人格的影响

社会文化对人格具有塑造功能，这表现在不同文化的民族有其固有的民族性格。例如，米德等人研究了新几内亚三个民族的人格特征，这三个民族居住在不同的自然环境中，有着不同的社会文化背景。他们在民族性格上的差异，说明了社会文化环境和自然环境对人格形成的影响。研究显示，居住在山丘地带的阿拉比修族，崇尚男女平等的生活原则，成员之间互相友爱、团结协作，没有恃强凌弱和争强好胜，呈现一派亲和景象；居住在河川地带的孟都古姆族，生活以狩猎为主，男女间有权力与地位之争，对孩子处罚严厉，这个民族的成员表现出攻击性强、冷酷无情、嫉妒心强、妄自尊大、争强好胜等人格特征；居住在湖泊地带的张布里族，男女角色差异明显，女性是这个社会的主体，她们每日操作劳动，掌握着经济实权，而男性则处于从属地位，其主要活动是艺术、工艺与祭祀活动，并承担养育孩子的责任，这种社会分工使女人表现出刚毅、支配、自主与快活的性格，男人则有明显的自卑感。近年来，有关个人主义文化和集体主义文化对人格的影响有许多研究。像美国、澳大利亚、英国、加拿大等西方国家属于个人主义文化，其特点是更看重自己的个人目标，更以自己的特质确定自己的方向，努力获取个人控制和个人成就。而像菲律宾、中国、墨西哥、泰国等国家则属于集体主义文化，其特点是最看重集体目标(通常是家人、家族或企业),以集体来确定自己的目标,追求集体的利益。

资料来源:玛格丽特·米德.三个原始部落的性别与气质[M].<br>宋践,等,译.杭州:浙江人民出版社,1988:265-266.

**参考文献**

[1] 黄希庭.人格心理学[M].杭州:浙江教育出版社,2002.
[2] 郑雪.人格心理学[M].广州:暨南大学出版社,2007.
[3] 叶奕乾.现代人格心理学[M].上海:上海教育出版社,2005.
[4] 许燕.人格心理学[M].北京:北京师范大学出版社,2009.
[5] 郭黎岩.心理学[M].南京:南京大学出版社,2007.
[6] 张文新.青少年发展心理学[M].济南:山东人民出版社,2002.
[7] Jerry M. Burger.人格心理学[M].陈会昌,译.北京:中国轻工业出版社,2000.
[8] 张春兴.现代心理学[M].第2版.上海:上海人民出版社,2005.
[9] 蔡笑岳.心理学[M].北京:高等教育出版社,2000.
[10] 陈少华.新编人格心理学[M].广州:暨南大学出版社,2004.

**思考题**

1. 阅读下面的材料:

肖平、王东、高力和赵翔喜欢踢足球,也喜欢看足球比赛。但他们在观看足球比赛时的情绪表现非常不一样。当看到自己喜欢的球星踢出一个好球时,肖平立刻大喊"好球、好球",并兴奋得手舞足蹈;王东也挺激动,叫好并鼓掌,但不像肖平那么狂热,有时还劝肖平别喊叫;高力只是平静地说了一句"这球踢得不错,有水平";而赵翔始终沉默无语,只是会心一笑。

根据以上材料,请解答以下问题:

(1) 指出这四个人的气质类型。
(2) 说明这四种气质类型的特点。
(3) 说明教师了解学生气质类型在教育教学中的意义。

2. 阅读下面的材料:

上初中以来,刘俊好像突然不认识自己了,"我到底是谁?我将来做什么呢?活着的意义是什么?"这类问题时时困扰着他。他经常怀疑自己的观念是否正确,即使以前认为是天经地义的事物,现在也觉得未必正确。

根据以上材料回答下面问题:

(1) 根据埃里克森人格发展阶段理论,刘俊处于哪个发展阶段?为什么会这样?
(2) 如何帮助刘俊走出困境。

第三部分

# 青少年学习心理

# 第五章 现代学习理论

**学习目标**

1. 理解行为主义学习理论;比较经典条件反射和操作性条件反射的异同;能举例说明强化和惩罚的四种不同形式;能运用行为主义学习理论塑造和纠正学生的行为。

2. 理解认知主义学习理论的课程观、学习观、教学观;理解有意义学习的实质和同化学习理论;能根据认知主义学习理论,研究学生的知识学习过程;能根据认知主义学习理论设计教学过程。

3. 理解人本主义心理学思想;理解马斯洛需要层次理论和自我实现论。理解罗杰斯的人格自我理论和来访者中心疗法的主要思想。理解人本主义学习理论的学习目标、学习观和教学观;熟悉人本主义学习理论在教学中的运用;能够根据人本义学习理论设计教学过程。

4. 理解建构主义学习理论的课程观、学习观和教学观;理解建构主义学习理论在教学中的应用的各种形式;能够根据建构主义学习理论设计教学过程。

**关键术语**

学习理论：是探讨学习的实质、过程、条件和规律的理论。

经典条件反射：由巴甫洛夫首先研究，是指条件刺激与无条件刺激反复配对呈现而使条件刺激与条件反应产生联结的学习过程。

操作性条件反射：通过行为后果和前因来加强或减弱有意行为的学习过程。

无条件刺激：能够引起无条件反射的刺激。

无条件反射：借助先天反射弧实现的反射。

条件刺激：能够引起条件反射的刺激。

条件反射：由条件刺激引起的反射。

条件反射消退：在条件反射建立后，如果条件刺激重复出现多次而没有得到强化，条件反应会变得越来越弱，并最终消失。

条件反射泛化：是指与条件刺激类似的刺激能够引起条件刺激引起的条件反射。

条件反射分化：有机体只对特定的条件刺激作出条件反射，而对与条件刺激相似的刺激，不作出反应。

强化：可以增强一个行为随后发生概率的过程。

正强化：在某一行为后通过呈现令人满意的刺激来加强行为的强化。

负强化：在某一行为后通过移除令人厌恶的刺激来加强行为的强化。

惩罚：是减少或抑制行为的过程。

正惩罚：是指在行为之后，会抑制或减少该行为发生的刺激。

负惩罚：是指在行为之后，为抑制或减少不良行为，有意消除的积极刺激。

行为塑造：是通过不断强化，逐步形成个体新行为的过程。

行为矫正：是个体的不适当行为或不良习惯，经由消退、强化、惩罚得以纠正的过程。

同化：是指学习者运用头脑中的认知结构理解吸收新知识的过程。

机械学习：是指符号所代表的新知识与学习者认知结构中已有的知识建立非实质性的和人为的联系。

有意义学习：奥苏伯尔认为有意义学习是指符号所代表的新知识与学习者认知结构中已有的适当概念建立非人为的、实质性的联系。

认知结构：是指一种反映事物之间稳定联系或关系的内部认识系统，或者说，是某一学习者头脑中的观念的全部内容与组织。

需要层次理论：是人本主义心理学的一种动机理论。马斯洛认为，动机产生于人的需要，需要从低层次到高层次排列，分别为生理需要，安全需要，归属和爱的需要，尊重需要，认知需要，审美需要和自我实现需要。

自我实现论：人本主义心理学认为人的自我实现是完满人性的实现和个人潜能或特性的实现。

无条件积极关注：人本主义心理学家罗杰斯的术语。无条件积极关注意味着对一个人做的所有事情都积极关注，特别是消极行为结果出现时，行为人仍然能够感受到重要他人对他的关注、接受和关爱。

来访者中心疗法：由罗杰斯于20世纪40年代创立，强调调动来访者的主观能动性，发掘其潜能，不主张给予疾病诊断、治疗，更多的是采取倾听、接纳与理解；强调以人为本，认为来访者为正常人，其心理发展过程中潜能未能完全发挥或暴露，出现阶段性逆遇或问题，治疗本身就是指导来访者认识和了解自我、发挥潜能。

**本章结构**

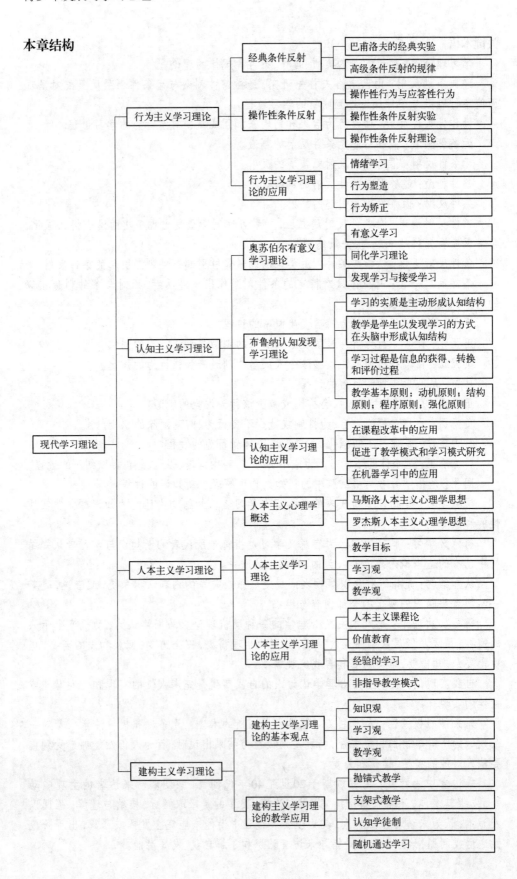

学习包含非常丰富的内涵。对学习内涵的不同理解,产生了不同的学习理论。学习理论是探讨学习的实质、过程、条件和规律的理论;其根本目的是帮助人们更好地理解学习,从而为教育、教学奠定科学的基础。教师的教育教学行为不是受不受学习理论影响的问题,而是在于有没有正确的学习理论来指导。布鲁纳曾经说过,"一个没有学过学习理论的教师,也许可以成为一个好教师,也可能成为一个坏教师,但好却好得有限,而坏却可能每况愈下"。因此,学习理论是教师进行教学和指导学生学习的重要基础。20世纪以来,心理学家对学习的本质、过程等认识,发生了几次重大的变化,出现了不同的学习理论,分别是行为主义学习理论、认知主义学习理论、人本主义学习理论以及建构主义学习理论。

## 第一节 行为主义学习理论

行为主义学习理论的代表人物有巴甫洛夫、斯金纳、桑代克等人。他们的学习理论虽然不完全相同,但有一些共同的内容。他们都认为,一切学习都是在刺激与反应之间建立直接联结的过程;强调学习发生的原因在于外部强化;个体行为是反复练习与强化的结果;行为一旦形成,类似刺激一出现,习得行为就会自动表现。他们都主张研究学习的外部条件,忽视学习的内在过程和内部条件。

**一、经典条件反射**
**(一)巴甫洛夫的经典实验**

苏联心理学家巴甫洛夫(Ivan Petrovich Pavlov, 1849—1936)是高级神经活动生理学的奠基人,同时他也是一位实验生理学家,早年因消化生理学研究而闻名。他的研究多以狗为被试,在实验中,他和助手无意中发现了一个很有意思的现象:研究人员在给狗喂食时,狗会分泌唾液,此时是一种正常的生理现象,但反复多次之后,狗只要看到食物,即使没有吃到,也会分泌唾液,甚至尚未看到食物,只看到食物容器或听到研究人员的脚步声,都会分泌唾液。这个现象引起了巴甫洛夫的好奇。为此,他专门设计了一个实验,这便是著名的经典条件反射实验(狗进食的摇铃实验)。

巴甫洛夫自己并未宣称他的理论是行为主义的,但是他确实认为,学习就是暂时神经联系的形成。西方学者因此把他的学习理论划入行为主义学习理论的范围,并把巴甫洛夫揭示的条件反射现象称为经典条件反射。作为学习的一种基本形式,他的理论因此也常被称为经典条件反射理论。

巴甫洛夫实验室里进行的条件反射研究,一般程序是将做过唾液腺导管手术的狗放在实验台架上进行实验。给狗一个铃声刺激,这时,狗不分泌唾液(无反射);这时的铃声称为无关刺激。接下来,给狗食物,狗分泌唾液;此时,食物称为无条件刺激,即能够引起无条件反射的刺激;分泌唾液称为无条件反射,即借助先天反射弧实现的反射。当铃声与食物多次配对呈现以后,铃声出现,没有食物也能诱发出唾液分泌;此时,铃声称为条件刺激,即能够引起条件反射的刺激;由条件刺激引起的反射,称为条件反射。铃声能够引起狗分泌唾液,说明条件反射已经形成,原本的中性刺激铃声已经成为引起唾液分泌的条件刺激。一旦狗听到铃声,它就会来吃食物,铃声对于狗来说就相当

图 5-1 经典条件反射

于一个信号,获得了一定的信号意义,从原来的中性刺激转变为条件刺激。

现在,人们已经认识到,经典条件反射是人类和动物最基本的学习方式。通过这类条件反射,有机体可以使无关刺激变为有关刺激的信号,从而可以认识事物与事物之间的关系,辨别周围世界,趋利避害,适应环境。

### (二) 高级条件反射的规律

#### 1. 条件反射的获得与消退

条件反射的获得,是指条件刺激物与无条件刺激物反复结合,使有机体学会对条件刺激作出条件反射。在条件反射获得中,条件刺激与无条件刺激之间的时间间隔十分重要。条件刺激和无条件刺激呈现的时间关系可以分为三种:(1)同时性条件反射,条件刺激与无条件刺激同时出现;(2)延迟性条件反射,条件刺激先出现一段时间,当它还未消失时,无条件刺激就出现;(3)痕迹性条件反射,条件刺激先出现,消失一段时间后,无条件刺激才开始出现。在三种时间关系中,延迟性条件最容易形成条件反射,同时性条件次之,痕迹性条件再次。如果在无条件刺激出现后再出现条件刺激,即使有条件反射形成,效果也很弱。

在条件反射建立后,如果条件刺激重复出现多次而没有无条件刺激伴随,条件反应会变得越来越弱,并最终消失。但这种消退现象只是暂时的,休息一段时间后,当条件刺激再次单独出现时,条件反应仍会以微弱形式重新出现。随着进一步的消退训练,这种自发恢复了的条件反射又会迅速变弱。然而,要完全消除一个已经形成的条件反射比建立这种条件反射困难得多。这说明,条件反射的消退不是原来已经形成的暂时联系的消失,而是暂时联系受到抑制。

#### 2. 泛化与分化

在经典条件反射形成过程中,个体对条件刺激之一(CS1)形成条件反射后,也可能对另外的与CS1相类似的条件刺激之二(CS2)、之三(CS3)不经强化而形成条件反射。例如,有机体已对500 Hz的音调建立了条件反射,便会对400 Hz或600 Hz的音调产生泛化反射。与条件刺激类似的刺激能够引起条件刺激引起的条件反射,称为条件反射泛化,或刺激泛化。泛化的强度取决于新刺激与原条件刺激的相似度。新刺激与原条件刺激越相似,诱发的条件反射越强。

在条件反射形成过程中,如果只对条件刺激引起的条件反射予以强化,对类似刺激引起条件反射不予强化,久而久之,有机体只会对条件刺激作出条件反射,对类似刺激不作出反应。有机体只对特定的条件刺激作出条件反射,而对与条件刺激相似的刺激,不作出反应的现象,称为条件反射分化。如前所述,如果有机体已对500 Hz的音调建立了条件反射,会对400 Hz或600 Hz的音调产生泛化反应。但是如果在呈现400 Hz或600 Hz的音调时不伴随无条件刺激,这样,有机体对400 Hz或600 Hz的音调的反射就会消退,而只对500 Hz的音调形成条件反射。

3. 高级条件反射

有机体可以利用已形成的条件反射,进一步建立新的条件反射。在条件反射形成后,再用新的中性刺激与条件刺激相结合,可以形成第二级、第三级条件反射。这种由一个已经条件化了的刺激来使另一个中性刺激条件化的过程,叫作高级条件反射。在高级条件反射中,条件反射的发生不再需要无条件刺激帮助,因而极大地拓宽了经典性条件反射的范围。在日常生活中,人们的很多行为往往都不是由无条件刺激直接引起,而是通过高级条件反射,由与无条件刺激有着直接或间接联系的条件刺激引起的。

## 二、操作性条件反射

### (一)操作性行为与应答性行为

斯金纳将行为分为两类:应答性行为和操作性行为。前者由明显可见的特定刺激引起。如狗流唾液的反应是食物或饲养员的脚步声所引起的;刺激不存在,反应也不可能发生。操作性行为则是在没有任何能观察的外部刺激的情境下,由有机体自主产生的行为。例如,小朋友在家庭情境中,突发奇想,去扫地。只有小朋友主动操作之后才出现某种刺激物。应答性行为,是刺激在前,所建立的条件反射称为应答性条件反射。如,巴甫洛夫的经典条件反射。操作性行为,行为在前,所建立的条件反射称为操作性条件反射。斯金纳特别指出,人类的大部分行为都是操作性行为。如读书、写字、游泳、骑车等,它代表着有机体对环境的主动适应,行为本身是由结果控制的。

由于行为的类型不同,所以行为形成的机制也不一样,只用经典条件反射来说明有机体的所有行为显然是不够的。要真正理解人类行为,就必须着力研究操作性行为形成的原理。

### (二)操作性条件反射实验

桑代克的学习实验,实际上是操作性条件反射学习理论的先驱。对操作性条件反射进行系统且深入研究的是斯金纳。他认为,从行为的发生过程来看,行为受两类环境的影响。行为发生之前的环境(或事件),称为前因;行为发生之后的环境(或事件),叫作后果。这种关系可简单地表示为"前因—行为—后果"。随着行为的发生,前一轮的后果就是下轮"前因—行为—后果"过程的前因。

斯金纳及其同事的早期研究集中于"后果"的研究。他们的实验是将饥饿的白鼠或鸽子放进一个设有供食装置的箱(即斯金纳箱)中。箱内装有一操纵杆,操纵杆与另一提供食物的装置连接,动物并不能直接看到食物。动物进箱后,最初是无目的地自发活动,偶然碰到操纵杆,供食装置就会自动落下一粒食丸作为报偿。动物经过几次尝试后,就会不断地按压操纵杆以获得食物,直到吃饱为止。在实验中,动物最初按压操纵杆的偶然动作经过其行为后果的强化(出现食物)而频率大增,即学会了。在这里,动

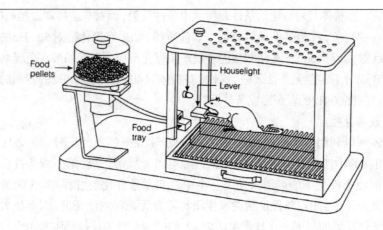

图 5-2 斯金纳箱

物按压操纵杆的行为成为获得食物的手段或工具,所以,操作性条件反射又称为工具性条件反射。

### (三) 操作性条件反射理论

#### 1. 前因

在操作性条件反射中,前因能提供一些信息,表明哪种行为将导致积极的后果,哪种行为将导致消极的后果。老鼠在斯金纳箱里按压杠杆,会获得食物,但是触碰箱内其他物件,不会带来食物。换句话说,老鼠使用前因(杠杆)作为线索,去辨别按压杠杆与其他行为带来的不同结果。虽然老鼠开始并不知道按压杠杆会有食物,但按杠杆确实是主动探索环境的行为。与经典性条件反射的区别,主要在于这里所说的按杠杆是有意的行为,而不是像动物分泌唾液那样的无条件反射。在日常生活中,每个人都会在陌生环境中产生大量的行为,探索周围环境;在与环境的互动中,最后产生有效的适应性行为。

#### 2. 行为后果

行为后果是对行为效能的价值评价;在某种程度上它能决定该行为今后发生的概率。有些行为后果能提高该行为今后发生的概率,有些行为后果则会降低该行为今后的发生概率。据此,把行为后果分为两类:强化与惩罚。

(1) 强化。可以增强一个行为随后发生概率的过程称为强化。起强化作用的刺激物称为强化物;强化物可以是物质的,也可以是精神的。例如,食物能增强饥饿动物的进食行为,因此,在这一条件下,食物是最好的强化物。发生概率增加了的行为,称为被强化的行为。但是,强化物能否强化行为,这有赖于有机体对强化物意义的理解。例如,学生甲和学生乙上课时随便讲话,引起同学们哄堂大笑,学生甲把这一后果(哄堂大笑)当作强化物,则可能继续随便讲话;而学生乙认为这不是他所期望的后果,因此会收敛随便讲话的行为。

强化可以分为两种:正强化和负强化。正强化是指在某一行为后通过呈现令人满意的刺激来加强行为的强化。在某一行为后通过移除令人厌恶的刺激来加强行为的强化,称为负强化。例如,学生通过努力学习来避免父母的责骂。值得注意的是,在正强化和负强化中,"正"是指满意刺激的出现,"负"是指厌恶刺激的消失,"强化"则指行为发生概率增加的过程。

(2) 惩罚。与强化相反，惩罚是减少或抑制行为的过程，也就是说，被惩罚的行为在今后相似情境中发生的概率会降低。惩罚也可以分为正惩罚与负惩罚。正惩罚是指在行为之后，会抑制或减少该行为发生的刺激。例如，课堂上，教师批评违纪学生。负惩罚是指在行为之后，为抑制或减少不良行为，有意消除的积极刺激。例如，为了减少违纪，不准违纪的学生参加他们喜欢的文体活动。

行为发生之后，若不给予任何强化，该行为就可能会消退。

3. 强化程序

所谓强化程序是指根据个体的学习特征，合理地安排各种形式的强化（表5-1）。例如，学习新行为时，每一个正确反应后都要得到强化，就要采用连续强化；而在新行为掌握后，为了更好地保持这种新行为，则需要间断强化而不是连续强化。一般来讲，存在两种基本的间断强化类型，第一种是时间程序——以强化物之间间隔时间为基础；另一种是比率程序——以强化物之间学习者须作出的反应数为基础。时间程序和比率程序既可以是固定不变的（可预测的），也可以是变化的（不可预测的）。

表 5-1 强化程序表

| 程 序 | 定 义 | 例 子 | 反应建立的方式 | 强化终止后的反应 |
|---|---|---|---|---|
| 连续强化 | 在每个反应后都给予强化 | 一打开电视机便看见图像 | 迅速地学会反应。 | 反应几乎没有持续性，并迅速地消失。 |
| 定时强化 | 在一个固定的时段后给予强化 | 周测验 | 随着强化时间的临近，反应数量迅速增加；强化后反应数量迅速降低。 | 反应具有很短的持续性；当强化时间过去且不再有强化物出现时，反应速度会迅速降低。 |
| 不定时强化 | 在不定的时段后给予强化 | 随机测验 | 反应建立缓慢、稳定，强化后反应不会暂停。 | 反应具有更长的持续性；反应降低的速度缓慢。 |
| 定比强化 | 在固定反应数后给予强化 | 计件工作 | 反应建立迅速，强化后反应会暂停。 | 反应具有很短的持续性；当达到预期的反应数或不再有强化物出现时，反应速度迅速降低。 |
| 不定比强化 | 在不定反应数后给予强化 | 赌博机 | 反应建立的速度很快，强化后几乎不会暂停。 | 反应具有最长的持续性，且保持在很高的水平上，难以消失。 |

可以看出，习得行为的保持有赖于强化的可预测性，而连续强化、定比与定时强化都是完全可预测的。个体预期在某一时刻或任务上会得到强化，但强化并没有出现，就会很快地放弃这一行为。为了鼓励行为的持续性，不定的强化程序最适合，这是由于出现的强化并不固定，所以，个体必须始终保持反应状态。事实上，如果强化程序逐渐改变为在个体作出许多正确反应或间隔较长时间后才会出现强化，那么，个体就能持续表现某一行为。

### 三、行为主义学习理论的应用

#### (一) 情绪学习

实验和经验都表明,学生对于学习、课堂、教师、学校和社会的许多情绪反应倾向都是通过条件反射,尤其是通过经典条件反射而形成的。

当然,学生的情绪表现不是学来的,但情绪表现的时机,却很受学习的影响。例如不需要学习如何哭笑,以及如何害怕等情绪的表现方式,但在什么情形下哭、笑以及害怕,却是学来的。听到军乐觉得鼓舞,听到哀乐觉得悲伤,都是由于不同的音乐与不同的情境产生了条件反射的结果。在同一情境下每个人所生的情不尽相同,触景之所以生情,都是因为此情境在此时变为每个人的条件刺激,它代替着个人的过去经验;每个人的经验未必相同,所以当时的反应也就不同。例如,一个学生面临恐惧情境时面色苍白,但在某些尴尬场合却会脸红。面色苍白是由于血管收缩,脸红则是血管扩张,两者都是情绪反应,都是无条件反射;由于使人脸红(或苍白)的条件刺激每个人都不同,即每个产生脸红(或苍白)的情境不同,所以,在有些情境中,有人会脸红,有些人会脸色苍白。

广义地说,人们在某一特定情境中所感受到的很多"气氛"就是以前条件反射的结果。有无数的无关紧要的联想以及积累的效果作用我们,使我们逐渐建立起某些既说不出来也认识不到的情感状态,如轻松或紧张,焦急或愉快的期待等。说具体点,如果一个学生在某个教室中跟某位教师学习某一课程时,由于屡次失败,从而产生社会性困扰或厌恶这种令人不愉快的经验,那么与这些经验伴生的不愉快就和教师、学科、教室联系起来,表现为这个学生害怕这门课程的教师,不喜欢这门功课,甚至害怕去教室。如果这种不愉快的经验是非常强烈、长期延续或屡屡重复的,那么这种伴生的不愉快情绪就可能变得非常显著,以至于最后这个学生产生学校恐惧症,甚至产生某种"反社会"的情绪。

反之,当学校或课堂主导气氛是接纳的、令人安心的、愉悦的、友善的和相互信任的,学生就会形成与上述相反的联想。友善的情感、接纳和善意的期待以及接近的反应就成了主导的条件反射。

#### (二) 行为塑造

行为塑造是指通过不断强化,逐步形成新行为的过程。行为主义学习理论认为,只要良好行为出现就马上给予强化,就能培养学生良好的行为。在行为塑造中,教育者对强化的使用反映了其教育艺术。

使用这一方法要注意的是:(1)目标行为要清晰,确定要培养的行为或行为习惯;(2)要改变行为的细化,了解个体已有行为水平,确定初始行为;(3)确定完成每一行为的契约,选择适当的强化物;(4)设计好从初始行为到目标行为要经过几个阶段;(5)把握好塑造进度;(6)充分利用反馈信息,给予恰当的评定;(7)达到行为目标时,逐渐脱离正强化程序。

在教育过程中,教师可使用的强化物虽然很多,但同一强化物对不同学生有不同的价值。教师在确定使用强化物时,首先要对学生"喜欢什么"及"喜欢程度"做调查。总的原则是,用高频行为(学生喜欢的行为)作为低频行为(学生不喜欢的行为)的有效强化物。例如,让喜欢玩游戏的学生在每次按时完成作业(不喜欢的行为)后,允许他玩喜欢的游戏。

在此,特别要强调的一点是,"达到行为目标时,逐渐脱离正强化程序"。例如,培养学生形成良好的学习习惯,习惯一旦形成,就要逐渐减少外部的正强化,把学生良好的学习行为归为他们自己的学习能力或内在要求。

**(三) 行为矫正**

行为矫正是指个体的不适当行为或不良习惯,经由消退、强化、惩罚得以纠正的过程。行为矫正常用的方法有以下几种。

1. 消退

消退即用漠视、不理睬的方法来减少和消除个体的不良行为。例如,个别学生在集体生活中故意捣乱以博取眼球,教师可以采取故意忽视、不予理睬,让他自己觉得无趣的方法,从而改变他的不当行为。

2. 负强化法

负强化法是指个体一旦出现良好行为,立即给他减少或消除原有的厌恶刺激,以提高良好行为的出现率。例如被记过处分的同学表现出好的行为时,对他减轻处罚。

3. 代币法

当个体的目标行为出现时,给予一种"标记"或代币,去换取种种优待,作为强化目标行为的强化物,以改进个体行为。例如,网络游戏中的"晋级""累积加分""特权"等。

4. 强化不相容的反应

把强化某个合乎要求的反应,与不强化某个不合要求的反应相结合,用以消除不合要求的反应。例如,课堂上有学生违纪讲话,如果教师公开表扬守纪律的学生,学生的违纪讲话就会减少。

5. 惩罚

使用惩罚来纠正不良行为的原理是:如果一个行为发生后,带来的直接结果令人不快,那么,这种行为将来不太可能重复发生。惩罚包括两类:呈现厌恶刺激和厌恶活动,撤销积极刺激或积极活动。

人们对惩罚存在普遍的误解,即认为消极的、厌恶的、导致行为概率下降的刺激就是惩罚。其实,跟正强化相比,行为后果出现后,如果施加正强化,会导致该行为今后发生的概率增加。而行为结果发生后进行惩罚,会导致该行为今后出现的概率下降。总之,不管刺激性质如何,凡是增加行为今后出现频率的,都是强化;凡是减少行为今后出现频率的,都是惩罚(表5-2)。

| 未来的行为 | 行为的结果 | |
|---|---|---|
| | 刺激物的出现 | 刺激物的移除 |
| 未来行为被加强 | 正强化 | 负强化 |
| 未来行为被削弱 | 正惩罚 | 负惩罚 |

表5-2 强化与惩罚的功能关系

正惩罚包括体罚、斥责、禁足、体力劳动等。正确使用正惩罚要注意以下事项:

(1) 选择目标行为;(2) 选择惩罚物;(3) 做好惩罚准备;(4) 科学实施惩罚;(5) 安全结束。

简言之,负惩罚就是取消积极刺激。最常见的有隔离、代价等。阻断不良行为人与其他人接触,或暂停、强制停止其活动,称为隔离。例如,让上课不遵守纪律的同学离开座位到后排罚站。剥夺不良行为人部分强化物,称为代价。例如,对交通违规司机罚款。

一旦发生问题行为,没有办法实施正惩罚时,使用隔离可以使问题行为未来发生的可能性减少。隔离分为排斥性隔离和非排斥性隔离。排斥性隔离是当事者必须离开出现问题行为的场所,到另一个得不到对该问题强化的环境中。例如,安排课堂捣乱的学生去教师办公室。非排斥性隔离是当事者可以离开强化活动或相互作用,但同时仍然留在相应的场所内,他的存在不会打扰环境中的其他人。例如,要求违纪学生到后排罚站。

使用隔离时要同时使用强化。即惩罚不良行为时,要告诉学生正确行为应该是什么。

使用隔离时要注意:(1) 选择无聊的地方作为隔离室;(2) 向学生讲解隔离法,等待目标行为出现;(3) 问题行为发生后,立即隔离;(4) 设置隔离时间,注意隔离时间长短;(5) 隔离期间再度出现问题行为,隔离时间可以短时间延长;(6) 问题行为不能在隔离结束时再出现,否则会强化问题行为;(7) 隔离结束后,解释原因。

**(四) 程序教学和计算机辅助教学**

斯金纳认为,学习就是形成条件反射,教育就是塑造行为。成功的教学和训练的关键是选择合适的强化物和建立特定的强化程式。所以,他建议,利用操作性条件反射的理论安排程序教学,以便有效地呈现教材。

程序教学的基本思想是按一门学科内容的逻辑,形成一系列知识项目,编制成一套严密的、渐次加深的问题,学生正确回答了前面一个问题后,就学习下一个新的问题。学完一个程序,可再学一个新的程序。这一程序在计算机上实现,称为计算机辅助教学。

具体来说,程序教学的基本原则如下:

第一,小步子逻辑序列。就是把学习内容分为许多具有内在联系的小单元,编为程序,每次只给一小步。最初的步子很容易,逐渐增加难度。

第二,要求学生作出积极反应。程序教学呈现给学生的知识一般以问题的形式出现。这些问题都要求学生通过填空、解题或书写答案作出积极的反应。

第三,及时反馈。每一小步都附有正确答案,使学生知道自己做得对或不对,这就是强化。强化越及时越快,效果越好。

第四,学生自定步调。学生按照自己的情况来确定学习的进度。

第五,低的错误率。由于教材步子小,学生每次都可能做出正确的反应,得到积极强化。

斯金纳认为,惩罚是传统教学最坏的特征之一。程序教学能够保证学生在每一个学习的小步子都得到强化,学生在学习时能够得到及时反馈,因而这种学习具有积极、激励的作用。

## 第二节 认知主义学习理论

与行为主义学习理论不同,认知主义学习理论认为,学习不是在外部环境支配下学习者被动地形成刺激-反应联结,而是主动地在头脑内部构造认知结构的过程。学习也不是通过练习与强化形成反应习惯,而是通过顿悟与理解获得知识。有机体当前的学习依赖于他原有的认知结构和当前的刺激情境,而不受习惯所支配。奥苏伯尔有意义学习理论、布鲁纳的认知发现学习论等是认知主义学习理论的主要代表。

**奥苏伯尔**

奥苏伯尔,美国心理学家,纽约市立大学研究生院荣誉教授。1950年获得哥伦比亚大学发展心理学博士学位。曾任伊利诺斯大学教育研究所教授、纽约市立大学研究生院和大学中心教授,并在美国心理学会、美国教育委员会、美国医学协会和白宫吸毒问题研究小组等组织机构任职。主要著作有《自我发展与人格失调》《有意义言语学习心理学》《教育心理学:认知观》《学校学习:教育心理学导论》等。

### 一、奥苏伯尔有意义学习理论

奥苏伯尔认为学习是认知结构的重组。他着重研究了课堂教学规律。奥苏伯尔既重视原有认知经验(知识经验系统)的作用,又强调学习材料本身的内在逻辑关系。他认为学习的实质在于新旧知识在学习者头脑中的相互作用,那些新的有内在逻辑关系的学习材料与学生原有的认知结构发生关系,进行同化和改组,在学习者头脑中产生新的意义。

#### (一)有意义学习

奥苏伯尔的学习理论将认知方面的学习分为有意义学习与机械学习两大类。有意义学习是指符号所代表的新知识与学习者认知结构中已有的适当概念建立非人为的、实质性的联系。非人为的联系就是新旧知识之间具有逻辑联系。实质性的联系是指不同的符号表达的意思是等值的。有意义学习过程也就是个体获得对有意义的材料的心理意义的过程。有意义学习依赖于原有认识结构的可利用性、可辨别性和巩固程度。

机械学习是指符号所代表的新知识与学习者认知结构中已有的知识建立非实质性的和人为的联系。这种学习在两种条件下产生。一种条件是学习材料本身无内在逻辑意义。另一种条件是学习材料本身有逻辑意义,但学生原有认知结构中没有适当知识可以用来同化它们。

#### (二)同化学习理论

有意义学习是以同化方式实现的。所谓同化是指学习者运用头脑中的认知结构理解吸收新的知识的过程。而新的知识被吸收后,原有的认知结构得以扩展或发生改变。

概念被同化是学习者将概念的定义直接纳入自己的认知结构的适当位置,通过辨别新概念与原有概念的异同而掌握概念,同时将概念组成按层次排列的网络系统。根据新概念与原认知结构的关系,把学习分为上位学习、下位学习和平行并列学习。

奥苏伯尔认为有意义学习必须具有下列条件:

第一,新的学习材料本身具有逻辑意义。教材一般符合此要求。

第二,学习者认知结构中具有同化新材料的适当知识基础(固定点),便于与新知识进行联系,也就是具有必要的起点。

第三,学习者还必须具有进行有意义学习的心向,即积极地将新旧知识关联起来的倾向。

第四,学习者必须积极主动地使这种具有潜在意义的新知识与认知结构中的旧知识发生相互作用。

**(三)发现学习与接受学习**

奥苏伯尔认为,新知识是通过接受学习和发现学习两种学习方法获得的。发现学习是指学习内容不是以定论的形式呈现给学习者,而是要求学生在把最终结果并入认知结构之前,先要从事某些心理活动,如对学习内容进行重新排列、重新组织或转换。它适合解决问题的学习。

接受学习是指学习的主要内容基本上是以定论的形式被学生接受的。它更适合大量材料特别是理论材料的学习。对学生来讲,学习不包括任何发现,只要求学生把教学内容加以内化,即把它纳入自己的认知结构中去,以便将来能够将其再现或派作他用。

奥苏伯尔从人类学习的特点和课堂教学的实际出发,认为发现法不能完全代替接受法,即讲授法。因为学生在学校里主要接受系统的基础知识,他们不可能因而也不能要求他们时时去发现;而且作为接受学习的讲授法也并不必然导致学生被动学习和机械记忆。

需要强调的是,接受学习是有意义的学习,它可以是积极主动的,与"师讲生听"的满堂灌有质的不同。学生在校学习的主要任务是接受系统知识,要在短时间内获得大量的系统的知识,并能得到巩固,主要靠接受学习。

他指出,接受学习和发现学习都是积极主动的过程。发现学习和接受学习都可以是有意义的,也都可能是机械的。我们提倡的是有意义的接受学习和有指导的发现学习。

## 二、布鲁纳认知发现学习理论

**布鲁纳**

杰罗姆·布鲁纳是一位在西方心理学界和教育界都享有盛誉的学者,他在1959年任美国科学院科学教育委员会主席,主持了著名的伍兹霍尔中小学课程改革会议;1960年任总统教育顾问;1952年当选为社会心理学研究会理事长;1965年当选为美国心理学会主席。1962年布鲁纳获美国心理学会颁发的杰出科学贡献奖。

布鲁纳(Jerome Seymour Bruner,1915—2016)是美国著名的认知教育心理学家。他认为学习目的在于以发现学习的方式,使学科的基本结构转变为学生头脑中的认知结构。因此,他的理论常常被称为认知发现说或认知结构论。

**(一)学习的实质是主动地形成认知结构**

认知结构是指一种反映事物之间稳定联系或关系的内部认识系统,或者说,是某一学习者头脑中的观念的全部内容与组织。

人的认识活动按一定的顺序形成,发展成对事物结构的认识后,就形成了认知结构,这个认知结构就是类目及其编码系统。

布鲁纳认为,人是主动参与获得知识的过程的,是主动对进入感官的信息进行选择、转换、存储和应用的。也就是说,人是积极主动地选择知识的,是记住知识和改造知识的学习者。布鲁纳认为,学习是在原有认知结构的基础上产生的,不管采取的形式怎样,个人的学习都是通过把新的信息和原有的认知结构联系起来,并积极地建构新认知结构的过程。

**(二)教学是以发现学习的方式在头脑中形成学科的知识结构**

1. 教学目的在于理解学科的基本结构

布鲁纳非常重视课程的设置和教材建设。他认为,无论教师选教什么学科,务必要使学生理解学科的基本结构,即概括化的基本原理或思想;也就是要求学生以有意义的、联系起来的方式去理解事物的结构。布鲁纳之所以重视学科基本结构的学习,是受他的认知观和知识观的影响的。他认为,所有的知识,都是一种具有层次的结构。这种具有层次结构性的知识可以通过一个人发展的编码体系或结构体系(认知结构)而表现出来。人脑的认知结构与教材的基本结构相结合会产生强大的学习效益。如果把一门学科的基本原理弄通了,则有关这门学科的特殊课题也不难理解了。

在教学当中,教师的任务就是为学生提供最好的编码系统,以保证这些学习内容具有最大的概括性。布鲁纳认为,教师不可能给学生讲遍每个事物,要使教学真正达到目的,教师就必须使学生能在某种程度上获得一套概括了的基本思想或原理。这些基本思想、原理,对学生来说,就构成了一种最佳的知识结构。知识的概括水平越高,知识就越容易被理解和迁移。

> **专栏 5-1**
>
> ## 数学中的算术
>
> 小学:直接面对数字,计算"1+1=2"之类的东西。
> 初中:有了代数和方程。一个算式中有一个数是未知的。
> 高中:一个算式中有两个未知数,即函数。主要研究两个未知数的对应变化关系。
> 大学:研究函数值的变化规律,比如导数就是函数的变化率。泛函分析就是研究不同函数之间的变化关系。
> 数学是从具体到抽象,再抽象的过程,从自然数到集合,从集合到群,从群到拓扑,从拓扑到流形。

2. 提倡发现学习

布鲁纳认为,教学一方面要考虑人的已有知识结构、教材的结构;另一方面要重视人的主动性和学习的内在动机。他认为,学习的最好动机是对所学材料的兴趣,而不是奖励、竞争之类的外在刺激。因此,他提倡发现学习法,以便使学生更有兴趣、更有自信地主动学习。

发现法的特点是关心学习过程胜于关心学习结果,具体知识、原理、规律等让学习者自己去探索、去发现。这样,学生便积极主动地参加到学习过程中去,独立思考,改组教材。"学习中的发现确实影响着学生,使之成为一个'建构主义者'。"学习是认知结构的组织与重新组织。他既强调已有知识经验的作用,也强调学习材料本身的内在逻辑结构。

布鲁纳认为发现学习的作用包括:第一,提高智慧潜力;第二,使外在动机变成内在动机;第三,学会发现;第四,有助于对所学材料保持记忆。

所以,认知发现说强调学习的主动性,强调已有认知结构、学习内容的结构、学生独立思考等的重要作用。

(三)学习过程是信息的获得、转换和评价过程

布鲁纳认为,学生不是被动的知识接受者,而是积极的信息加工者。学生的学习包

括三个几乎同时发生的过程:(1)获得新信息;(2)转换信息,使其适合于新的任务;(3)评价、检查加工处理信息的方式是否适合于该任务。

所谓新的知识是指与以往所知道的知识不同的知识,或者是以往知识的另一种表现方式。新知识的获得过程是它与已有的知识发生联系的相互作用的过程,是主动地接受和理解的过程。新知识的转化是对它的进一步加工,使之成为认知结构的有机组成部分并适应新的任务的过程。评价是指对新知识的一种检验与核对,看自己的理解与概括是否正确,能不能正确地应用。简而言之,学生的学习认知过程就是对新知识的获得、转化和评价三个几乎同时发生的过程。

### (四)教学基本原则

教学是以发现学习的方式在学生头脑中形成学科的认知结构。为此,布鲁纳提出了教学的四个基本原则。

1. 动机原则

在教材难易的安排上,必须考虑学生学习动机的维持;太容易学会的教材,学生缺少成就感;太难太深的教材,又易产生失败感;适当的调适才能维持内在的动机。

所有学生都有内在的学习愿望,内部动机是维持学习的基本动力。学生具有三种最基本的内在动机,即好奇内驱力(即求知欲)、胜任内驱力(即成功的欲望)和互惠内驱力(即人与人之间和睦共处),教师如能善于促进并调节学生的探究活动,便可激发他们内在动机,有效地达到预定的学习目标。

2. 结构原则

教师在从事知识教学时,必须先配合学生的经验,将所授教材做适当组织,务必使每个学生都能从中学到知识。

任何知识结构都可以用动作、图像和符号三种表象形式来呈现。动作表象是借助动作进行学习,无需语言的帮助;图像表象是借助图像进行学习,以感知材料为基础;符号表象是借助语言进行学习,经验一旦转化为语言,逻辑推导便能进行。至于究竟选用哪一种呈现方式为好,则视学生的知识背景和课题性质而定。

3. 程序原则

教材的难度与逻辑上的先后顺序,必须针对学生的心智发展水平及认知表征方式做适当的安排,以使学生的知识经验前后衔接,从而产生正向学习迁移。

4. 强化原则

教师在教学过程中应注意通过反馈使儿童知道自己的学习结果,并使他们逐步具有自我矫正、检查和强化的能力,从而强化有效的学习。

## 三、认知主义学习理论的应用

### (一)在课程改革中的应用

20世纪50年代末,苏联第一颗人造卫星上天,美国为之震惊,一场关于教育的大讨论随之拉开。杜威的实用主义教育思想受到质疑。1958年,美国国会迅速通过了拖延十年之久的《国民教育法》。1959年,美国各方面专家聚集在伍兹霍尔讨论中小学教育改革,会议主持人就是著名心理学家布鲁纳。他在会后发表的《教育过程》的小册子,被誉为"划时代的著作","有史以来教育方面最重要最有影响的一本书",并成为随后掀起的课程改革运动的理论指导。他本人一时之间名噪世界,成为第二次世界大战后新教学论研究的代表人物。

人类积累了丰富的知识,而且新知识还在不断地涌现。学校教学内容中如何编辑、组织和呈现这些知识,是课程论研究的重要内容。实用主义教育思想强调经验,认为世界只是人的经验或主观之物,所以,教育教学过程实际上是一种活动过程、生活过程。知识是在实际生活或者活动中附带的,所以,课程内容不应该是系统的知识体系,而应该是社会基本活动。而布鲁纳的教学思想则立足于结构主义理论,认为知识是独立存在的,可以被构建成一个个连续的模式,形成不同的学科结构或学科体系。基于这种认识,他指出:"不论我们教什么学科,务必使学生理解学科的基本结构。"而所谓的学科的基本结构,主要是指每门学科的基本概念、基本原理,以及它们之间的相互联系和规律。掌握这些基本结构,应该成为教学的中心。如果学生掌握了学科的基本结构,就容易理解学科的内容并不断地实行知识迁移,理解更多更深的内容。布鲁纳指责以往的学校教学以过分困难为理由,盲目地降低难度,把许多重要学科的教学推迟,浪费了学生的时间。

### (二)促进了教学模式和学习模式的研究

认知学习论认为学习是学生头脑中信息加工的过程。要使学生的学习过程高效,教师的教学过程应该匹配学生的学习过程。所以,认知主义学习理论派生了对学生学习过程和教师教学过程结构的研究。例如,加涅运用现代信息论的观点和方法,通过大量研究,建立了信息加工的学习理论。该理论认为学习过程是一个信息加工的过程,即学习者对来自环境刺激的信息进行内在的认知加工的过程,他把学习过程划分为八个阶段(图5-3)。

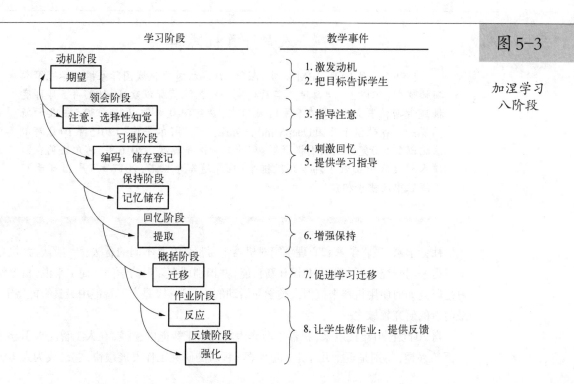

图5-3 加涅学习八阶段

在这种强调研究学习过程思潮的影响下,在教学过程研究和实践中,突出了教学的结构化。例如,新授课的教学过程包括:组织教学,导入新课或复习相关的旧知识,明确学习目标,讲授新课,练习,总结和布置作业。除了一般教学过程外,对不同类型知识的学习过程和教学过程,做了特异化的研究,从而在一定程度上,提高了知识的学习效率。

受认知主义学习理论的影响,在教学研究中,研究人员开始分析学生的学习过程。研究学业成绩好的学生的学习过程和解决问题过程,并努力模拟出这些过程包括哪些阶段。然后,把这些过程教授给新手或学习效果不佳的学生。例如,语文教师研究命题作文写得好的学生的写作过程,把这一过程模拟出来以后,教授给初写作文的学生或作文写得不好的学生等。这为教学改革提供了许多可操作的模式。

很多新的学习方法产生于认知主义学习理论。见第七章中的策略性知识的学习部分。如,"知识的组织"中的画思维导图、画知识树;精细加工中的谐音法、歌诀口诀法等。

### (三) 在机器学习中的应用

在已有的人与计算机的"博弈"中,计算机略胜一筹。特别是进入21世纪,人机对奕过程中,计算机不仅能根据已有算法博弈,而且能够在博弈中"学习"。计算机下棋算法的形成得益于人工智能研究开创者们对棋手下棋决策过程的模拟。例如,1955年,纽厄尔在一篇名为《下棋机器:一个通过适应性的调整来完成复杂任务的实例》的论文中阐述了自己的研究设想。最终编写了NSS的下棋程序。1960年西蒙与纽厄尔和肖合作成功开发了"通用问题求解系统"(General Problem Solver, GPS)。GPS是根据人在解题中的共同思维规律编制而成的,可以解11种不同类型的问题。1966年,西蒙、纽厄尔和贝洛尔(Baylor)合作,开发了最早的下棋程序之一MATER等。

---

**专栏5-2**

## 人与计算机博弈

1996年2月10日,IBM公司"深蓝"计算机首次挑战国际象棋世界冠军卡斯帕罗夫,但以2:4落败。其后研究小组把深蓝加以改良,1997年5月再度挑战卡斯帕罗夫,比赛在5月11日结束,最终深蓝电脑以3.5:2.5击败卡斯帕罗夫。谷歌旗下英国DeepMind公司生产了"阿尔法狗",2015年10月阿尔法狗以5:0完胜欧洲围棋冠军、职业二段选手樊麾。2016年,阿尔法狗在围棋人机大战中击败了韩国九段棋手、世界冠军李世石,2017年5月23日至27日战胜中国棋手柯洁。

---

社会学家、逻辑学家和心理学家对机器学习都各有其不同的看法。一般认为,机器学习是一门研究机器获取新知识和新技能,并识别现有知识的学问。简单来说,机器学习是研究如何使用机器来模拟人类学习活动的一门学科,是人工智能中最具智能特征,最前沿的研究领域之一。

自20世纪80年代以来,机器学习作为实现人工智能的途径,在人工智能界引起了广泛的兴趣,特别是近十几年来,机器学习领域的研究工作发展很快,它已成为人工智能的重要课题之一。机器学习的研究主要分为两类研究方向：第一类是传统机器学习的研究，该类研究主要是研究学习机制，注重探索模拟人的学习机制；第二类是大数据环境下机器学习的研究，这类研究主要是研究如何有效利用信息，注重从巨量数据中获取隐藏的、有效的、可理解的知识。

## 第三节 人本主义学习理论

人本主义心理学兴起于20世纪五六十年代的美国，由马斯洛创立，以罗杰斯为代表，被称为除行为学派和精神分析以外，心理学上的"第三势力"。人本主义和其他学派最大的不同是特别强调人的正面本质和价值，而并非集中研究人的问题行为，并强调人的成长和发展，称为自我实现。

### 一、人本主义心理学概述

人本主义学习理论是建立在人本主义心理学思想的基础之上的。对人本主义学习理论产生深远影响的有两位著名心理学家，分别是美国心理学家马斯洛和罗杰斯。

**（一）马斯洛人本主义心理学思想**

1. 需要层次理论

需要层次论是人本主义心理学的一种动机理论。马斯洛认为，动机是人类生存和发展的内在动力，需要是产生动机的源泉。需要的强度决定着动机的强度，但只有最为强烈的需要才形成人们的主要动机。

马斯洛把需要分为两类：一类是人的基本需要（basic needs），或缺失性需要，有生理需要、安全需要、归属与爱的需要和尊重的需要。这类需要是人的低层次需要，经历着由低到高的发展过程，较低层次的需要得到满足后，人们才会产生新的高一层次的需要，这些需要得到满足后就会减弱或消失。第二类需要是心理需要（psychological needs），或成长性需要，包括人的认知需要、审美的需要和自我实现的需要。这些需要是人的高级需要。与低级需要不同的是，这类需要越被满足就越产生更强的需要，没有严格的等级高低关系。马斯洛主张，低层次需要是高层次需要的基础，各层次需要的产生与人的发育阶段密切相关。

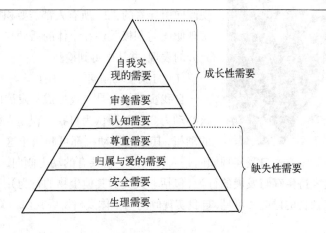

图 5-4

马斯洛需要层次图

## 2. 自我实现论

自我实现论(self-actualization theory)是人本主义心理学个性发展理论的核心。该理论认为,人的自我实现是完满人性(full humanness)的实现和个人潜能(personal potency)或特性(feature)的实现。前者是作为人类共性的潜能的自我实现,后者是作为个体差异的个人潜能的自我实现。马斯洛认为,自我实现是人的最高动机,正是由于自我实现的需要,才能使有机体的潜能得以实现、保持和增强。但要满足自我实现的需要,首先必须满足人的基本需要。马斯洛的需要层次理论成为自我实现论的心理动力学基础。他还提出高峰体验(peak experience)的概念,它是指人们进入自我实现和超越自我状态时感受到的一种非常豁达与极乐的瞬时体验。高峰体验是通向自我实现的重要途径。

自我实现的途径有如下八种:(1)无我地体验生活,全身心地献身于事业;(2)作出成长的选择,而不是畏缩的选择;(3)承认自我存在,让自我显露出来;(4)要诚实,不要隐瞒;(5)能从小处做起,要倾听自己的志趣和爱好,勇气与选择;(6)要经历勤奋的、付出精力的准备阶段;(7)发现自己的天性,使之不断成长;(8)高峰体验是自我实现的短暂时刻。

马斯洛把自我实现分为两种类型。其一,健康型自我实现,指更务实、更能干的自我实现者。他们以实用的态度待人接物和处理问题;他们通常是实践家,而不是思想家;他们很少有超越的体验。其二,超越型自我实现,指更经常意识到内在价值、生活在存在水平或目的水平而具有丰富超越体验的人,他们更重视、更关心人类的命运,更重视自己的精神世界。

### (二) 罗杰斯人本主义心理学思想

罗杰斯认为每个人都有一种力求使自己得到最大发展的心理倾向,这是生物进化过程所遗传的内容。人不仅要实现其生物潜能,还要实现其心理潜能。并且每个人都有自己独特的潜能、个性和价值观。所以,要尊重个人的经验和感受。但人会受到环境的影响,所以,罗杰斯主张要建立人与人之间正向的关怀和充分的尊重,使人的个性能够得到正常的发展。

#### 1. 人格自我理论

罗杰斯的人格理论建立在两个重要理论假设基础上:(1)人的行为是由每个人独一无二的自我实现倾向引导着的;(2)所有人都需要积极关注。自我实现倾向与积极关注在个体的活动与人格发展中有充分的表现,并从中得到检验。

(1) 自我实现倾向

**罗杰斯**

卡尔·罗杰斯,美国心理学家,人本主义心理学的主要代表人物之一。从事心理咨询和治疗的实践与研究,并因"来访者中心的疗法"的心理治疗方法而驰名。1947年当选为美国心理学会主席,1956年获美国心理学会颁发的杰出科学贡献奖。

自我实现倾向是自我形成与发展的基本动机和核心动力。罗杰斯认为自我实现是人格结构中唯一的动机,其他一切动机都可归属于这种自我实现倾向下。一方面自我实现倾向是人与其他生物共有的动力倾向,它引导有机体产生维持生存与发展的行为(包括非人类的其他生物的行为);另一方面它使个人成长具有独特的倾向。可见,自我实现倾向与个体人格发展密切相关,并起着维持和增强自我的作用。

刚出生的婴儿并没有自我的概念,随着他人、环境的相互作用,他开始慢慢地把自己与非自己区分开来。当最初的自我概念形成之后,人的自我实现趋向开始激活,在自我实现这一动力的驱动下,儿童在环境中尝试各种活动并产生出大量的经验。

通过机体自动的评估过程,有些经验会使儿童感到满足、愉快;有些却相反。满足的、愉快的经验会使儿童寻求保持、再现;不满足、不愉快的经验会使儿童尽力回避。随着这两类经验的增加,儿童逐渐认识自己擅长什么、喜欢什么,自己与他人的区别在哪里,逐渐形成稳定的自我概念。

罗杰斯的自我实现论与马斯洛的自我实现论的区别在于:马斯洛是以心理动力学为理论基础,而罗杰斯是以人际交往中的体验作为发展自我潜能的指导基准。

(2) 积极关注的需要

罗杰斯认为个体与他人互动的经验影响着自我的发展。如果得到重要他人的积极关注,自我就会健康成长;如果得到他人的消极关注,自我发展就会出现问题。积极关注的需要包含要求获得他人对自己关注、赞赏、接受、尊敬、同情、温暖与爱。而那些漠不关心、蔑视、讥讽、冷淡、憎恨、打骂等等称为消极关注。起初这些积极关注来自其他人,特别是身边重要的人,如父母、老师与朋友等等。随着自我的发展,积极关注的提供者更多从他人转向自己,也就是说个体能够自我珍重,接受自己,奖赏自己。

罗杰斯认为积极的自我关注需要是习得的,但他的理论并不讨论积极关注的起源。积极自我关注的一个重要特征是它具有交互作用的性质。当一个人使他人积极自我关注需要获得满足时,自己的这种需要也会满足。我们一般都会因为具体的行为获得或给予他人积极关注,就好像因为某件事做得好而给某人褒奖一样。

积极关注分为无条件积极关注和有条件积极关注。无条件积极关注是指给某人积极的关注与其具体行动的评价无关,因为从整体上接受、尊敬他,把他作为一个积极关注的对象。无条件积极关注意味着对一个人做的所有事情都积极关注,即使是客观上消极的行为也要接受,因为它是这个人的一部分。这种无条件积极关注在父母对儿童的态度上最常见。许多父母虽然不赞成孩子的错误,不满意孩子的不足,但仍给予孩子积极的关注。因为孩子永远是自己的。

有条件的积极关注是指积极关注提供者根据一定的评价标准来评判儿童的品行或成就,如果达到了标准,才提供积极关注;否则,有可能提供消极关注。有条件的积极关注和无条件的积极关注都可能从他人或自己处得到。从自我实现倾向的角度说,无条件的积极自我关注最重要。总的价值感和自尊感依赖自己比依赖他人更多,但是不管来自他人还是自己,它都是我们十分渴望得到的。相反,构成有条件积极关注的具体价值判断可能干扰一个人自我实现倾向与他的健康发展。例如,有的孩子会产生这样的感觉,自己成绩好,父母就喜欢、接纳自己;自己成绩不好时,父母就不喜欢自己。孩子为了获得父母的积极关注,可能会不顾自己的内在兴趣与潜能,放弃机体自动评价过程,顺从父母的外在要求与希望。可以想象,这个孩子的自我实现倾向肯定会受到干扰与压抑,人格健康发展就会受到挑战。

(3) 价值的条件

在孩子寻求积极的经验中,有一种是受他人的关怀而产生的体验,还有一种是受到他人尊重而产生的体验。不幸的是,儿童这种受关怀尊重需要的满足完全取决于他人,他人(包括父母)是根据儿童的行为是否符合其价值标准、行为标准来决定是否给予关怀和尊重,所以说,他人的关怀与尊重是有条件的,这些条件体现着父母和社会的价值观。

罗杰斯称这种条件为价值条件,儿童不断地通过自己的行为体验到这些价值条件,会不自觉地将这些本属于父母或他人的价值观念内化,变成自我结构的一部分。渐渐地,儿童被迫放弃按自身机体评价过程去评价经验,变成用自我中心内化了的社会的价值规范去评价经验。

这样儿童的自我和经验之间就发生了异化,当自我与经验之间存在冲突时,个体就会预感到自我受到威胁,因而产生焦虑。

预感到经验与自我不一致时,个体会运用防御机制(歪曲、否认、选择性知觉)来对经验进行加工,使之在意识水平上达到与自我相一致。如果防御成功,个体就不会出现适应障碍,若防御失败,就会出现心理适应障碍。人们采用心理防御来处理焦虑,不管成功与否,都会限制个人对其思想和感情的自由表达,削弱自我实现的能力,从而使人的心理发育处于不完善的状态。

价值条件能广泛影响一个人的人格发展,它们会替代、干预机体的评价过程,从而阻止一个人自我实现倾向的自由发挥,阻碍他的健康成长。当价值条件比机体评价过程对人的行为所起的作用更大时,个体的人格就会受到损害。

(4) 机能完善者的特征与形成

机能完善的人是罗杰斯所倡导的人格模式。机能完善的人依照机体内部评价过程而不是外在价值条件生活。罗杰斯认为机能完善的人具有以下几点特征:

① 经验的开放:机能完善者不需要防御机制,所有经验都被准确地符号化而成为意识。

② 协调的自我:机能完善者的自我结构与经验协调一致,并且具有灵活性,以便同化新的经验。

③ 信任机体评估机能:机能完善者以自我实现倾向作为评估经验的参考体系,不在乎世人的价值条件。

④ 无条件的积极自我关注:机能完善者时时刻刻对自己的经验和行为都给予积极肯定,他们不觉得有什么见不得人的内在冲动。

⑤ 与同事和睦相处:机能完善者乐于给他人以无条件积极关注,同情他人,为他人所喜爱。

罗杰斯认为,成为一个机能完善的人关键在于自我结构与经验的协调一致。这就要求有一个无条件积极关注的成长环境。这种环境不仅在心理治疗中可以实现,而且在日常的婚姻、家庭或者亲密的朋友间也能实现。因此,罗杰斯对人类的未来充满希望,他相信机能完善的人正在大量成长。

按照罗杰斯的观点,婴儿早期自我很大程度上是在父母如何评价自己的基础上发展出来的。儿童的自我评价,或者是对个人价值的判断,都源于父母对自己的评价。如果伴随着父母的赞同和支持,儿童就能把它们结合到自己的自我意识中去,在这种情况下,自我和经验之间的状态就是和谐的。但是,如果父母对自己的评价与已经形成的自我相矛盾或冲突,那么儿童会体验到自我受到威胁,换句话说,经验和原来的自我结构就不和谐,就可能被拒绝或歪曲,导致自我经验偏差。

在儿童社会化的过程中,通过这种有条件的积极关注,孩子渐渐懂得了什么事应该做、什么事不该做。多次经历价值条件后,儿童就会将它们内化为自我结构中的一部分。儿童先是需要他人的积极关注,继而需要自己对自己的积极关注,需要对自己的行为持肯定态度。但是,由于儿童用以评价自己行为的内部参照体系是重要他人(如父母)对儿童积极关注的条件在儿童自我结构中的投射。所以,当儿童评价自己的行为时,他的标准就包含内化了的重要他人的价值条件,不再是他自身原有的自我体验。或者说,儿童对自身的评价受到周围人积极关注的价值条件约束。如果日后儿童迫于这种价值条件的约束总是优先迎合他人的评价,追求他人的积极关注,拒绝真正的自我评价,那么人的经验和自我就开始疏远,自我的不协调状态就会产生。

可以看出,儿童追求积极关注,但是这种追求又可能由于价值条件带来自我不协调的副作用。如何避免这种现象发生?罗杰斯认为,关键在于父母对儿童错误行为采取的态度。如果孩子做了一件错事,父母采取诚恳的态度,一方面适当地指出孩子行为的错误,表明父母对此采取的批评态度,同时又让孩子感觉到父母并不会为此而全盘否定他,不再爱他,让孩子体会到是他的行为不可爱,而不是他的自身。这样,价值条件反射就可能不再发生。这样,儿童既克服了自己的不良行为,又保持了他的自我一致性和协调性。罗杰斯觉得父母与教师等如果想成为儿童人格发展的"促进者",必须具备四种特质:信任儿童的潜能;诚实;尊重、重视儿童的经验、情感和意见;同情心——洞察儿童的内心世界,设身处地为儿童着想,给儿童以无条件的积极关注。罗杰斯相信在这样的"促进者"指导下,儿童就会感到安全和自信;充分显露自己的潜能,朝向自我实现。

2. 来访者中心疗法

来访者中心疗法由罗杰斯于20世纪40年代创立,强调调动来访者的主观能动性,发掘其潜能,不主张给予疾病诊断、治疗,更多的是采取倾听、接纳与理解,即以来访者为中心的心理治疗。1974年,罗杰斯拓展了该疗法,并改名为人本疗法,强调以人为本,而非来访者,进一步突出被治者为正常人,只是心理发展过程中潜能未能完全发挥或暴露,出现阶段性逆遇或问题,治疗本身就是指导被治者认识和了解自我、发挥潜能。

咨询技术包括:个别谈话治疗,"交朋友"小组和Q测验。

来访者中心疗法为来访者提供一个安全与信任的气氛,在这个氛围中,来访者能够利用咨询关系进行自我探索,能以更开放、更自信与更积极的愿望进行咨询。罗杰斯认为,心理治疗的目标就是让来访者的人格得到成长、发展和改变,使来访者真正成为一个机能完善者。它的最终效果在于人性的自我实现和人格的改变。具体目标包括:(1)开放经验,抛掉自己的假面具,面对真实的现实,不加歪曲地对待自己的自我世界;(2)相信自己,相信自己的能力;(3)能够形成自身内在的评价标准;(4)自愿把自己看作是一个发展的过程。

## 二、人本主义学习理论

人本主义学习理论从全人教育的视角阐释了学习者整个人的成长历程,以发展人性;注重启发学习者的经验和创造潜能,引导其结合认知和经验,肯定自我,进而实现自我。人本主义学习理论重点研究如何为学习者创造一个良好的环境,让其从自己的角度感知世界,发展出对世界的理解,达到自我实现的最高境界。

人本主义心理学代表人物罗杰斯认为,人类具有天生的学习愿望和潜能,这是一种值得信赖的心理倾向,它们可以在合适的条件下释放出来;当学生了解到学习内容与自身需要相关时,学习的积极性最容易激发;在一种具有心理安全感的环境下可以更好地学习。罗杰斯认为,教师的任务不是教学生知识,也不是教学生如何学习知识,而是要为学生提供学习的手段,至于应当如何学习则由学生自己决定。教师的角色应当是学生学习的"促进者"。

**(一)教学目标**

由于人本主义心理学家认为人的潜能是自我实现的,而不是教育的作用使然,因此在环境与教育的作用问题上,他们认为虽然"人的本能需要一个慈善的文化来孕育它们,使它们出现,以便表现或满足自己",但是归根到底,"文化、环境、教育只是阳光、食物和水,但不是种子",自我潜能才是人性的种子。他们认为,教育的作用只在于提供一个安全、自由、充满人情味的心理环境,使人类固有的优异潜能自动地得以实现。在这一思想指导下,罗杰斯在20世纪60年代将他的"来访者中心"的治疗方法应用到教育领域,提出了"自由学习"和"学生中心"的学习与教学观。

罗杰斯认为,情感和认知是人类精神世界中两个不可分割的有机组成部分,彼此是融为一体的。因此,罗杰斯的教育理想就是要培养"躯体、心智、情感、精神、心力融汇一体"的人,也就是既用情感的方式,也用认知的方式行事的知情合一的人。这种知情融为一体的人,他称之为"完人"(whole person)或"机能完善者"(fully functioning person)。当然,"完人"或"机能完善者"只是一种理想化的人的模式,而要想最终实现这一教育理想,应该有一个现实的教学目标,这就是"促进变化和学习,培养能够适应变化和知道如何学习的人"。他说:"只有学会如何学习和学会如何适应变化的人,只有意识到没有任何可靠的知识,只有寻求知识的过程才是可靠的人,才是真正有教养的人。在现代世界中,变化是唯一可以作为确立教育目标的依据,这种变化取决于过程而不是静止的知识。"可见,人本主义重视的是教学的过程而不是教学的内容,重视的是教学的方法而不是教学的结果。

**(二)学习观**

由于人本主义强调教学的目标在于促进学习,因此学习并非教师填鸭式地严格强迫学生无助地、顺从地学习枯燥乏味、琐碎呆板、现学现忘的教材,而是在好奇心的驱使下去吸收任何他自觉有趣和需要的知识。罗杰斯认为,学生学习主要有两种类型:认知学习和经验学习。其学习方式也主要有两种:无意义学习和有意义学习(significant learning);并且认为认知学习和无意义学习、经验学习和有意义学习是完全一致的。因为认知学习的很大一部分内容对学生自己是没有个人意义(personal significance)的,它只涉及心智(mind),而不涉及感情或个人意义,是一种"在颈部以上发生的学习",因而与完人无关,是一种无意义学习。而经验学习以学生的经验生长为中心,以学生的自发性和主动性为学习动力,把学习与学生的愿望、兴趣和需要有机地结合起来,因而经验学习必然是有意义的学习,必能有效地促进个体的发展。

所谓有意义学习,不仅仅是一种增长知识的学习,而且是一种与每个人各部分经验都融合在一起的学习,是一种使个体的行为、态度、个性以及在未来选择行动方针时发生重大变化的学习。在这里,我们必须注意罗杰斯的有意义学习和奥苏伯尔的有意义学习(meaningful learning)的区别。前者关注的是学习内容与个人之间的关系;而后者则强调新旧知识之间的联系,它只涉及理智,而不涉及个人意义。因此,按照罗杰斯的观点,奥苏伯尔的有意义学习只是一种"在颈部以上发生的学习",并不是罗杰斯所指的有意义学习。

对于有意义学习,罗杰斯认为它主要具有四个特征:(1)全神贯注:整个人的认知和情感均投入到学习活动之中;(2)自动自发:学习者由于内在的愿望主动去探索、发现和了解事件的意义;(3)全面发展:学习者的行为、态度、人格等获得全面发展;(4)自我评估:学习者自己评估自己的学习需求、学习目标是否完成等。因此,学习能对学习者产生意义,并能纳入学习者的经验系统之中。总之,有意义的学习结合了逻辑和直觉、理智和情感、概念和经验、观念和意义。若我们以这种方式来学习,便会变成统整的人。

**(三)教学观**

人本主义的教学观是建立在其学习观的基础之上的。罗杰斯从人本主义的学习观出发,认为凡是可以教给别人的知识,相对来说都是无用的;能够影响个体行为的知识,只能是他自己发现并加以同化的知识。因此,教学的结果,如果不是毫无意义的,那就可能是有害的。教师的任务不是教学生学习知识(这是行为主义者所强调的),也不是教学生如何学习(这是认知主义者所重视的),而是为学生提供各种学习的资源,提供一种促进学习的气氛,让学生自己决定如何学习。为此,罗杰斯对传统教育进行了猛烈的批判。他认为在传统教育中,"教师是知识的拥有者,而学生只是被动的接受者;教师可以通过讲演、考试甚至嘲弄等方式来支配学生的学习,让学生无所适从;教师是权力的拥有者,而学生只是服从者"。因此,罗杰斯主张废除"教师"这一角色,代之以"学习的促进者"。

罗杰斯认为,促进学生学习的关键不在于教师的教学技巧、专业知识、课程计划、视听辅导材料、演示和讲解、丰富的书籍等(虽然这中间的每一个因素有时候均可作为重要的教学资料),而在于特定的心理气氛因素,这些因素存在于"促进者"与"学习者"的人际关系之中。那么,促进学习的心理气氛因素有哪些呢?罗杰斯认为,这和心理治疗领域中咨询者对咨客(患者)的心理气氛因素是一致的,这就是:(1)真实或真诚:学习的促进者表现真我,没有任何矫饰、虚伪和防御;(2)尊重、关注和接纳:学习的促进者尊重学习者的情感和意见,关心学习者的方方面面,接纳作为一个个体的学习者的价值观念和情感表现;(3)共情性理解:学习的促进者能了解学习者的内在反应,了解学生的学习过程。在这样一种心理气氛下进行的学习,是以学生为中心的,"教师"只是学习的促进者、协作者或者说伙伴、朋友,"学生"才是学习的关键,学习的过程就是学习的目的之所在。

他们提出的教学基本原则是:(1)学校和教师必须把学生看作"人",尊重学习者。相信学生的本性是好的,是积极向上的。相信任何正常的学习者都能自己教育自己,发展自己的潜能,并最终达到"自我实现";(2)必须把学习者视为学习活动的主体,教学和教育都应以学生为中心。尊重学生的个人经验,并创造一切条件和机会促进学生的学习和变化。从而使学生的学习更加深入,进度更快,并在生活和行为中普遍产生影响。

总之,罗杰斯等人本主义心理学家从他们的自然人性论、自我实现论及其"患者中心"出发,在教育实际中倡导以学生经验为中心的"有意义的自由学习",对传统的教育理论造成了冲击,推动了教育改革运动的发展。这种冲击和促进主要表现在:突出情感在教学活动中的地位和作用,形成了一种以知情协调活动为主线、以情感作为教学活动的基本动力的新的教学模式;以学生的"自我"完善为核心,强调人际关系在教学过程中的重要性,认为课程内容、教学方法、教学手段等都维系于课堂人际关系的形成和发展;把教学活动的重心从教师引向学生,把学生的思想、情感、体验和行为看作是教学的主体,从而促进了个别化教学运动的发展。不过,人本主义心理学产生于西方个人主义取向的文化背景下,具有一定的文化局限性。

### 三、人本主义学习理论的教学应用
#### (一)课程论

人本主义的课程理论反对"以学习为中心的课程(learning-centered curriculum)",认为它强调课程的知识性,要求学生掌握"探究-发现式"的研究方法,这会导致学科内容的高度理论性与抽象性,造成"在过早的时期,过急地教授过多的内容"的现象。许多学生难以理解学科内容,这导致学生厌学和恐惧。

相比之下,人本主义课程理论强调人的情感或意志、情绪和感情的重要性,坚持课程从"面向完整的学生"这一立场出发,主张统一学生的情感和认知、感情和理智、情绪和行为,强调开发人的潜能、促进人的自我实现。人本主义课程理论的主要特点包括:尊重学习者的本性与要求;强调认知与情感的整合发展;承认学生学习方式同成熟者的研究活动有重大的质的差异;学校课程必须同青少年的生活及现实的社会问题联系起来。

---

**专栏5-3**

## 人本主义主张开设的三类课程

1. 认知课程(或文化知识课程)(academic curriculum)

认知课程是指理解和掌握自然科学、社会科学及人文科学的学术(科学)知识的课程。这不仅是学问中心课程所追求的内容,而且是人性中心课程所应包含的学术水准。

2. 情感课程(或自我认识课程)(affective curriculum)

情感课程是指健康、伦理及游戏这一类旨在发展非认知领域能力的课程。它包括发展人的情绪、态度、价值、判断力、技能熟练、音乐、美术,以及经过部分改革的体育、健康教育、道德、语文(文学)、家政等学科。

3. 体验课程(或整合课程)(experiential curriculum)

体验课程是指通过认知(或知识)与情感的统一,旨在唤起学生对人生意义的探求以实现整体人格的课程,也称为自我实现课程(curriculum of self-realization)。它包括综合地运用各门学科的知识,在新辟的课时里(含校外活动)的体验性学习。

### （二）价值教育

人本主义学习理论针对美国教育的两大偏失——重视科技而忽视人文社会,重视知识和能力学习而忽视全人教育,提出了价值教育。价值教育主要是为了培养独立自主、慎谋能断、重视人类价值和尊严、有道德的人。价值教育着力培养学生的六种能力:沟通、共情、问题解决、批判、决策和个人一致。

斯瓦尔(M. Silver)认为,价值教育主要有价值灌输、价值澄清、道德推理及认知能力发展、价值分析、社会价值的角色扮演、统合教育和行为学习七种实施方式。以下重点介绍价值灌输和价值澄清两种。

价值灌输是指将社会与文化价值灌输给学生。具体方法包括:示范、积极与消极强化、解释和操纵等。价值灌输主要是学生对价值的自我觉察、认同,并获取符合个人、社会与文化的价值,通过各种经验的学习,从师生分享价值、澄清价值的教学过程中,了解人类价值及尊严的重要性。教师在其中的作用是营造一个支持接纳、情绪安全、友爱、亲切的学校气氛,增进教学的效果。

价值澄清是由美国心理学家雷斯等人(Raths et al.)提倡的,它鼓励学生检讨分析自己的行为和信念间的关系,以澄清自己的价值观。其教学侧重于个人的自由、自发和健康全面的成长,新生他人的价值以及社会、文化的价值。

### （三）经验的学习

人本主义理论强调主观的意识经验是一切知识的根源,侧重个别化和主观的认知。该理论在教学上重视经验的学习,认为学习的过程是个人知觉改变的历程,主张教材内容的编排应尽量符合学生的认知经验。

罗杰斯认为,经验的学习是自发主动的学习,对学生较具有意义性和趣味性。经验学习的主要目的是将认知经验和个人需要相结合,以培养创造性,使学生在不断变化的社会中具有良好的适应能力,促进各种能力的全面发展。

为了促进学生的经验学习,教师首先要鼓励学生面对问题,思考生活中的各项问题如何解决,以便启发学生的创造性;其次,应具备真诚、接受、共情和理解的心理及态度,肯定学生的价值,只有这样,学生的自我概念才会健全发展;再次,要建立自由的学习气氛;最后,教师应该多向学生提供与其认知经验相关的教学资料。

### （四）非指导教学模式

非指导教学模式强调个体形成独特自我的历程。这种模式认为,教育要帮助个人发展自我与环境的关系,形成自我的独特看法,发展良好的人际关系,以及更高效的信息处理能力。学习环境应该鼓励学生学习而不是控制学生学习,教学旨在发展个人人格与长期的学习方式,而不是仅仅只为短期的教学目标。因此,教学应注重如何增进学生学习。

## 第四节　建构主义学习理论

建构主义(constructivism)也译作结构主义,是认知心理学派中的一个分支。建构主义认为,世界是客观存在的,但对世界的理解和赋予的意义却是由每个人自己决定的。人以自己的经验为基础来建构现实。由于每个人的经验以及对经验的信念不同,从而导致了对外部世界理解的差异。

建构主义学习理论认为学习是学习者在与环境交互作用的过程中主动建构内部心理表征的过程。学习者并不是把知识从外界搬到记忆中,而是以已有的经验为基础,在一定的情境即社会文化背景下,借助其他辅助手段,利用必要的学习材料和学习资源,通过意义建构的方式,在与外界的相互作用中,来获取、建构知识。

所以,建构主义者更关注个体如何以原有经验、心理结构和信念为基础来建构知识。他们强调学习的主动性、社会性和情境性,对学习和教学提出了许多新的见解。代表人物有皮亚杰、科恩伯格(O. Kernberg)、斯滕伯格(R. J. Sternberg)、卡茨(D. Katz)、维果斯基等。

## 一、建构主义学习理论的基本观点

### (一) 知识观

建构主义者认为,世界是客观存在的,但对世界的解释是主观的,是渐进的。所以,人类现有的知识不是对现实世界绝对正确的描述、解释或假说,而是到目前为止,人类对世界相对合理的解释、假设或假说,它们不是有关现实世界的终极知识或理论。随着人类对世界认识的深入,现有的知识会不断地变革、升华和改写,出现新的解释和假设。在具体的问题解决中,现有的知识也不可能放之四海而皆准,而是需要针对具体的问题情境,对原有知识进行再加工和再创造。

知识不可能以实体的形式存在于个体之外,尽管通过语言赋予了知识一定的外在形式,并且获得了较为普通的认同,但这并不意味着学习者对这种知识有同样的理解。真正的理解只能由学习者基于自己的经验背景而建构起来,取决于特定情境下的学习活动过程。否则,就不叫理解,而是死记硬背或生搬硬套,是被动的复制式的学习。

显然,这种知识观是对传统课程和教学理论的巨大挑战。在建构主义者看来,课本知识只是一种关于某种现象的相对可靠的解释或假设,并不是解释现实世界的绝对真理。一定社会发展阶段的所谓科学知识固然包含真理,但并不意味着是终极答案。随着社会的发展,肯定还会有更真实的解释。更为重要的是,任何知识在为个体接收之前,对个体来说是没有什么意义的,也无权威性可言。所以,教学不能把知识作为预先决定了的东西教给学生,不要以我们对知识的理解方式来作为让学生接收的理由,用社会性的权威去压制学生。学生对知识的接收,只能由他自己来建构完成,以他们自己的经验为背景,来分析知识的合理性。在学习过程中,学生不仅理解新知识,而且要对新知识进行分析、检验和批判。

### (二) 学习观

既然我们是以自己的经验为基础来建构现实,或解释现实,那么,每个人的经验世界不同,对外部世界的理解也就存在差异。所以,学习不是由教师把知识简单地传递给学生,而是由学生自己建构知识。学生不是简单被动地接收信息,而是主动地建构知识的意义,这种建构是无法由他人来代替的。

学习过程同时包含两方面的建构:一方面是对新信息的意义的建构,同时又包含对原有经验的改造和重组。这与皮亚杰关于通过同化与顺应而实现的双向建构的过程是一致的。只是建构主义者更重视后一种建构,强调学习者在学习过程中并不是发展起供日后提取出来以指导活动的图式或命题网络,相反,他们对概念的理解是丰富的、有着经验背景的,从而在面临新的情境时,能够灵活地建构起用于指导活动的图式。

任何学科的学习和理解都不像在白纸上画画,学习总要涉及学习者原有的认知结构,学习者总是以其自身的经验,来理解和建构新的知识和信息。即学习不是被动地接收信息刺激,而是主动地建构意义,是根据自己的经验背景,对外部信息进行主动的选择、加工和处理,从而获得自己的意义。外部信息本身没有什么意义,意义是学习者通过新旧知识经验间反复的、双向的相互作用过程而建构成的。因此,学习不是像行为主义所描述的"刺激—反应"那样。学习意义的获得,是每个学习者以自己原有的知识经验为基础,对新信息重新认识和编码,建构自己的理解。所以,建构主义者关注如何以原有的经验、心理结构和信念为基础来建构知识。

### (三) 教学观

建构主义者强调学习的主动性、社会性和情境性,对学习和教学提出了许多新的见解。

由于事物的意义源于我们的建构,每个人都以自己的方式理解事物的某些方面,教学要增进学生之间的合作,不同的人看到的是事物的不同方面,不存在唯一的标准的理解,使学生看到与自己不同的观点。因此,合作学习(cooperative learning)受到建构主义者的广泛重视,因为,通过学习者的合作使理解更加丰富和全面。

教学不能无视学习者的已有知识经验,简单强硬地从外部对学习者实施知识的"填灌",而应当把学习者原有的知识经验作为新知识的生长点,引导学习者从原有的知识经验中,生长新的知识经验。这一思想与维果斯基的"最近发展区"的思想相一致。教学不是知识的传递,而是知识的处理和转换。

教师不单是知识的呈现者,不是知识权威的象征,而应该重视学生自己对各种现象的理解,倾听他们当下的看法,思考他们这些想法的由来,并以此为据,引导学生丰富或调整自己的解释。教学应在教师指导下以学习者为中心,当然强调了学习者的主体作用,也不能忽视教师的主导作用。教师的作用从传统的传递知识的权威者转变为学生学习的辅导者,学生学习的高级伙伴或合作者。教师是意义建构的帮助者和促进者,而不是知识的提供者和灌输者。学生是学习信息加工的主体,是意义建构的主动者,而不是知识的被动接收者和被灌输的对象。简言之,教师是教学的引导者,并将监控学习和探索的责任也由以教师为主转向以学生为主,最终要使学生达到独立学习的程度。

提倡情境性教学。建构主义认为,学习者的知识是在一定的情境下,借助他人的帮助,如人与人之间的协作、交流、利用必要的信息等等,通过意义的建构而获得的。理想的学习环境应当包括情境、协作、交流和意义建构四个部分。学习环境中的情境必须有利于学习者对所学内容的意义建构。在教学设计中,创设有利于学习者建构意义的情境是最重要的环节或方面。协作应该贯穿于整个学习活动过程中。要促进教师与学生之间,学生与学生之间的协作。交流是协作过程中最基本的方式或环节。其实,协作学习的过程就是交流的过程,在这个过程中,每个学习者的想法都为整个学习群体所共享。交流对于推进每个学习者的学习进程,是至关重要的手段。意义的建构是教学活动的最终目标,一切都要围绕这种最终目标来进行。

同时,教学应使学习在与现实情境相类似的情境中发生,以解决学生在现实生活中遇到的问题为目标,为此学习内容要选择真实性任务(authentic task),不能是对其做过于简单化的处理,使其远离现实的问题情境。由于具体问题往往都同时与多个概念理论相关,所以,它们主张弱化学科界限,强调学科间的交叉。这种教学过程与现实的问题解决过程相类似,所需要的工具往往隐含于情境当中,教师并不是将提前已准备好的内容教给学生,而是在课堂上展示出与现实中专家解决问题相类似的探索过程,提供解决问题的原型,并指导学生的探索。他们认为,一方面要提供建构理解所需的基础,同时又要留给学生广阔的建构空间,让他们针对具体情境采用适当的策略。

在教学进程的设计上,建构主义者提出如果教学简单得脱离情境,就不应从简单到复杂,而要呈现整体性的任务,让学生尝试进行问题的解决。在此过程中,学生要自己发现完成整体任务所需完成的子任务,以及完成各级任务所需的各级知识技能。教学活动中,不必非要组成严格的直线型层级,因为知识是由围绕着关键概念的网络结构所组成,它包括事实、概念、概括化以及有关的价值、意向、过程知识、条件知识等。学生可以从知识结构网络的任何部分进入或开始。即教师既可以从要求学生解决一个实际问题开始教学,也可以从给出一个概念或原理入手。在教学中,首先选择与儿童生活经验有关的问题(这种问题并不是被过于简单化),同时提供用于更好地理解和解决问题的工具。而后让学生单个地或在小组中进行探索,发现解决问题所需的基本知识技能,在掌握这些知识技能的基础上,最终使问题得以解决。

## 二、建构主义学习理论的教学应用

建构主义学习理论对传统教育理念产生了巨大的冲击,得到了广泛的应用,产生了许多重要的课堂教学模式。

### (一)抛锚式教学

建构主义学习理论认为学习活动应该以学生为中心,"情境""协作""会话"和"意义建构"是构成学习环境的四大要素。抛锚式教学包括基于问题的学习(Problem-Based Learning,简称PBL)和基于案例的教学(Case-Based Teaching)等。

基于问题的学习是通过让学生以小组的形式共同解决一些复杂的、有意义和真实性的问题为学习途径,在解决问题的过程中发展解决问题的能力和实现知识意义建构的过程。它是以问题为基础,以学生为主体,以小组讨论为形式,在辅导教师的参与下,围绕某一专题或具体问题的解决等进行研究的学习过程。

基于案例的教学最先出现于加拿大McMaster大学医学院和美国哈佛大学。为启发学生掌握对病症的诊断及治疗,医学院的教授将不同病症的诊断及治疗过程记录下来做成案例,用于课堂分析,以培养学生的诊断推理能力。之后,在医学、社会工作、法律、教育等领域得到广泛应用。现在,世界各个国家和地区的一些中学课程也应用PBL和基于案例的教学。

抛锚式教学包括五个基本要素:(1)问题或项目。问题或案例是整个教学环节的焦点所在,教师对问题设计的好坏直接影响PBL中学生学习的效果;问题必须是学生在其未来的专业领域可能遭遇的"真实世界"的非结构化的问题,没有固定的解决方法和过程;(2)解决问题所需的技能和知识。在解决问题的过程中,学生必须具备一定的学习技巧与能力,而教师在设计问题的过程中也应基于学生已具有的认知结构,或在解决问题过程中,为学生提供学习所需的知识与技巧;(3)合作学习。PBL中的学习小组一般以4—6人为宜,小组成员应充分发挥个人潜能,共同协作,提出解决问题的最佳方案,分工协作解决问题;(4)学生自主学习的精神。在学习中,学生应充分发挥自主学习的精神,积极参与学习的整个过程;(5)教师的角色是指导认知学习技巧的教练;(6)在每个问题完成和每个课程单元结束时要进行自我评价和小组评价。

### (二) 支架式教学

支架式教学是基于维果斯基的最近发展区理论提出的。所谓支架式教学,指的是教师通过和学习者共同完成某种教学活动,为学习者参与该活动提供外部支持,让学生独立活动,直到最后完全撤去"脚手架"。支架式教学应当为学习者建构对知识的理解提供一种概念框架(conceptual framework)。这种框架中的概念是学习者对问题进一步理解所需要的,为此,事先要把复杂的学习任务加以分解,以便于学习者的理解逐步深入。

教师在教学活动中的作用就是为学习者提供与成人以及同伴合作互动的环境,而儿童在教师的指导和帮助下,能够做那些他们自己还不能独立做的事情,尝试解决自己还不能独立解决的问题。

建构主义者正是从维果斯基的思想出发,借用建筑行业中使用的"脚手架"作为上述概念框架的形象化比喻,其实质是利用上述概念框架作为学习过程中的"脚手架"。如上所述,这种框架中的概念是为发展学生对问题的进一步理解所要的,也就是说,该框架应按照学生智力的"最邻近发展区"来建立,因而可通过这种"脚手架"的支撑作用(或"支架作用")不停顿地把学生的智力从一个水平提升到另一个新的更高水平,真正做到使教学走在发展的前面。

支架式教学由以下几个环节组成:

(1) 搭"脚手架"——围绕当前学习主题,按"最邻近发展区"的要求建立概念框架。

(2) 进入情境——将学生引入一定的问题情境(概念框架中的某个节点)。

(3) 独立探索——让学生独立探索。探索内容包括:确定与给定概念有关的各种属性,并将各种属性按其重要性大小顺序排列。探索开始时要先由教师启发引导(例如演示或介绍理解类似概念的过程),然后让学生自己去分析;探索过程中教师要适时提示,帮助学生沿概念框架逐步攀升。起初的引导、帮助可以多一些,以后逐渐减少,越来越多地放手让学生自己探索;最后要争取做到无需教师引导,学生自己能在概念框架中继续攀升。

(4) 协作学习——进行小组协商、讨论。讨论的结果有可能使原来确定的、与当前所学概念有关的属性增加或减少,各种属性的排列次序也可能有所调整,并使原来多种意见相互矛盾且态度纷呈的复杂局面逐渐变得明朗、一致起来,在共享集体思维成果的基础上达到对当前所学概念比较全面、正确的理解,即最终完成对所学知识的意义建构。

(5) 效果评价——对学习效果的评价包括学生个人的自我评价和学习小组对个人的学习评价。评价内容包括:自主学习能力;对小组协作学习所作出的贡献;是否完成对所学知识的意义建构。

**专栏5-4**

## 支架式教学案例：如何正确书写方程式

**第一环节：复习旧知识——寻找搭建支架的教学情境**

教师要确定书写化学方程式必备的知识：质量守恒定律，化学反应过程的本质，化学方程式的定义。这是学生学习新知识必备的知识，也是教师为学生搭建支架的基础。

通过以上知识的复习，创建问题情境：如果空气中氧气不充分，会产生另一种物质——一氧化碳。那么这个方程式该如何写呢（因为上一节化学方程式概念的引出是通过碳和氧气生成二氧化碳形成的，而这个方程式不需要配平）？这时，学生会产生一个矛盾：各种分子或原子的数量不等。

**第二环节：问题引导，进入情境——搭建支架**

明确这个反应是确实存在的，得出书写方程式的第一个原则：书写化学方程式必须遵循客观事实，不能凭空想象不存在的物质或化学反应。

那么，这个方程式应该如何书写呢？这时教师提供第一个支架：质量守恒定律。让学生计算$C+O_2 \rightarrow CO$这个反应的反应物和生成物的质量和各原子数量是不是守恒。

**第三环节：给出帮助——学生在支架的帮助下独立探索**

如果要这个式子两边守恒，两边的原子个数首先要相等，但是在这个式子里，只有碳原子是相等的，氧原子不相等。

教师提供第二个支架：化学反应过程的本质是"参加反应的各物质（反应物）的原子，重新组合而生成其他物质（生成物）的过程"。

那么，分析$C+O_2 \rightarrow CO$反应过程的本质：

$$C+O_2 \rightarrow CO（把分子拆成原子的形式，理解反应的本质）$$

这样的话，每个氧分子反应就需要2个碳原子，所以在C的前面加一个系数2，上式变成：

$$2C+O_2 \rightarrow CO$$

就能生成2个CO分子，在CO前面再加一个系数2，上式变成：

$$2C+O_2 \rightarrow 2CO$$

然后，提示这个过程叫作配平。

**第四环节：分析讨论，协作学习——渐撤支架、形成动态支架**

让学生自己试着写出一些学过的反应，至少写出3个化学反应，看哪些反应需要配平，才能遵守质量守恒定律。组织学生分小组讨论，把写出的方程式放在一起，看哪些需要配平，如何配平，总结书写化学方程式的过程。

**第五环节：习题练习，效果评价——撤掉支架、形成知识体系**

让学生写出氢气和氧气发生反应的化学方程式，并针对化学方程式说明书写方程式的原则和方程式所代表的含义，由此得出书写方程式的其他原则，如催化剂、加热、气体符号或沉淀符号的标注等。

### (三) 认知学徒制

认知学徒制是由美国认知心理学家柯林斯(Allan Collins)和布朗(John Seely Brown)等于1989年提出的一种教学模式或学习环境。

所谓认知学徒制是指将传统学徒制方法中的核心技术与学校教育相结合,以培养学生的认知技能,即专家实践所需的思维、问题求解和处理复杂任务的能力。在这种模式中,学习者通过参与专家实践共同体的活动和社会交互,进行某一领域的学习。

认知学徒制克服了传统学徒制中专家思维不可视和学校教育中知识的教学脱离其适用情境的缺点,从而将学徒制的优点和学校教育结合起来,将学习者浸润在专家实践的真实环境中,以培养学生的高级思维和问题解决以及处理复杂任务的能力。

柯林斯等人认为,认知学徒制模式包括四个基本要素:内容、方法、序列和社会性。他们认为,将这四个基本构成元素组合在一起,即可为创设有效支持认知学徒制的学习环境提供有价值的思维框架。其中,内容包括学科领域知识、启发式策略、控制策略、学习策略;方法包括建模、指导、搭建"脚手架"、拆除"脚手架"、清晰表达、反思、探究;序列包括知识技能的复杂性递增、多样性递增、全局技能先于局部技能的策略;社会性包括情景学习、社会性交互、专家实践文化、内部动机激发、合作和竞争。

### (四) 随机通达教学

随机通达教学(Random Access Instruction)是对同一教学内容,在不同时间、不同情境、为不同的目的、用不同的方式加以呈现的要求,针对发展和促进学习者的理解能力与知识迁移提出的。它的宗旨是提高学习者的理解能力和知识迁移能力。

---

**专栏 5-5**

### 随机通达教学

美国华盛顿州立大学农学院在 R. E. Calza 和 J. T. Meade 的领导下建立了一个"遗传技术"(Gen Technique)课程教学改革试验研究组,其目的是以建构主义学习理论为指导,在互联网环境下开发具有动画和超文本控制功能的交互式教学系统,所用教学方法主要是随机通达法。

该教学系统应满足以下要求:帮助学生形成学习动机,可用于学习分子遗传学和生物技术的有关内容。学习重点侧重基本概念、基本原理和变异过程。通过学习,学生不仅能完成所学知识的意义建构,还能实际验证。

该系统的教学过程按以下步骤进行。

(1) 确定主题:通过教学目标分析确定本课程的若干主题(即确定与基本概念、基本原理以及遗传变异过程有关的知识内容。例如:细胞结构、染色体的组成、DNA的化学成分和遗传代码以及DNA的复制方式等等);

(2) 创设情境:创设与分子遗传和生物技术有关的多样化的实际情境(为随机通达教学创造条件);

(3) 独立探索:根据学生的意愿可选学下列不同主题,在学习某一主题过程中,学生可随意观看有关这一主题的不同演示,以便从不同侧面加深对该主题的认识与理解("随机通达学习");

① 学习主题1:阅读有关细胞知识及结构的课文,观看有关细胞结构的

动画(动态演示);

② 学习主题2：阅读有关染色体的组成成分及其相互作用的课文,观看相应的动态演示;

③ 学习主题3：阅读有关DNA的化学成分、结构和遗传代码的课文,并观看相应的动态演示(学生可在三维空间中,通过多种不同的变化形式、多侧面地观察、了解、认识DNA的结构成分及遗传特性,即可随机通达学习);

④ 学习主题4：阅读有关DNA复制(合成)机制、复制方式的课文,并以病毒、微生物和哺乳动物作为模型观看有关DNA复制机制、复制方式的动态演示(可通过随机通达学习,加强对本主题的理解)。

(4) 协作学习：在上述独立探索的基础上,开展基于互联网的专题讨论,在讨论过程中教师通过公告板和电子邮件可对学生布置作业、对讨论中的观点加以评判和个别辅导。

(5) 自我评价：为检验对知识的建构与验证,学生在经过上述学习阶段后应进行自我评价,为此该系统设计了一套自我评价练习。练习内容均经过精心挑选,使之能有效地测试学生对基本概念、基本原理和基本过程的理解。

(6) 深化理解：根据自我测试结果,有针对性地对薄弱环节进行补充学习与练习,以深化和加强对知识的理解与验证的能力。

**参考文献**

[1] 罗伯特·斯莱文.教育心理学：理论与实践[M].吕红梅,姚梅林,等,译.北京：人民邮电出版社,2016.

[2] 陈琦,刘儒德.当代教育心理学[M].北京：北京师范大学出版社,2019.

[3] 张大钧.教育心理学[M].北京：人民教育出版社,2010.

[4] 冯忠良,等.教育心理学[M].北京：人民教育出版社,2000.

[5] 刘儒德.教育心理学：原理与应用[M].北京：中国人民大学出版社,2019.

[6] 安妮塔·伍尔福克.教育心理学[M].伍新春,等,译.北京：中国人民大学出版社,2015.

[7] 皮连生.教育心理学[M].上海：上海教育出版社,2011.

**思考题**

1. 一个家庭中有3个孩子,年龄分别是4岁、5岁和6岁。他们经常在一起玩,其中一个孩子叫芳芳。她达不到自己的目的或别的孩子玩她喜欢的玩具时,她就会大发脾气、大吵大闹,命令别的孩子照她说的做或者拿回她的玩具,有的时候她会因此把玩具乱扔。结果是要么达到目的,要么是父母出面解决争端,孩子们才能继续玩。

当芳芳出现问题行为时,她的父母会走到她面前跟她平静地说："芳芳,因为你哭闹还扔东西,所以,你必须坐在这张椅子上。"然后她的父母指着另一个房间的椅子,用手拉着芳芳走到椅子边,远离她的姐妹兄弟。她的父母要让她坐在椅子上,自己则站在一旁,但不理睬她。家长故意不理睬芳芳任何进一步的捣乱、哭闹或争辩。两分钟后,如果芳芳能够安静下来,家长会让她回去玩。每当芳芳和她的姐妹兄弟一起玩的时候,家长时不时地过去看看,夸他们几句。

请你对芳芳父母使用的"隔离"进行评价。

2. 认知主义学习理论、建构主义学习理论与人本主义学习理论的主要区别是什么?这种区别与学校教育的培养目标有什么关联?

3. 小陈是初入职的老师,喜欢在课堂上开展小组讨论,但他发现存在一些现象:(1)讨论缺乏中心主题;(2)学生参与率低;(3)讨论不充分、不深入。

请你用建构主义学习理论,对以上现象分别作出评析,并提出改进意见。

# 第六章 学习动机

**学习目标**

1. 理解动机的含义,识别动机冲突的类型。
2. 理解学习动机的含义,了解学习动机的类型,理解动机水平与学习效果之间的关系。
3. 比较认知内驱力、附属内驱力、自我提高内驱力的含义。
4. 理解自我价值感内驱力的含义。
5. 解释、比较、评价和应用七种主要的动机理论。
6. 应用培养学生内部学习动机的策略。
7. 应用培养学生外部学习动机的策略。

## 关键术语

**动机**：是指引起和维持个体的活动，并使活动朝向某一目标的心理倾向或内部动力。

**诱因**：是指能满足个体需要的外部刺激物，它使个体的需要指向具体的对象，从而引发个体的活动。

**学习动机**：是指激发个体进行学习活动、维持已引起的学习活动，并使行为朝向一定的学习目标的一种内在过程或内部心理状态。

**认知内驱力**：是一种要求理解事物、掌握知识，系统地阐述并解决问题的需要，即一种指向学习任务的求知欲。

**附属内驱力**：是指个体为了获得长者（如教师、家长等）的赞许或认可而努力的一种需要。

**自我提高内驱力**：是个体凭借自己的胜任能力或工作能力赢得相应地位的需要。

**正强化和负强化**：因正强化物出现而增强某种行为发生的概率称为正强化；因负强化物消失而增强某种行为发生的概率称为负强化。

**归因**：人们对自己或他人行为结果的原因作出的解释或推论。

**成就动机**：是在人的成就需要的基础上产生的，是推动个体从事自己认为重要的或有价值的工作，并力求获得成功的一种内在驱动力。

**自我效能感**：是指个体对自己能否成功地从事某一行为活动的能力所作出的主观判断。

**本章结构**

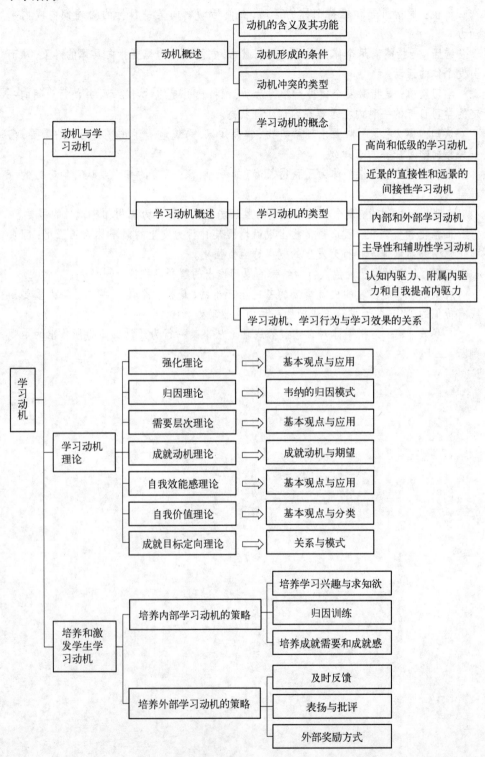

## 第一节　动机与学习动机概述

学习过程是教师与学生的双向互动过程,教学效果的获得不仅取决于教师,也取决于学生的认知能力和学习动机。认知能力决定学生能不能学习,而学习动机决定学生愿不愿学习。

在影响学习的非智力因素中,学习兴趣、求知欲、学习意向等与学习积极性有关的动机因素一直受到人们的重视。

### 一、动机概述

#### （一）动机及其功能

在心理学中,动机是指引起和维持个体的活动,并使活动朝向某一目标的心理倾向或内部动力。人的任何有目的的活动都是在动机的驱使下进行的。例如,喝水是为了缓解口渴,学习是为了适应工作和生活的要求,锻炼是为了拥有健康的体魄等。依动机所引起的活动不同,可以将动机分为学习动机、工作动机、运动动机等。动机的动力作用具体表现为动机的激活功能、指向功能、维持和调整功能（表6-1）。

| 类　型 | 含　　义 |
|---|---|
| 激活功能 | 指人的活动总是由一定的动机引起的,有动机才能唤起活动,它对活动起着激活的作用。动机的性质和强度不同,引起和推动作用的大小也不一样。 |
| 指向功能 | 指动机使人们的活动指向特定的对象。如在学习动机的支配下进行学习活动;在交往动机的支配下参加各种团体活动。 |
| 维持和调整功能 | 当个体的某种活动产生以后,动机维持着这种活动的进行,并调节着活动的强度和持续时间。 |

表6-1

动机的功能

#### （二）动机的形成条件

1. 需要是动机形成的内在基础

需要是有机体内部的一种不平衡状态。人的动机是在需要的基础上形成的,但并非任何需要都可以转化为动机。如果某种需要处于满足状态,就会降低对行为的影响力,甚至会被个体忽略。例如,人时刻都有呼吸空气的需要,但由于空气无处不在,随时都能满足,因此,人们往往意识不到对空气的需要。只有当需要处于缺乏状态时,才能被人们清晰地意识到,形成通常所说的"欲望"或者"愿望"。

2. 诱因是动机形成的外部条件

诱因是指能满足个体需要的外部刺激物,它使个体的需要指向具体的对象,从而引发个体的活动。因此,诱因是引起相应动机的外部条件。它可以唤醒有机体,使处于潜意识状态的内驱力转变成意识状态的内驱力,并指导有机体的行为朝向或离开诱因。作为诱因的刺激物,既可以是物质的,也可以是精神的。能满足个体需要,具有吸引力,使个体趋向的刺激物,称为"正诱因";而妨碍个体需要的满足,使个体拒而避之的刺激物,则称为"负诱因"。

### (三) 动机冲突的类型

在社会生活中,人的需要是多种多样的,因此也就形成了多种多样的动机。当个体同时出现的几种动机在最终目标上相互矛盾或相互对立时,这些动机之间就会产生冲突。常见的动机冲突有双趋冲突、双避冲突、趋避冲突以及多重趋避冲突(表6-2)。

表6-2 动机冲突的类型

| 类型 | 含义 | 举例 |
|---|---|---|
| 双趋冲突 | 指个体同时面临两个具有同等吸引力的目标,但不能同时达到,只能选择其一时产生的动机冲突。 | "鱼,我所欲也,熊掌,亦我所欲也;二者不可得兼,舍鱼而取熊掌者也。" |
| 双避冲突 | 指个体同时面临两个具有威胁性的目标都想避开,但又必须接受其一时所产生的动机冲突。 | "前怕狼,后怕虎";冬天学生既怕寒冷不愿早起,又怕因迟到而受到老师的批评。 |
| 趋避冲突 | 指某一目标可以满足人的某些需求,但同时又会构成某些威胁,从而使人陷入对该目标的趋近和逃避的冲突状态。 | 子女一方面需要父母的保护而依赖父母,另一方面又不愿意受父母管教约束而独立行事。 |
| 多重趋避冲突 | 人们面对两个或两个以上的目标,每个目标都对人们既具有吸引力又具有排斥力,这时产生的冲突就是多重趋避冲突。 | 大学生毕业时有多个就业选择,每个职位各有优缺点。 |

### 专栏6-1

#### 所罗门的判决

《圣经·列王记上》记载了一个故事:两个同时生了孩子的母亲住在同一间房子里。一天夜里,其中一名妇人发现自己压死了自己的孩子,在痛苦和嫉妒之下,她将自己的死孩子和另一个母亲的孩子做了交换。次日清晨,那名妇人发现这个已死的孩子不是自己的儿子,而是另一个妇人的,就向对方索要孩子,可对方坚决不承认。她们只好到所罗门面前打官司。现在两人都坚定地声称活着的男孩是自己的,争吵不休。所罗门王思索了一下,吩咐拿刀来。他宣布只有一个公平的解决方案:将活着的孩子劈为两半,每个母亲得到一半。当听到这个可怕的裁决时,那个假母亲出于嫉妒,立刻同意了,她自己得不到的也不想别人得到。而男孩真正的母亲却大喊道:"我主啊,将孩子给那妇人吧,绝不可杀他!"

在这个故事中,孩子的真正母亲面临一个典型的双避动机冲突,一方面她不想失去孩子的所有权,另一方面她不愿意孩子失去生命,但她必须在这两者之间选择其一。在这个动机冲突中,母亲的天性决定了她把保护孩子的生命看得高于一切,所以她选择了放弃孩子的所有权,从而解决了这个动机冲突。

## 二、学习动机概述

### （一）学习动机的概念

学习动机是指激发个体进行学习活动、维持已引起的学习活动，并使行为朝向一定的学习目标的一种内在过程或内部心理状态。简单地说，学习动机就是直接推动学生进行学习的内部动力。一个学生是否想要学习，为什么而学习，喜欢学习什么，以及学习的努力程度、积极性、主动性等等，都能够通过学习动机加以说明。很多人常常以为学习目的就是学习动机，这是不准确的。目的是人进行活动所希望达到的目标或结果，而动机更强调达到这一目标的驱动力量。

### （二）学习动机的类型

根据不同的分类标准，可将学习动机划分成不同的类型。

1. 高尚的学习动机和低级的学习动机

根据学习动机内容的社会意义，可以把学习动机分为高尚的与低级的学习动机或者是正确的与错误的学习动机。高尚的、正确的学习动机的核心是利他主义，学生把当前的学习同国家和社会的利益联系在一起。低级的、错误的学习动机的核心是利己的、自我中心的，学习动机只来源于自己眼前的利益。这里需要指出的是，固然高尚的动机是我们每个人都应该具有的、每一个教育工作者都应着力培养的，但是，当学生尚未培养起对学习的内在兴趣，又缺乏远大目标的有力激励的情况下，低级的学习动机对完成学习任务和提高学习积极性也有一定的积极影响。

2. 直接性学习动机和间接性学习动机

根据学习动机起作用时间的长短不同，可以把学习动机分为直接的近景性学习动机和间接的远景性学习动机。例如，为明天的考试而学习涉及的学习动机是直接的近景性学习动机，为将来成为科学家而学习涉及的学习动机是间接的远景性学习动机。

3. 内部学习动机和外部学习动机

根据学习动机的动力来源不同，可以将学习动机分为内部学习动机和外部学习动机。内部学习动机是指由学习活动本身作为学习的目标而引发的推动学生学习的动力，学习者在学习活动过程中获得满足。例如，某学生为了想弄明白人是怎么产生的而选修了《进化论》课程，激发这个学生学习《进化论》的学习动机就是内部学习动机。外部学习动机是指由学习结果或学习活动以外的因素作为学习的目标而引发的推动学生学习的动力，学习活动只是达到目标的手段。比如，一个学生为了好的分数、班级的排名、教师的表扬或其他的各种奖赏而学习，这就是外部动机的作用。

研究表明，内部学习动机可以促使学生有效地进行学校中的学习活动，具有内部学习动机的学生渴望获得有关的知识经验，具有自主性、自发性。而具有外部动机的学生的学习具有诱发性、被动性，他们对学习内容本身的兴趣较低。

当然，内部学习动机和外部学习动机的划分不是绝对的。由于学习动机是推动人从事学习活动的内部心理动力，因此任何外界的要求、外在的力量都必须转化为个体内在的需要，才能成为学习的推动力。在外部学习动机发生作用时，人的学习活动较多地依赖于责任感、义务感或希望得到奖赏和避免受到惩罚的意念。因此，我们在教育过程中强调内部学习动机，但也不能忽视外部学习动机的作用。教师一方面应逐渐使外部动机作用转化为内部动机作用，另一方面又应利用外部动机作用，使学生已经形成的内部动机作用处于持续的激发状态。

4. 主导性的学习动机与辅助性的学习动机

根据动机起作用的大小不同,可以把学习动机分为主导性的学习动机和辅助性的学习动机。例如,有的学生努力学习有两个原因,主要原因是为了得到父母的表扬,次要原因是为了学习知识,那么这个学生的学习动机包括由想得到父母表扬而产生的主导性的学习动机和由想获得知识而产生的辅助性的学习动机。

5. 认知内驱力、自我提高内驱力与附属内驱力

奥苏伯尔在其《学校学习》一书中指出,学校情境中的成就动机主要由三个方面的内驱力组成,即认知的内驱力、自我提高的内驱力和附属的内驱力。这三种内驱力就是学习需要的三个组成部分,即在个体内部至少有这三种需要是指向学习的。

认知内驱力是一种要求理解事物、掌握知识,系统地阐述并解决问题的需要,即一种指向学习任务的求知欲。这种内驱力是从人类原始的好奇心派生出来的,以求知作为目标,从知识的获得中得到满足,是学习的内部动机。儿童天生的好奇心与对世界的探索欲望便是潜在的认知内驱力,一旦指向特定的方向,就转化为实际的动机。奥苏伯尔认为在有意义的学习中,认知内驱力是最重要的动机。认知内驱力从求知活动本身得到满足,但是学生对某门学科的认知内驱力,并非都来自天然的好奇心,而是在学习过程中,由于多次获得成功,体验到满足需要的乐趣,逐渐巩固了最初的求知欲,从而形成一种比较稳固的学习动机。成功的学习经验可以增强认知内驱力,而认知内驱力也对学习起推动作用。在课堂学习中,认知内驱力是一种最重要和最稳定的动机,它对学习起很大的推动作用。

自我提高内驱力是个体凭借自己的能力赢得相应地位的需要。这种需要从自尊的需要派生出来。随着年龄增长,自我意识增强,儿童希望得到尊重,提升自己在家庭和学校中的地位。这种愿望推动儿童努力学习,争取好成绩,以赢得与成绩相当的地位。自我提高内驱力追求知识之外的地位满足,是一种外在的学习动机。这种内驱力伴随强烈的情感因素,既有对成功的期盼与渴望,又有对失败和丧失自尊的焦虑与恐惧,是一种能够长期起作用的强大动机。与认知内驱力不同,自我提高内驱力不直接指向知识和学习任务本身,而是把成就看作是赢得地位和自尊的根源和手段。它可以使学生把自己的学习行为指向在当前学校学习中可能取得的成就,以及在此基础上将自己的行为指向未来职业方面的成就和地位。成就的大小决定个体所赢得的地位的高低,同时又决定着个体自尊需要的满足与否。在教学中认知内驱力固然重要,但适当激发学生自我提高的动机也是必要的。因此,学校教育中通常采用评选优秀学生或通过学习反馈,以物质与精神奖励的方式引起学生的动机。这些手段可以使学生体验到荣誉感、自尊感,体验到学习的成功与失败,从而激起他们的学习热情。

附属内驱力是指个体为了获得长者(如教师、家长等)的赞许或认可而努力的一种需要,这种需要是从归属的需要派生出来的。附属内驱力既不直接指向学习任务本身,也不把学业成就看作是赢得地位的手段,而是为了从长者或同伴那里获得赞许、认同和接纳。这些赞许、认同和接纳不仅是对个体某种行为或活动结果的肯定性评价,也是一种情感上的激励。这说明学生对长者和同伴在感情上具有依赖性。不仅如此,长者和同伴的赞许还可以使个体受到他人的敬佩和尊重,并由此获得一种派生地位。附属内

驱力的产生取决于三个条件：首先，学生对长者有感情上的依附，长者是个体敬重的榜样，得到他们的赞许将产生满足感和亲密感；其次，学习者在这种赞许或认可中将获得一种派生地位，如因为被长者看好而被他人羡慕，或得到各种优待；第三，学习者有意识地使自己的行为符合长者的标准和期望，以获得并保持长者的赞许。附属内驱力出于满足师长要求的需要，从而保持自己获得的赞许和认可，是一种外在的学习动机。研究表明，具有高度附属感的学生，一旦得到长者的肯定或表扬，会进一步努力学习，在学习上取得良好的成绩。反之，如果他们的某些努力暂时得不到师长的赞许，他们有时会丧失信心，甚至引起学习积极性下降。

认知内驱力、自我提高内驱力和附属内驱力这三种学习的基本成分在动机结构中所占的比重并不是一成不变的。它们在不同的年龄、不同的性别、不同的社会地位以及不同的人格结构的个体身上所占的比重是不同的，并随着年龄、性别、个性特征、社会地位和文化背景等因素的变化而变化。在儿童早期，附属内驱力最为突出，他们努力学习获得学业成就，主要是为了实现家长的期待，并得到家长的赞许。到了儿童后期和少年期，附属内驱力的强度有所减弱，而来自同伴、集体的赞许和认可逐渐替代了对长者的依附。而到了青年期，认知内驱力和自我提高内驱力成为学生学习的主要动机，学生学习的主要目的在于满足自己的求知需要，并从中获得相应的地位和威望。

### （三）学习动机、学习行为与学习效果的关系

个体的行为是在其动机的驱动下发生的，而发生的行为所产生的结果或效果，又会影响个体随后行为的动机。

一般来说，学习动机与学习效果的关系是一致的，学习动机正确，强度又适中，学习效果一般都比较好；学习动机错误、强度过高或过低，学习效果就比较差。但学习动机与学习效果之间也存在不一致的情况，因为学习动机与学习效果之间的关系往往是以学习行为为中介的，而学习行为又不单纯只受学习动机的影响，它还要受一系列主客观因素（如学习基础、教师指导、学习方法、学习习惯、智力水平、个性特点、健康状况等）的制约。因此，只有把学习动机、学习行为、学习效果三者放在一起加以考察，才能看出学习动机与学习效果之间既一致又不一致的关系（表6-3）。

|  | 正向一致 | 负向一致 | 正向不一致 | 负向不一致 |
| --- | --- | --- | --- | --- |
| 学习动机 | + | − | − | + |
| 学习行为 | + | − | + | − |
| 学习效果 | + | − | + | − |

表6-3 学习动机与学习效果的关系

注："+"表示好或积极，"−"表示坏或消极。

从表6-3可以看出，在四种学习动机与学习效果的关系类型中，有两种类型的学习动机与学习效果的关系是一致的，另两种类型的学习动机与学习效果的关系则不一致。一致的情况是：学习动机强，学习积极性高，学习行为也好，则学习效果好（正向一致）；相反，学习动机弱，学习积极性不高，学习行为也不好，则学习效果差（负向一致）。不一致的情况是：学习动机强，学习积极性高，如果学习行为不好，其学习效果也不会好

(负向不一致);相反,学习动机不强,如果学习行为好,其学习效果也可能好(正向不一致)。据此,我们便可以得出这样的结论:学习动机是影响学习行为、提高学习效果的一个重要因素,但不是决定学习活动的唯一条件。在学习中,激发学习动机固然是重要的,但应当把改善各种主客观条件以提高学习行为水平作为重点来抓。只有抓住了这个关键,才会保持正向一致和正向不一致,消除负向一致与负向不一致。

**专栏6-2**

### 耶克斯-多德森定律

动机水平与学习效果之间的关系并不是简单的直线关系。耶克斯与多德森(Yerkes,Dodson)的研究发现:当动机强度很低时,对工作或学习持漠然态度,行为效率是很低的。动机逐渐增加,活动效率也会逐渐提高。但是,当动机过强时,个体处于高度的紧张状态,其注意和知觉的范围变得过于狭窄,也会限制正常活动,降低工作效率。一般而言,个体在中等动机强度下活动效率最高,动机过高或过低都可能会降低活动效率。他们还进一步研究了动机的最佳水平与学习课题的难易程度的关系,即复杂程度不同的学习课题达到最高效率时,究竟应该具有何种动机水平。结果是,解决困难或复杂的任务(如难度大的代数问题)时,最佳动机水平是低动机强度;解决难易适中的任务(如基本算术问题)时,最佳水平为中等动机强度;解决容易或简单的任务时,最佳动机水平是高动机强度(图6-1)。

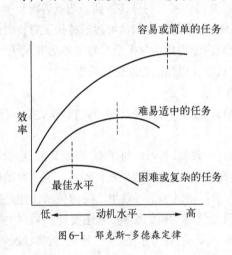

图6-1 耶克斯-多德森定律

## 第二节 学习动机的理论

由于学习动机具有多样化,导致对学习动机作用的解释也多种多样,由此派生出多种不同的动机理论,分别强调不同的侧面。

### 一、强化理论

#### (一) 基本观点

上一章第一节"行为主义学习理论"对斯金纳的操作条件反射理论已经做了详细的介绍。操作条件反射理论因为强调强化在个体行为习得中的作用,因此也被称为强化理论。作为行为主义心理学家的斯金纳本来是不关注动机这种人的内部心理过程的,但是由于动机在人的心理活动中占据重要的作用,因此他又无法回避这个问题。当个体受到强化时,其反应概率就会提高,也可以说个体的动机提高了。当个体受到惩罚时,其反应概率就会下降,也可以说个体的动机下降了。因此,斯金纳的强化理论既可以说是学习理论,也可以说是动机理论。关于强化理论的基本观点和强化类型,本章不再重复介绍。

#### (二)强化理论的教育意义

强化理论曾对心理学产生重大影响。它可以解释许多行为的形成机制,在学校教育中,如果能合理地运用强化,恰当运用表扬与批评,奖励与惩罚,会提高学生的学习动机,改善他们的学习行为及其结果。但强化理论过分强调了引起行为的外部因素,忽视了人的学习行为的自觉性与主动性(自我强化),因而这一学习动机理论有较大的局限性。外部强化虽然是激发学生学习动机的有效手段,但不可避免会产生一些消极作用,某些学生会养成对强化的依赖性,在有强化的情况下才有学习动机,一旦没有外界的强化,他们的学习动机就会减弱而不愿学习,对于这些学生来说,学习纯粹是为了获得名誉与利益。

---

**专栏6-3**

**运用强化手段激发学习动机的要点**

教师在运用强化手段激发学生的学习动机时要注意以下几点:一是将外部强化与内部强化相结合。既要利用外部诱因激发学生的学习动机,调动其学习积极性,更要引导他们去体验学习中的成功与乐趣,引发他们的内在动机;二是将物质激励与精神激励相结合。既要适当利用物质奖励来激发学生的学习动机,又要利用表扬与评价等手段引发他们的学习动机。一味采用物质激励的手段容易使学生片面追求物质利益,甚至为谋求物质利益而不择手段;三是不断变换强化的方式。用单一的方式来激发学生的学习动机有时难以奏效,如果运用多种方式,且不断变换,则更有利于激发他们的学习动机。

---

### 二、归因理论

人们做完一件事情之后,往往会寻找自己或他人取得成功或遭受失败的原因,即归因——人们对自己或他人行为结果的原因作出的解释或推论。

#### (一)海德的归因理论

归因理论最早由美国社会心理学家弗里茨·海德(Fritz Heider)于1958年提出。他认为人们都有理解世界和控制环境两种需求。这两种需要得到满足的最根本手段就是了解人们行动的原因,并以此预测他人将如何行动。海德认为行为的原因或者在于外部环境,或者在于个人内部。他人的影响、奖励、运气、工作难易等都是外部环境原因。如果把行为的原因归于环境,则个人对其行为结果可以不负什么责任。人格、动机、情绪、态度、能力、努力等都是个人内部原因。如果把行为的原因归于个人,则个人对其行为结果应当负责。

#### (二)罗特的归因理论

后来,罗特(Rotter,1966)对归因理论进行了发展,提出了控制点的概念,并依据控制点把个体分为内控型和外控型。内控型的人认为自己可以控制周围的环境,无论成功还是失败,都是由于自己的能力或主观努力等内部因素造成的,这种人乐于承担责

图 6-2 归因倾向

任,他们往往信奉"人定胜天";外控型的人常常不愿承担自己行为的责任,多感到自己无法控制周围环境,个人的所有成败都是自身之外的外在因素所致,这种人往往信奉"听天由命"。

### (三) 韦纳的归因理论

1974年,美国心理学家韦纳(B. Weiner)以海德和罗特的研究为基础,对行为结果归因做了系统的探讨,提出了"三维度归因理论",这是目前影响最大的归因理论。韦纳对行为结果的归因进行了系统探讨,并把归因分为三个维度:内部归因和外部归因,稳定性归因和非稳定性归因,可控制归因和不可控制归因;韦纳还把人们对行为成败的原因总结为六个因素,即能力高低、努力程度、任务难易、运气(机遇)好坏、身心状态、外界环境。将此三维度和六因素结合起来,就可组成如表6-4所示的归因模式。

表6-4 韦纳的归因模式

| 结果归因<br>责任归因 | 稳定性 | | 内在性 | | 可控性 | |
|---|---|---|---|---|---|---|
| | 稳定 | 不稳定 | 内在 | 外在 | 可控 | 不可控 |
| 能力高低 | + | | + | | | + |
| 努力程度 | | + | + | | + | |
| 任务难易 | + | | | + | | + |
| 运气机遇好坏 | | + | | + | | + |
| 身心状态 | | + | + | | | + |
| 外界环境 | | + | | + | | + |

韦纳认为每个维度对动机都有重要的影响。归因首先影响个体的认知和情绪,进而影响到今后的行为动机。在内在性维度上,如果将成功归因于内在因素,则会产生自豪感,从而提高动机;归因于外在因素,则会产生侥幸心理。如果将失败归因于内在因素,则会产生羞愧感;归因于外在因素,则会生气发怒。在稳定性维度上,如果将成功归因于稳定因素,则会产生自豪感,从而提高动机;归因于不稳定因素,则会产生侥幸心理。如果将失败归因于稳定因素,将会产生绝望感;将失败归因于不稳定因素,则会生气。在可控性维度上,如果将成功归因于可控因素,则会积极地去追求成功;归因于不可控因素,则会绝望。如果将失败归因于不可控因素,则会生气;归因于可控性因素,则会努力追求成功。

归因方式与学习动机的激发密切相关,一般来讲,经常把成败原因归结为主观因素的学生,学习动机更加强烈。他们把学习的成败与自己的主观努力直接相联系,考得好归结为自己考前努力复习,考得差归结为自己考前不够努力。这种归因有利于激发和增强内心已有的学习动机;而经常把自我成败的原因归结为客观因素的学生,学习动机更加微弱,他们倾向于把学习中的成败原因归结为外界的客观因素,如环境、运气、任务难易等,他们往往推卸责任,凭运气参与学习与考试,考得不好则怪天怨地,而自己一点责任都没有,这种归因显然不利于诱发他们心中的学习动机。值得注意的是,归因是学生对自己成败原因的主观解释和推论,它在一定程度上会受他人影响而改变,这也为教育提供了机会。

> **专栏6-4**
>
> ### 学生对考试成绩的归因实例
>
> 三个学生拿到老师批阅后刚发下来的数学卷。
> "小明,你的数学考得怎么样?"小颖问道。
> "糟透了,还是不及格,"小明无精打采地回答说,"我就是不会做数学,有些题目是什么意思我都不知道。"
> "我也没考好,只得了及格,"小颖说,"但我知道我不是不会,只是我最近迷上游戏,学习不够努力,考试前我就知道这次要出麻烦了。"
> "看我的,"小方得意地说道,"我本以为这次一定考砸了,结果却得了80分,考试中出现的几道大题,刚好昨天都做过。"
> 小明将数学不及格归因为数学能力低,既感到羞愧,又感到无可奈何,他知道下次还是照样考不好。小颖则不同了,她将这次没考好归因于努力不够,她相信以后用功学习,数学考试就没问题。小方觉得自己是个幸运儿,但他知道自己不会总是这么幸运。

### (四)归因理论的教育意义

由于归因理论是从结果来阐述行为动机的,因此,它的理论价值与实际作用主要表现在三个方面:一是有助于了解心理活动发生的因果关系;二是有助于根据学习行为及其结果来推断个体的心理特征;三是有助于从特定的学习行为及结果来预测个体在某种情况下可能产生的学习行为。正因为如此,在实际教学过程中,运用归因理论来了解学习动机,对于改善学生的学习行为,提高其学习效果会产生一定的作用。

从韦纳的归因理论来看,首先,教师要注重对学生进行归因训练。韦纳认为影响学生后继行为的是个体对事件结果的归因而非事件结果,因此,对学生进行归因训练是非常必要的。本章第三节会进一步讨论归因训练的方法。其次,教师要根据具体情况引导学生进行合适归因。一般来说,教师应引导学生将学业失败归结为努力不足,将学业成功归结为能力较强或刻苦努力,但也不应一概而论,应根据具体情况引导学生进行合适的归因。例如,某高三学生在最后一次模拟考试中发挥失常,教师就不应把这次考试失败归因为学生努力不足,而应告诉他这是临场发挥不好的结果,并帮助他调整考试状态,教给他应试策略。

### 三、需要层次理论

需要层次理论是人本主义心理学理论在动机领域中的体现,马斯洛是这一理论的提出者和代表人物,他的需要层次理论具体内容详见第五章第三节。

#### (一)需要层次理论的基本观点

马斯洛把五种需要分为基本需要和成长需要两类。其中,生理需要、安全需要、归属和爱的需要、尊重需要属于基本需要,它们因身心的缺失而产生,因此也称缺失性需要。例如,因饥渴而求饮食,因恐惧而求安全,因孤独而求归属,因免于自卑而求自尊。它们为人类维持生活所必需,一旦它们得到满足,其强度就会降低,因为个体所追求的缺失性目的物是有限的。而自我实现需要属于成长需要,它不仅不随其满足而降低,相反地会因获得满足而增强,因为个体所追求的成长性目的物是无限的、永无止境的。

马斯洛认为人的学习不是外加的,而是自发的,由于自我潜能的存在,人们就有自我实现的需要,这种需要得到满足,人就获得了自我的发展。从学习心理的角度看,人们进行学习就是为了追求自我实现,即通过学习使自己的价值、潜能、个性得到充分而完备的发挥、发展和实现。因此,可以说自我实现是一种重要的学习动机。正因为学习动机是自我内在的需要,所以他反对从外界对学生强加要求,或逼迫学生学习,强调要尊重、关注、接纳学生,让学生自由、自主地学习,通过让学生获得自尊与他尊,来引发学生的学习动机。

#### (二)需要层次理论的教育意义

需要层次理论说明,在某种程度上学生缺乏学习动机可能是由于某种缺失性需要没有得到充分满足而引起的。如家境清贫使得温饱得不到满足;父母离异使得归属与爱的需要得不到满足;教师过于严厉和苛刻,动辄训斥和批评学生,使得安全需要和尊重需要得不到满足等。而正是这些因素会成为学生学习和自我实现的主要障碍。所以,教师不仅要关心学生的学习,而且要关心学生的生活和情感,以激发其学习动机。学校、家庭与社会,教师与父母及其他社会成员要尽量满足学生的基本需要,让学生吃饱穿暖,获得安全感与必要的尊重,在此基础上激发学生的求知需要与成就需要,由此引发他们内在的学习动机。

## 四、成就动机理论

### （一）成就动机的概念

成就动机这一概念源自于20世纪30年代默里（H. A. Murray）的有关研究，他把成就动机定义为一种努力克服障碍、施展才能、力求又快又好地解决某一问题的愿望或趋势。20世纪四五十年代，麦克莱兰（D. C. McClelland）和阿特金森（J. W. Atkinson）等接受默里的思想，并将其发展为成就动机理论。

成就动机是在人的成就需要的基础上产生的，是推动个体从事自己认为重要的或有价值的工作，并力求获得成功的一种内在驱动力。在学习活动中，学生的学习需要有多种，包括认知的需要、交往的需要、娱乐的需要、成就需要等，其中成就的需要即取得较好的学习成绩，考上高一级学校的需要，是学习中的主要需要。成就需要的高低直接影响其学习动机的强弱。

麦克莱兰研究发现，成就动机水平高的人，对问题喜欢自己承担责任，能从完成任务中获得满足感。成就动机水平的高低还影响到个体对职业的选择。成就动机低的人，倾向于选择风险较小、独立决策少的职业；而成就动机高的人喜欢从事具有开创性的工作，并在工作中勇于作出决策。

### （二）阿特金森的期望-价值理论

阿特金森将麦克莱兰的理论作了进一步深化。1956年和1957年，阿特金森对成就动机的结构、影响成就动机的各种变量进行了研究，在实验的基础上提出了成就动机的"期望-价值"理论模型。

阿特金森认为某种行为倾向的强度是动机水平、期望和诱因价值三者乘积的函数，即：

行为倾向的强度=$f$(动机 × 期望 × 诱因)，用符号表示为：

$$T = M \times P \times I$$

其中$T$代表某种行为倾向的强度；$M$代表成就需要或成就动机水平，阿特金森认为它是人在早期生活中所获得的潜在的、稳定的、普遍的人格特质；$P$代表期望，是人对成功或失败的主观概率；$I$代表诱因价值，是人在成功和失败时所体验的满足感。一般来说，课题越难，成功的概率越小，所以，$P$与$I$的关系可以表现为：$I=1-P$。

阿特金森认为人的成就动机由两种成分组成，即追求成功的动机（$M_s$）和回避失败的动机（$M_f$）。追求成功的动机使人产生追求成就任务、追求成功的行为倾向（$T_s$）；回避失败的动机使人产生回避成就任务、畏惧失败的行为倾向（$T_f$）。由此，阿特金森分别列举了如下两个公式：

$$T_s = M_s \times P_s \times I_s$$

$$T_f = M_f \times P_f \times I_f$$

阿特金森认为，一个人追求成功的动机（$M_s$）和回避失败的动机（$M_f$）同时存在，要预测和理解成就行为，必须把这两种相反的动机同时考虑在内。一个人对成就任务最终是趋向还是回避，要取决于$T_s$与$T_f$的强度。把$T_s$与$T_f$加在一起，就可以说明趋向或回避特定成就任务的纯倾向或总倾向。

当 $M_s > M_f$ 时，总的行为倾向（$T_s+T_f$）为正值，在这种人的成就动机中，追求成功的成分多于回避失败的成分，"追求成功"是其稳定人格特质的一部分。"追求成功者"最少能选择成功机会为50%的任务，而对成功可能性很高或很低的任务都不感兴趣。

当 $M_s < M_f$ 时，总的行为倾向（$T_s+T_f$）为负值，在这种人的成就动机中，回避失败的成分多于追求成功的成分，"回避失败"是其稳定的人格特质的一部分。"回避失败者"倾向于选择非常容易或者非常困难的任务，选择容易的任务可免遭失败，而选择困难的任务，即使失败，也可找到借口，从而减少失败感。与"追求成功者"相反，他们对失败机会多了一半的任务采取回避的态度。

### （三）期望-价值理论的应用

拥有成就需要是人的本性，学生也不例外，因此可以使用期望-价值理论提高学生的学习动机。首先，要注重塑造学生的成就动机。阿特金森认为成就需要或成就动机水平是人在早期生活中所获得的潜在的、稳定的、普遍的人格特质，因此，在儿童早期，父母和教师应注重塑造学生的成就动机，不要束缚学生的探究活动，也不要给学生提供过难的任务，以此尽力提高学生的 $M_s$ 值，降低 $M_f$ 值。其次，要给学生提供适中难度的学习任务。有较高成就动机的学生，最乐意做有挑战的任务，即成功机会为50%的学业任务，因此，教师应根据学生的能力，提供给学生适合他们的学业任务，使他们能够投入到学业任务中去。

---

**专栏6-5**

## 成就动机的有关研究

第一，心理学家洛厄尔选择两组成就动机强弱不同、其他条件相等的大学生做被试，比较他们的学习效率。实验任务要求他们用散乱的字母，组成普通的词。比如打乱顺序的w、t、s和e，组成west。实验结果表明，成就动机强的被试，在这种学习中能够不断取得进步，而成就动机弱的被试，没有取得明显的进步。

第二，研究表明，在学校里智力水平相近的人，成就需要较高的被试比成就需要较低的学习成绩要好一些。在商业界，受过同样的训练而且提升机会相同的人，成就需要高的比成就需要低的提升得要快。

第三，由于成就动机在很大程度上是由所接触的文化、教师、父母等对成就的重视程度所决定的，在对儿童进行教育时，就逐渐地在灌输成就动机。也就是说成就动机是学习得来的，因而它常常因为时间、空间、社会背景以及文化形态的不同而有差异。

第四，麦克莱兰的研究还发现，可以在全国范围内造成促进成就动机的气氛。他测量并估计了30个国家儿童读物的故事内容中所表示的成就动机需要的强度，发现与这些国家20年后的经济发展有显著的相关。这一发现表明，一个国家形成了成就动机的气氛，将有利于青少年儿童成就动机的提高。事实证明，一种文化里的成就动机强度，同这个国家的经济增长率呈正相关。麦克莱兰还追溯历史，发现成就需要与文化、社会、政府的发展和命运之间，有许多耐人寻味的关系。

### 五、自我效能感理论

在学校里,学习成绩好的学生与学习成绩差的学生之间的差异,并不仅仅在于他们的能力水平,学生对自己能力的认知和评价也是一个重要的影响因素。那些实际能力比较高却认为自己能力不足的学生往往难以取得他们应有的成绩。相反,那些相信自己能力的学生往往能够取得超出他们实际能力的成绩。这种现象可以用美国心理学家班杜拉提出来的自我效能感理论进行解释。

#### (一)自我效能感的概念

自我效能感是指个体对自己能否成功地从事某一行为活动的能力所作出的主观判断。如果学生对从事某一阶段或某一学科的学习有较高的效能感,他将确立较高的目标,全力以赴而且较少担心失败,如"艺高人胆大"。如果某人自我效能感低,他将不仅不可能确立高目标,而且可能回避困难的任务,如"甘拜下风"。

#### (二)自我效能感的作用

第一,影响活动的选择。自我效能感水平高的人会选择富有挑战性的任务,并期望获得成功。学生在某一方面的自我效能感水平越强,成功的可能性越大,就会越多地选择从事这方面的活动;反之,学生会逃避那些自己感到不能胜任的活动。比如,数学自我效能感较高的学生,会更多地选择数学学习活动。

第二,影响努力的程度、坚持性,决定在困难面前的态度。具有高度自我效能感的人自信心强,有助于激发和维持向困难挑战的精神,努力实现目标。相反,自我效能感低的人,会怀疑自己的能力,在困难面前缺乏自信,畏首畏尾,不敢尝试。

第三,影响活动时的情绪。自我效能感高的人在活动时情绪饱满,信心十足,体验到的紧张、焦虑和恐惧水平低;而自我效能感低的人则是垂头丧气,充满着紧张、焦虑和恐惧。

第四,影响任务的完成。自我效能感高的学生确信自己能够很好地掌握有关知识和技能,从而集中注意力,适当运用有关学习策略,取得最佳学习效果,完成各种学习任务;自我效能感低的学生则总是担心失败,把思想纠缠在个人不足之处上,因此,不能很好地完成学习任务。

总之,自我效能感影响学生的行为,对学生的学习具有动机作用。自我效能感将影响学生面临什么样的挑战、付出多大的努力、坚持多久以及愿意承受多大的压力。

---

**专栏6-6**

## 影响自我效能感的主要因素

按照班杜拉的理论,影响自我效能感的因素多种多样,主要包括以下方面。

第一,个体的成败经历和体验。成败经历和体验是影响自我效能感的最主要因素。一般来说,成功的学习经验会提高效能期待,失败经验则会降低效能期待。个体先前取得过成功有利于增强其自我效能感,学生在前几次考试中曾取得较好的成绩,其自我效能感就较高,过去多次失败则会降低其自我效能感。但是,成败经验对自我效能感的影响还取决于个体的成败归因方式。如果把成功归因为外部不可控因素,则不会增强效能感。将失败归因为外部不可控因素,就不会降低效能感。将成功的原因归结为自己的能力,将失败的原因归结为外部因素的干扰,这种归因方式有利于增强其自我效能感。

第二,替代经验即他人的成败经历。人们会在同等条件下比照他人的同一行为来预测自己行为的结果,别人的成功会增强个体的自我效能感,别人的失败则会降低个体的自我效能感。一个人的自我效能感是个人在与环境互动的过程中形成的。当学生看见替代者(与自己相似的人)成功时,就会增强自我效能感;相反,则会降低自我效能感。替代者对自我效能感的影响主要受自我与替代者之间相似程度的影响,相似性越大,替代者成败的经验越具有说服力。当个体看到与自己的能力水平相当的人在活动中取得成功时,便相信当自己处于类似情境时也能获得同样的成功,从而提高自我效能感,反之则会降低自我效能感。

第三,言语劝说(外部的劝说、激励和期待)。用语言说服学生相信自己已经具备完成给定任务的能力,会使学生在遇到困难时付出更大的努力。在有他人的深情鼓励和殷切期望之下,自我效能感会增强。即接受别人认为自己具有执行某一任务的能力的语言鼓励,相信自己确实能胜任该项任务。例如,"你能行""你有能力"等。当然,这些效能信息需要建立在直接或间接经验的事实基础上。

第四,情绪唤醒。个体在面临某项活动任务时的生理反应会影响对自我效能的判断。例如,在面临考试、应聘等生活事件时,人们往往依据自己的心跳、血压、呼吸等生理反应来判断自我效能。平静的反应使人镇定、自信,而焦虑不安的反应则使人对自己的能力产生怀疑。通过调整学生的情绪状态,减轻和消除负面情绪的影响,可以改变自我效能感。

## 六、自我价值理论

### (一) 自我价值理论的基本观点

科温顿(M. V. Covington, 1984)提出的自我价值理论可以用来解释学校中学生放弃努力的原因。

科温顿关注人们如何评估自身的价值,当自我价值受到威胁时,个体将竭力维护。个体将自我接受作为最优先的追求。这种保护和防御以建立一个正面自我形象的倾向就是自我价值的动机。

自我价值是个人追求成功的内在动力。成功会使人感到有价值,失败会使人感到无价值。能力、成功、自我价值感三者之间形成了前后因果连锁关系。有能力的人容易成功,成功的经验给人带来价值感。因此,能力知觉是影响动机的基本因素。个体如果觉得自己是有能力的,那么就会认为自己有价值,否则认为自己没有价值。

为了维护自我价值,学生会采取自我价值保护策略。当学生希望通过优异的成绩向别人证明自己是有能力和有价值却无望时,他们会采取自我价值保护策略,如自我设障、回避挑战、回避必要的学业求助行为、以不良手段捍卫成功或者撒谎。

## （二）基于自我价值理论对学生的分类

自我价值理论根据学生对学习任务成功的追求和失败的回避情况，将学生分为四类：高驱低避型、低驱高避型、高驱高避型、低驱低避型。

高驱低避型学生有无穷的好奇心，对学习有极高的自我投入水平。他们通过不断刻苦发展自我，几乎所有的时间都处于孜孜不倦的学习中。学习是他们获得快乐的手段，也是他们生命的存在方式。学习本身而非外界刺激带给他们一种源于内心的快感。他们自信、机智，又称作"成功定向者"。

低驱高避型学生更看重逃避失败而非期望成功。他们不喜欢学习，虽然他们不一定存在学习问题或学习困难，只是对课程提不起兴趣。他们看起来懒散，不爱学习的背后隐藏着他们强烈的对失败的恐惧，尤其是面对没有把握获得成功的任务时，这种恐惧甚至让他们必须采用逃避的手段。这类学生被称为逃避失败者。

高驱高避型学生既受到成功的诱惑，又对失败充满恐惧。对任务既爱又恨，既追求又排斥让他们常常处于一种冲突状态。这种学生通常是教师非常喜欢的学生，学习努力，聪明能干，而且似乎比同龄人成熟一些。表面来看他们很好，但事实上他们严重地受着紧张、冲突等精神困扰。他们被称为过度努力者。

低驱低避型学生不奢求成功，对失败也不感到丝毫恐惧或者羞愧；他们的内心如同一潭死水，鲜有冲突。他们对成功表现得漠不关心，不接受任何有关能力的挑战。这种不关心意味着一种放弃，防止了对自己无能的评价。

## 七、成就目标定向理论

20世纪80年代末期，德威克（C. S. Dweck）提出了成就目标定向理论。所谓成就目标定向，也称成就目标或目标定向，是指个体对自己从事的成就活动的目的或意义的知觉。例如，有的学生希望通过学习获得知识、提高自己的能力，这是掌握目标定向，而有的学生希望通过学习获得高分，以此证明自己聪明，这是成绩目标定向。

### （一）个体的能力观与成就目标定向的关系

德威克认为，不同的个体对能力持有不同的看法。有些人认为能力可以通过努力而提高，这种观点可称为能力的增长观；有些人却认为能力是一种固定的特质，学习和努力只能使个体获得新知识，却无法使人变得更聪明，这种观点可称为能力的实体观。

德威克认为，个体的能力观决定了个体的成就目标定向。持能力增长观的个体将成就情境看成是提高自身能力的机会，把对任务的掌握和自身能力的发展作为追求的目标，他们的成就目标定向是学习目标定向或掌握目标定向。持能力实体观的个体将成就情境看成是对自身能力的一种检验和测量，分数能够说明他们的聪明程度，因此他们极力追求高分，避免低分，他们的成就目标定向是成绩目标定向或表现目标定向。

### （二）不同类型的成就目标取向下个体的动机行为模式

学习目标定向的个体倾向于寻求挑战，试图通过努力来提高自己的能力，并将任务的成败归因于努力，将失败视为努力不够，面对失败仍然能够保持积极的情绪，试图通过进一步的努力改变现状，这是一种积极的动机模式。

成绩目标定向的个体倾向于对成败进行能力归因，失败时认为自己能力不足，因此会产生焦虑、羞愧等消极情绪，并容易放弃努力，这是一种消极的、不适应的动机模式。

## 第三节 培养和激发学生学习动机

教学活动中,教师常常遇到如下问题:学生为避免过多失败而不愿去主动尝试;学生智商不低,却缺乏学习主动性;较高积极性的学生由于过度焦虑而不能将注意力集中于所学的知识,导致学习成绩下降。这些问题都与学生缺乏学习动机有关。在影响学生学习的各种内在因素中,学习动机是最活跃、最集中体现学生主观能动性的心理成分。成功的学习活动总是伴随有积极的学习动机,而无动机的学习活动,则大多敷衍了事。教师如何调动学生的学习积极性,培养学生的学习动机,是有效的教学首先要解决的问题。

### 一、培养学生内部学习动机的策略

#### (一)培养学生的学习兴趣和求知欲

兴趣是建立在需要的基础上,带有积极情绪色彩的认知和活动倾向。由于个体的兴趣所向与其需要相一致,又伴有积极的情绪体验的支持,因此个体对活动的兴趣往往会发展成为活动的内在动机。特别是在认知活动中,当个体的某种需要得到满足后,其兴趣不但不会减弱,反而会更加丰富和深化,产生与更高的认知活动水平相应的新的兴趣,而这种兴趣又会导致新的认知活动的内在动机。

学习过程是学生能动反映现实的过程,知识的掌握、能力的发展、思想品德的形成,必须通过学生自身的努力和积极的思维才能实现。教师的主导作用具体应体现在设法培养学生的学习兴趣,调动学生的积极性。正如爱因斯坦所言:"兴趣才是最好的老师。"当一个人满怀兴趣地干一件事时,他的情绪愉快,精神放松,大脑高度兴奋,人的创造性就会得到高效地发挥。

教育心理学研究表明,兴趣是学生学习活动中最现实、最活跃的心理因素,是一种强大的内驱力,它能促使学生萌发出强烈的求知欲,从内心产生一种自我追求,推动他们积极探索,努力攀登,向着自己认定的目标奋进。孔子说:"知之者不如好之者,好之者不如乐之者。"浓厚的兴趣能有效地诱发学生学习的积极性,促使其主动地探求知识,研究规律,把握方法,从而创造性地运用知识。

兴趣产生于好奇和需要。儿童对一切感到陌生,感到新鲜,脑袋里有许多疑惑不解的问题,就在探索客观事物的奥秘的过程中,兴趣便自然地产生。归根到底,它总是与人的一定需要相联系的,那些与生活、与当前的任务、与进行着的活动和工作密切联系的东西,都会引起人的兴趣。教学从实际出发,创设情景,布置疑团,使学生迫切要求了解,好奇心得到满足,就会使他产生极大兴趣。引导学生把学过的知识用于实际,使他领会到知识的力量,智慧的伟大,同时又深感自己知识的不足,从而产生新的学习需要,也可以激发学生的学习兴趣,并使之顺利发展。

兴趣分为直接兴趣和间接兴趣两大类。直接兴趣就是对所接触和学习的对象本身的兴趣,是由学习过程本身和认识内容的特点直接引起的。年龄越小,这种兴趣的表现就越明显,儿童对那些鲜艳的、新颖的、活动的、异常的事物瞬间产生的兴趣,就是这种兴趣。它很有吸引力,但也容易消逝。间接兴趣就是对学习对象和学习过程本身并没有兴趣,而是对学习可能获得的结果所产生的兴趣,它是由对学习的社会责任感而引起的。这两类兴趣可以相互转化,二者有机结合便成为推进学习的强有力的心理因素。

培养学生的学习兴趣,应根据直接兴趣与间接兴趣可以相互转化的规律,采取不同途径。当学习某门新学科或接触某个新对象时,由于它们本身并没有什么吸引人的地方,学生可能没有任何直接兴趣,这就要引导学生去认识学习结果,唤起其间接兴趣,使他们依靠意志力量迫使自己钻进去,一旦进入了知识宝库,五光十色、耀眼夺目的知识宝石便会使其产生浓厚的直接兴趣。反之,对某些材料的学习,开始有直接兴趣,但随着内容逐步繁难,直接兴趣可能日渐削弱,这就又必须唤起对这种学习的间接兴趣,以便沿着崎岖的科学道路勇往直前。

> **达尔文的成长** 专栏6-7
>
> 达尔文小时候并不是一个天资聪颖的孩子,甚至有人认为他很愚钝,根本成不了大器。但是达尔文从小就对各类昆虫感兴趣,把各种各样的昆虫捉回家制成标本。他对昆虫的爱好甚至达到了痴迷的程度。有次他在草丛里搜集昆虫标本,突然发现两只从未见过的小昆虫,他马上一只手捉住一只。接着他又发现了第三只,两手不够用,情急之中,他干脆将一只昆虫含在嘴里。此时,昆虫在他的口里动起来,他感到又涩又恶心,但还是忍着没有吐出来,一直坚持回到家中才小心翼翼地将其吐出来。这样,他才松了一口气,终于将其制成标本。由于达尔文从小对昆虫就有一种强烈的兴趣和痴迷,再加上他的仔细观察、勤奋努力,被别人所认为的他身上的某些"先天不足"也就消失了。达尔文在年轻的时候就成为英国乃至全世界的著名生物学家,他在1859年发表的《物种起源》一书,被公认为生物学发展史上的一座里程碑。
>
> 兴趣一旦被激发,人们就会伴随愉快紧张的情绪和主动的意志去努力,去积极地认识事物。达尔文对昆虫的兴趣激发他自觉地探索和研究,最终为人类作出了巨大的贡献。人类的许多发明创造都离不开兴趣。请记住:兴趣是学习和创造的动力,是成才的伴侣。

### (二)通过归因训练,提高学生的自信心和自我效能感

学生对学习结果的归因,不仅解释了以往学习结果产生的原因,更重要的是对以后的学习行为会产生影响。不同的归因方式对学生今后的行为所产生的影响不同,因此可以通过改变学生的归因方式来改变其今后的行为。

在学生完成某一学习任务后,教师应指导学生进行成败归因。一方面,要引导学生找出成功或失败的真正原因;另一方面,教师也应根据每个学生过去一贯的成绩优劣差异,从有利于学生今后学习的角度进行适宜的归因,哪怕这时的归因并不一定很客观。一般而言,无论对优等生还是后进生,归因于努力程度均是有利的。因为努力程度

是一个内部的、可控的因素,这种归因,可以使学习成绩好的学生不会过分自傲,能够继续努力;也会使学习成绩差的学生不会过分自卑,还可能试图通过努力,以争取今后的成功。

归因训练就是通过一定的训练程序,使学生掌握归因技能,有意识地进行归因,逐渐改变不良的归因模式,建立积极的归因模式,从而提高学习积极性。归因训练通常需要以下几个基本步骤:

第一步,要了解学生的归因倾向。可以通过观察、谈话进行,也可以应用问卷测验。

第二步,让学生进行某种活动,并取得成败体验。比如,让学生通过数学练习、单元考试、回答问题等取得成败体验。

第三步,让学生对自己的成败进行归因。

第四步,引导学生进行积极的归因。当学生将成功归因于自己的努力和能力,将失败归因于自己努力不够时,教师要给予积极强化;若学生将成功归于外因,将失败归于缺乏能力或外因,则教师要对学生进行归因指导,告诉学生成功是你努力的结果,而失败则是因为你努力不够。

在归因训练时要注意以下三个方面:第一,归因训练是给学生以积极的归因反馈,帮助学生寻找有积极意义的归因,而不一定是找出学生成败的真正原因。例如,一个学生学习不好的真正原因是因为他脑子笨。如果教师告诉他正是由于脑子笨而造成他学习不好,则有害无益;第二,归因训练要与学习策略指导相结合。当一个学生已付出很大的努力却仍然失败时,教师仅仅指出学生努力不够是不具有说服力的。这时应对学生进行学习策略的指导,教给他一些更有效的学习方法和技巧,然后再激励学生努力去尝试这一新方法;第三,归因训练不是一次就能完成的,教师要在学生学习的各个环节反复训练,直至学生形成稳定而理想的归因倾向为止。

### (三) 培养学生的成就需要和成就感

要激励人们的积极动机,就要满足人的这种高层次的成就需要。成就需要高的人,喜欢对问题承担个人责任,能从完成一项任务中获得一种成就满足感;相反,当成功取决于运气或是由别人为他们解决时,他们就很少产生满足感。在解决问题时,成就动机高的人毅力强,而且总是倾向于将自己的失败归因于努力不够,而不是归因于任务太难或运气不佳。总之,成就动机高的人希望获得成功,而当他们失败之后,会加倍努力,直至成功。

---

**专栏6-8**

### 阿特金森成就动机实验

阿特金森在实验中把80名大学生分成四组,每组20人,给他们一项同样的任务。对第一组学生说,只有成绩最好者能得到奖励($P_S=1/20$);对第二组学生说,成绩前5名将会得到奖励($P_S=1/4$);对第三组学生说,成绩前10名者可以得到奖励($P_S=1/2$);对第四组学生说,成绩前15名者都能得到奖励

($P_S=3/4$)。

　　成功可能性适中的两个组成绩最好,成功概率太高或太低时成绩下降。第一组学生大多都认为,即便自己尽最大努力也极少有可能成为第一名;而第四组学生一般都认为自己肯定在前15名之列,于是,这两组学生都认为无需努力了。研究表明,最佳的成功概率是二分之一左右。因为大多数学生认为,如果尽自己努力,很有希望获得成功;如果不努力的话,也有可能会失败。

　　对于一些学生来说,取得较好的学习成绩是为了获得教师、父母等人的表扬与奖励,回避不及格是为了避免遭到教师、父母等人的批评与处罚,同学的讥笑。追求成功的动机与回避失败的动机在方向上是一致的,都是驱使个体前进,追求好的活动结果。但是,不同的人,这两种动机的强度、地位与作用是不同的。在同一种活动中,有的人追求成功的动机强度超过回避失败的动机。若学习的主要目的是评上先进,追求高分的动机就强于回避考试不及格的动机;同一种活动中,有的人回避失败的动机强度超过获得成功的动机。若学生学习的主要目的是考试及格,避免教师与父母的批评与处罚,回避考试不及格的动机就强过取得较高分数的动机。校园里"60分万岁,多1分浪费"的非主流言论,就是这种心态的反映。

　　针对这种情况,教师在教育实践中对力求成功者,应通过给予新颖的、有一定难度的任务,设计充满竞争的情境,严格评定分数等方式来激励其学习动机;而对避免失败者,则要弱化竞争情境,并在他们取得成功时及时给予表扬,评定分数也要求适当放宽,并尽量避免当众指出其错误。教学中还须注意的是,虽然成就动机对学习有重要影响,但不能片面地只讲个人的成就和自我提高,教师必须引导学生充分认识学习的社会价值,把追求个人成就和追求社会进步相结合,使个人成就服从于社会进步的需要。

　　教师在学校中要让学生产生更多的成功体验,要善于给学生提出难度适中的学习任务和要求。如果学习任务过难,学习要求过高,学生容易产生失败感;但学习任务和要求过低,即便取得了成功,学生也不会增强自我效能感。学生对行为成败的归因方式,也会影响自我效能感,教师应注意引导学生进行积极的归因,即把成功与努力和能力相联系,将失败与努力不足相联系,从而增强学生的自我效能感。对"成功"的理解不能狭隘。实际上,每个学生都可以获得成功:茅塞顿开的领悟、完满地解决问题、别出心裁的思路、异想天开的提问、当众表述自己的观点、成功地完成实验、发现了教师的口误或教科书上的微小错误等,都是一种成功。这些成功的体验,会变为学生继续学习的动力,甚至还可能进一步发展成为创造性。

## 二、培养学生外部学习动机的策略

### (一)及时提供反馈信息

　　有机体接受信息之后,会产生效应活动,这种效应活动又可以作为新的信息返回传入,从而进一步调整和完善有机体的活动,这就是反馈原理。"反馈"在这里的意思是提供给学生关于其学习结果清楚的、具体的、及时的信息。心理学研究表明,来自学习结果的各种反馈信息,对学习效果具有明显影响。这是因为,一方面学习者可以根据反馈信息调整学习活动,改进学习策略;另一方面,学习者为了取得更好的成绩或避免再犯错误而增强了学习动机,从而保持学习的主动性和积极性。

> **专栏6-9　反馈信息对动机的激发实验**
>
> 在布克(W. F. Book)和诺维尔(L. Norvell)的一项研究中,以大学生为研究对象,把他们分为甲乙两个水平相等的组,要求他们练习两位数乘两位数的心算,一共练习了45次,每次半分钟。让甲组的学生知道自己每次练习的成绩,而不让乙组学生知道,只要求他们每次努力练习。练习达30次后,甲组学生进步的占43%,乙组学生只有36%。后来15次练习的安排则相反,让甲组不知道成绩,乙组学生及时了解成绩,结果发现甲组学生进步的只占15%,乙组学生却占29%。这一实验有力地说明了有关学习结果的反馈信息,对学习动机具有激发作用,有利于提高学习成绩。

心理学家发现反馈可作为一种诱因,在很多情况下,可作为个体行为的适当的强化。通过反馈,使学生及时了解自己学习的结果,包括运用所学知识解决问题的成效、作业的正误、考试成绩的优劣等,知道自己的学习结果,会产生相当大的激励作用;看到自己的成功、进步,会增强信心,提高学习兴趣;知道自己的缺点和错误,可以及时改正,并激起加倍努力,力求获得成功。

在运用反馈时,要注意的是反馈必须清楚、具体、及时。特别是对年幼的学生,更应如此。教师如果给某学生提供一个抽象的、不具体的反馈("你做得很好"),不做任何解释,学生就难以从反馈中知道他下一步应该做什么,也不会做出最具有动机效应的努力归因。如果反馈与作业结果相隔的时间太长,反馈就会失去其动机和信息价值。社会学习理论家班杜拉还发现,不管外界的奖赏具有多大的价值,如果只是偶尔才能得到的,那么,它的动机价值还不如小的但能经常得到的奖励。心理学家迪姆普斯特(Dempster,1991)的研究发现,经常给学生提供一些小测验,比很长时间后进行一次大考,更易于评定和促进学生的学习。

及时反馈对学习动机具有重要影响。让学生及时了解自己的学习结果,会产生相当大的激励作用。因为学生知道自己的进度、成绩以及在实践中应用知识的成效等,可以激起他们进一步学习的愿望。同时,通过反馈的作用又可以及时看到自己的缺点和错误,及时改正,并激起上进心。因此,在教学过程中,教师应注意:第一,及时批改和发还学生的作业、测验和试卷。"及时"是利用学生刚刚留下的鲜明的记忆表象,满足其进一步提高学习的愿望,增强学习信心;第二,评语要写得具体,有针对性、启发性和教育性,使学生受到鼓舞和激励。

反馈在学习上的效果非常显著,及时合理的反馈能帮助学生及时发现、纠正错误,调整学习进度,使用合适的学习策略来完成学习任务。反馈的实际效果与教师对学生的督促、引导有关。比如,教师对学生的作业作了评价(对、错、批语),学生若不予理睬,反馈仍然起不到应有的作用。所以,教师应该督促学生重视反馈评价,引导学生对反馈评价进行分析、吸收。总之,积极的反馈才有强化学习动机、提高学习积极性的作用。

### (二) 适当使用表扬和批评

表扬在课堂教学中的作用主要是强化学生适当的行为,为他们所表现出的期望行为提供反馈。教师对学生的肯定评价具有积极的强化作用,能鼓励学生产生再接再厉、积极向上的力量。对学生的评价当中,赞扬、表扬、奖励一般比责备、批评、惩罚更具有激励作用,特别是对年龄小的学生和学业成绩不良的学生更是如此。有的教师认为,个别学生没有值得表扬的地方。其实,得不到表扬的学生,更需要用表扬的方式去培植学习动机。这就要求教师以一颗爱心,关注每位学生,洞察学生的进步,寻找学生的长处,给学生提供被表扬的机会。例如,教师向平时学习较差的学生提问时,可以提示性地让他一步一步接近正确的答案,在答错的情况下,启发其自行纠正错误,正确解答问题。

---

**专栏6-10**

### 表扬与批评效果的实验

美国心理学家赫尔洛克(E. B. Hurlock)曾(1925)做了一个关于表扬与批评效果的实验,他把106名四年级和五年级的小学生分成4组,各组条件相等,要求每组学生连续5天,每天练习15分钟,做难度相等的加法练习。控制组单独练习,不给任何评定,而且与其他三个组学生隔离。其余三组同处一室做练习,但待遇不同。第二组是受表扬的组,每次练习后,实验者逐个点名表扬;第三组是受批评的组,实验者从不表扬他们,而且对他们练习中的错误大加指责;第四组是受忽视的组,每次练习后不表扬也不批评,但使他们都看到其他两组受表扬或挨批评。从练习的平均成绩来看,三个实验组的成绩优于控制组,这是因为控制组未受到任何信息的作用。受忽视组虽然未受到直接的评定,但与受表扬组和受训斥组在一起,受到间接的评定,所以对动机的唤醒程度较低,平均成绩劣于受训斥组。受表扬组的成绩优于其他组,而且一直不断地直线上升。这表明,对学习结果进行评价,能激发学生的学习动机,对学习有促进作用;教育中表扬的作用优于批评,批评又比不闻不问要好。

---

奖励与表扬有相似的作用。发放奖学金、评选三好学生和优秀干部是常用的奖励方式。奖励往往只用于一部分学生,不像表扬可以用于任何学生。但奖励对学生群体的影响大于表扬,它不仅对受奖励者是一种激励,而且对未受奖励者也是一种鞭策。

适当的表扬与批评所起的作用,主要是对学生的学习活动予以肯定或否定,从而使学生巩固和发展正确的学习动机。多数情况下,表扬、鼓励比批评、指责能更有效地激励学生的学习动机。因为前者能使学生产生成就感,后者则会挫伤学生的自尊心和自信心。在学习活动中,对成绩好的学生,教师不仅要使他们知道自己的成功,还要表扬、奖励他们,以引起愉快的情绪,勉励他们继续努力学习。对成绩差的学生,教师不仅要使他们知道自己的失败,还要批评、惩罚他们,以引起苦闷的情绪,督促他们重新努力学习。总的说来，无论表扬还是批评，对于激励学生的学习动机是有好处的。但研究表明，一次批评和一次表扬，对加强学习动机同样有效，而继续使用批评和表扬，则前者的效果不如后者。

在学校中运用表扬与批评时，应当考虑这么几个方面：客观公正的态度，否则，就会使二者对学习活动产生副作用；针对学生要多用表扬、少用批评，特别是对于那些学习落后的学生，更要善于发现其闪光点，抓住其点滴进步予以表扬。

**（三）注意外部奖励的方式**

自20世纪70年代以来，很多研究发现，外部强化虽然能够提高外来动机，但也存在着明显的副作用——损伤某些活动的内在动机。

对于人们本来有兴趣的活动，或者说本来能够由内在动机激发的行为，由于外部强化的介入，而且这种奖赏又太过显眼，简直成为一种"贿赂"时，使人们行为的结果似乎就是为了获得外部奖赏，从而损害了内在动机和对活动本身的兴趣。外部奖赏的破坏效果主要出现在所奖励的只不过是完成任务本身，而不是出色地完成任务的情况下。比如，只要交了卷，所有学生都可以获得A等成绩，就传递了这样一种信息，即不需付出任何努力，无论水平高低，都可以被接受。因此，学生们就会认为只要做了就会有奖赏，而不是因为付出了努力、有能力或答卷质量高，进而会损害内在动机。外部强化对内在动机的损害是以学习者的认知为中介的。研究发现，当学生完成了很容易的学习任务之后获得表扬时，他们会将这种表扬看作是教师认为他们低能的标志，因而损伤了内在动机。另外，外部强化的使用还易使学生的注意范围变窄，只关心考试、分数和奖赏，而忽略对所学内容本身的掌握。

因此，当我们运用外部强化激发学生学习时一定要慎重。对于学生本来有兴趣的学习活动，要避免由于外部奖赏而损害其内在学习动机；对于学生一开始就缺乏兴趣的学习活动，教师可以运用外部强化去激发学习动机并使学生最终对学习活动本身产生兴趣。

这里所说的外部奖赏是指物质上的奖励。大量的心理学研究表明，对学生的学习行为和学习结果给予外部的物质奖励能有效地促进其学习。但外部奖励运用不当，很可能会引起意想不到的负面效果。

**专栏6-11　外部奖励的副作用研究**

莱伯（M. R. Lepper）进行了一项有趣的研究，他让幼儿园的儿童进行一项有趣的游戏，实验的第一阶段不给任何奖励，两组儿童都非常投入地进行游戏，两组没有什么差异。实验的第二阶段，给一组儿童以糖果等物质奖励，另一组儿童同样不给任何奖励，实验一段时间后发现，得到奖励的那组儿童对该游戏的兴趣明显降低了，而未得到奖励的那组儿童仍然表现出很大的兴趣。这个实验表明，外部提供的奖励使儿童对本来有内部学习兴趣的活动变得没有兴趣了，外部奖励产生的是负面效应。

个体在行为过程中,常常要对行为的原因加以探究,或者产生自我决定感,或者产生他人决定感。对某一行为,如果多次受到外部奖励,个体就会产生他人决定感,或从自我决定感变为他人决定感,结果在没有外部奖励的条件下,就会表现出行为动机的丧失。因此,教师在运用外部奖励时,应持谨慎的态度。对那些已有内部动机的活动最好不要轻易运用物质奖励,只有对那些缺乏内部动机的活动予以物质奖励才可能产生积极的激励作用。

另外,在运用外部奖励时还需要考虑的问题是:即时奖励与延迟奖励哪个更有效?一般来说,即时奖励比延迟奖励更有效。但奖励效果的大小与奖励量的大小、受奖励者的个性特点有关。米契尔和莫尔(W. Mischel & S. Moore, 1973)的研究表明,当延迟奖励的分量达到一定的强度时,也能产生即时奖励的效果;愿意延迟奖励的个体大多具有较高的自我控制能力,成就愿望强烈,显得较为成熟,有较高的志向水平和社会责任感,而选择即时奖励的个体往往容易情绪激动、忘乎所以、成就动机低下、社会竞争能力较差。

**参考文献**

[1] 张大均.教学心理学[M].北京:人民教育出版社,2005.
[2] 张承芬.教育心理学[M].济南:山东教育出版社,2000.
[3] 韩进之.教育心理学纲要[M].北京:人民教育出版社,1989.
[4] 莫雷,张卫.青少年发展与教育心理学[M].广州:暨南大学出版社,1997.
[5] 田宝,戴天刚,张扬.教育心理学案例[M].北京:首都师范大学出版社,2007.
[6] 皮连生.学与教的心理学[M].上海:华东师范大学出版社,2003.
[7] 李伯黍,燕国材.教育心理学[M].上海:华东师范大学出版社,2001.
[8] 陈琦,刘儒德.当代教育心理学[M].北京:北京师范大学出版社,2005.
[9] 教育部人事司,教育部考试中心.教师资格制度实施工作指导用书:教育心理学考试大纲(适用于中学教师资格申请者)[M].北京:北京师范大学出版社,2002.

**思考题**

1. 王某个子不高,相貌一般,品质还算老实,偶尔会偷懒。当他的父亲找到我这个班主任,说他儿子离家出走,我一时还不敢相信。一个也许还沉浸在考入省重点中学,学习成绩尚可的高一新生,怎么会出走了?但当他父亲讲述了事情的原委,我不禁陷入沉思……他父亲整天忙于做生意,很少顾及儿子的学习和生活,母亲负责提供超出正常开销的金钱,车子接送。那天是大礼拜,父亲和儿子都在家,父亲偶尔问起一些情况,双方意见不一,便发生争执,父亲打了儿子一巴掌,儿子一气之下便离家出走,也不回学校了。

第二天王某的父亲再次来到学校,告知人已找到,在一亲戚家,但他说什么都不肯来学校上课。他父亲希望我以班主任的身份出面,力劝他回校。作为一名新教师,我所面临的是一个全新的挑战,我能说动他吗?

王某的一切消极思维、情绪和行为与家庭因素密不可分。家里有钱,使他产生了金钱万能、读书无用论。他的妹妹因学习成绩不好,父母也不指望她在学业上有所成就,早早就为她选择好了出路,包括在上海买房,找了一所学校,以后再送出国等。而他,拿他父母的话来说是块学习的料,于是准备让他读好书再发展,对他的要求自然也严一些。这一切都让他心理不平衡。再说王某在学校因为各方面都不怎么突出,自然便产生了消极的想法——"与先前相比,同学和老师都不怎么重视我,学校让人见了就烦,待在学校只能是浪费时间。"他的情感体验就会经历一个波动的过程,从充满希望到厌倦、冷漠、焦虑不安,最后到孤注一掷、离家出走。

根据上面的材料回答下列问题:
(1)影响王某学习动机的外部环境因素有哪些?
(2)怎么克服他的消极思维、情绪和行为,以重新激发起他的学习动机?

2. 单元考后,语文老师让同学们对考试成绩进行反思,总结经验教训,写成作业上交。甲、乙、丙三人分别写道:

甲:我使尽了"洪荒之力",一分耕耘,一分收获。

乙:考得好是因为背的全考到了,没有背的都没有考到。

丙:别人都很强,我可能不是块学习的料。

根据上面的材料回答下列问题:
(1)运用韦纳的归因理论,具体分析甲、乙、丙归因的维度和因素。
(2)分析甲、乙、丙的归因对其动机及行为的影响。

# 第七章 知识的学习

**学习目标**

1. 理解知识、学习和知识学习的概念及分类。
2. 理解陈述性知识的学习过程、学习方法和影响因素,能设计和评价陈述性知识的教学过程。
3. 理解程序性知识的学习过程、学习方法和影响因素,能设计和评价程序性知识的教学过程。
4. 理解策略性知识的学习过程、学习方法和影响因素,能设计和评价策略性性知识的教学过程。
5. 理解动作技能的概念。在动作技能学习中能有效组织练习。

**关键术语**

知识：是指个体与环境相互作用后获得的信息及其组织。

知识表征：是指知识或信息在人脑中存储和呈现的方式。

陈述性知识：是关于事物及其关系的知识。

程序性知识：完成某项任务的行为或操作步骤的知识。

产生式：一种"条件-行动"的动态知识表征形式。

学习：由经验引起的行为或行为潜能相对持久的变化。

符号表征学习：符号所代表的意义与所代表的事物或观念建立对等的关系。

概念学习：掌握同类事物的共同关键特征。

命题学习：学习判断若干概念之间的关系。

策略性知识：学习主体关于特定学习条件和学习任务下，选择特定学习方法来提高学习效率的程序性知识。

认知策略：在信息加工过程中，为了更好地获得、存储、提取、运用信息等所采用的各种方法和技术。

元认知策略：学生对自己的认知过程及结果的有效监视及控制的策略。

资源管理策略：辅助学生管理可用环境和资源的策略。

动作技能：通过练习而形成的一定的动作活动方式。

练习：在反馈作用的参与下，有目的地多次重复同一种动作或动作系统。

**本章结构**

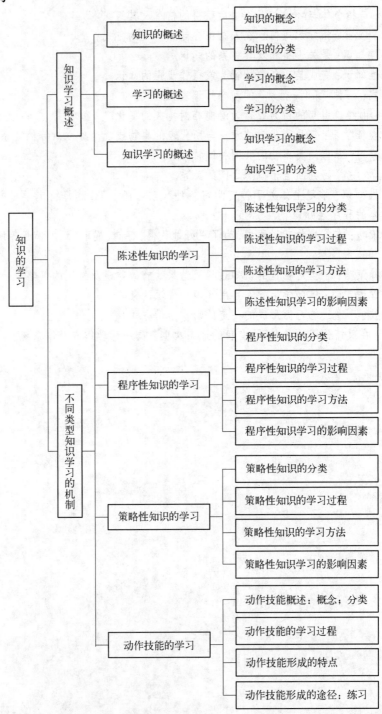

社会在不断地发展变化,学习活动伴随着人的一生。在一个人的成长过程中,学习起着非常重要的作用。实际上,一个人在进入社会之前,大部分时间都是在学校里学习。因此,心理学家对学校中学生的知识学习进行了大量的研究。这一章主要介绍不同类型知识的学习。

## 第一节 知识学习概述

### 一、知识的概述

#### （一）知识的概念

从认识论的角度来看，所谓知识，就它反映的内容而言，是客观事物的属性与联系的反映，是客观世界在人脑中的主观映像；就它反映活动的形式而言，有时表现为主体对事物的感性知觉或表象，属于感性知识，有时表现为关于事物的概念或规律，属于理性认识。从心理学角度来看，人能借助知识进行思维或解决问题，是因为在头脑中存储、加工和提取了相关知识。所以，认知心理学家安德森（John Robert Anderson, 1983, 1990）从信息加工的角度将知识看作是个体与环境相互作用后获得的信息及其组织。

知识表征是指知识或信息在人脑中存储和呈现的方式。研究者倾向于把知识表征分为外部表征和内部表征。知识的外部表征包括文字表征和图像表征等。知识内部表征是以命题、表象、线性排序、图式、产生式和产生式系统来表征。知识的表征形式可以是形象的，也可以是抽象的，还可以是两者皆备的。

20世纪50年代后期，认知心理学开始运用信息技术模拟研究人的心理活动，从而形成了信息加工理论。这一理论的中心思想是把人类所有的观念、概念、知识、能力以及大脑里的加工过程看作是完全可以用物理符号处理的过程。

现代教育心理学认为，知识、技能、学习策略、能力及智力的本质与作用不同，主要是知识的表征不同。知识的不同表征说明，知识既有信息意义，又具有智能意义。

新知识观基本假设包括：第一，人类后天习得的能力可以视为知识；第二，不同类型的知识在大脑中的表征与存储不一样；第三，不同类型知识的习得过程与有效学习条件不一样；第四，不同类型知识的测量与评价标准不一样。

#### （二）知识的分类

认知心理学家安德森认为，根据不同知识在头脑中的表征类型，知识可以被划分为陈述性知识和程序性知识。

陈述性知识是关于事物及其关系的知识。它能够被人用语言来陈述和描述，可以归结为"6W"：是什么（what）、为什么（why）、谁（who）、在哪里（where）、什么时候（when）和怎么样（how）。它包括事实、规则、事件、态度等。它相当于传统意义上的"知识"。学习陈述性知识时，输入和输出是完全相同的。所以，它可以通过死记硬背来学习。

**安德森**

约翰·罗伯特·安德森，1947年8月27日出生于加拿大温哥华，是卡内基梅隆大学的心理学和计算机科学教授。从1964年到1974年，安德森在不列颠哥伦比亚大学和斯坦福大学攻读心理学。曾任教于耶鲁大学。从1978年起，他担任卡内基梅隆大学教授。1988年到1989年，他担任美国认知科学学会会长。2004年，他由于对人类认知分析的贡献而获得鲁姆哈特（David E. Rumelhart）奖，在2006年成为首位获得Heineken奖的认知科学家。

陈述性知识表征方式有命题、表象、线性排序和图式等。

程序性知识是完成某项任务的行为或操作步骤的知识。它是一套办事的操作步骤，是关于"怎么办"的知识。它没有有意识的提取线索，只能借助某种作业形式间接推论其存在的知识。例如，从一个教学效果好的教师讲授新课过程中，可以推断新课的讲授通常包括五个步骤：组织教学、导入新课、讲授新内容、练习、总结。

程序性知识是以产生式和产生式系统来表征的。产生式是一种"条件-行动"的动态知识表征形式(表7-1)。一个产生式包含两个组成部分:"如果(if)……","那么(then)……"。"如果"部分规定了要执行一系列特定行动所必须满足或必须存在的条件。它所包含的语句数目代表了必须满足的条件数目。与之对应,"那么"部分列出了在符合这些条件的情况下所要执行或激活的行动;它所包含的语句数目代表了将要发生的行动数目。因此,产生式包含的语句数目代表了它的复杂程度,包含的语句越多,就越复杂。程序性知识相当于传统意义上的"能力"或"技能"。

表7-1 关于"陈述句变一般疑问句"的产生式

| 产生式 | 条件(if) | 行动(then) |
| --- | --- | --- |
| 产生式1 | 如果动词是be,或情态动词 | be、情态动词放到句首;第一个字母大写;句末加问号。 |
| 产生式2 | 2.1:如果动词是实义动词;主语是非第三人称单数。<br>2.2:如果动词是实义动词;主语是第三人称单数。 | 2.1:句首加助动词Do;句末加问号。<br>2.2:句首加助动词Does;句中动词还原;句末加问号。 |

程序性知识的学习一定要通过练习或实操才能实现。在学习过程中,输入和输出结果是不一样的,即从记住操作步骤(输入)开始,以相应活动过程中是否体现程序性知识(输出)来判断是否被掌握。

有些研究者(如Mayer,1987)认为还有一类策略性知识。策略性知识是指学习主体特定学习条件和学习任务下,选择特定的学习方法来提高学习效率的程序性知识。从知识分类的观点看,策略性知识也属于程序性知识。与一般程序性知识不同的是,一般程序性知识是调节个体的外部活动,策略性知识主要调节个体的内部活动。特定的学习方法包括调节自己的注意、记忆、思维能力和情绪的知识。特定学习条件和学习任务是指学习的主客观条件。每个人在学习过程中,都会发展出一种内隐策略性知识,即在什么学习条件和学习任务下,用什么样的方法比较有效的知识。不同的是,有些人的策略性知识比较有效,有些人的策略性知识效果不是很好。策略性知识表征也是产生式:如果……(学习知识的主客观条件),那么……(学习方法)。

这一章里,我们将根据安德森等人对知识的分类,介绍不同类型知识学习的机制(图7-1)。

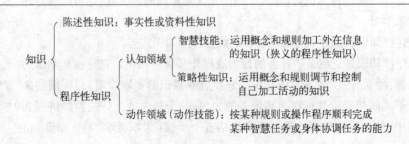

图7-1 知识的分类

## 二、学习的概述

### （一）学习的概念

心理学家认为，学习是由经验引起的行为或行为潜能相对持久的变化。这个定义包含四个核心命题。

首先，就学习的主体来说，学习并非人类特有的行为，动物也有学习。在学习的早期研究中，心理学家通常通过研究动物的学习来理解人类的学习。

其次，由经验引起的行为变化才是学习。经验可以是直接经验，也可以是间接经验。除经验外，其他因素也能引起行为的变化，如成熟、疾病、疲劳、药物、身体损伤等。由这些因素引起的行为变化就不属于学习。

再次，行为或行为潜能的变化是相对持久的。长时间学习或工作会导致身心疲倦、认知效率降低；但休息后身体状态和认知效率就会恢复。所以，有些经验虽然会引起行为的变化，但如果不是持久的变化，就不能称为学习。

最后，学习的结果最终表现为行为或行为潜能的变化。其中，行为强调的是外显行为变化。如教师教了生字后，学生就能读、写出来。行为潜能的变化是内隐的行为变化，包括知识结构、态度、观念等变化。

### （二）学习的分类

学习现象十分复杂，涉及不同的主体、内容、形式、水平和目标。可以从不同维度对学习进行分类。从学习主体演进来看，学习可以分为动物学习、人类学习和学生学习。

动物学习是指动物在遗传的基础上，在环境因素的作用下，通过生活经验获得行为或行为潜能的改变。动物的学习，也称广义的学习。动物的有些行为是与生俱来的，是一种天赋的遗传行为，称为先天性行为。而有些行为则是后天获得的经验性行为，称为学习行为。动物的学习包括习惯学习、模仿学习、印刻学习、联想学习和推理学习。

---

**专栏 7-1**

### 印刻学习

所谓印刻（imprinting），是指某些动物在出生后某段时期对环境刺激所表现的一种原始而快速的学习方式。奥地利动物行为学家康纳德·洛伦茨发现，刚孵出不久的雏鸭会注意到环境中移动的客体，随即表现出跟随依附的行为。如在它面前出现的是母鸭，雏鸭会跟随，如出现的是母鸡或人甚至是移动的玩偶，它也会跟随。

洛伦茨曾做过这样的实验：他把灰鹅的蛋分为两组孵化，一组由母鹅孵化，一组由孵化箱孵化。结果由孵化箱孵化出来的小鹅把洛伦茨当成了妈妈。洛伦茨走到哪儿，小鹅也跟到哪儿。如果把两组小鹅扣在一只箱子下面，当提起箱子时，小鹅会有两个去向。一组向母鹅跑去，一组则跑向洛伦茨。这种学习后果是由直接印象造成的，所以称为"印刻"学习。据实验，很多一出生就能四处活动的动物都能够产生印刻行为。如大部分鸟类、豚鼠、绵羊、鹿、山羊和多种鱼类。印刻是新生动物学习的一种重要形式，它可以使那些没有自卫

> 能力的小动物紧紧依附在它们的父母身边，从而使食物供应和庇护更有保障。
> 　　印刻只在出生后某段时间内发生，刚孵出的雏鸭雏鸡等禽类的印记现象，只能在一天之内发生，超过30小时印刻将不会发生。同理，小狗出生后，如在一个半月之内不与人接近，以后将无法与人建立亲密关系。洛伦茨称可能产生印刻的有效期为关键期(critical period)。

　　人类的学习是人类在认识与实践过程中获取经验和知识，掌握客观规律，使个体和社会获得发展的社会活动。学习的主体可以是人类个体，也可以是不同层次的团队、组织乃至作为整体的人类社会。学习内容是获取知识和经验，掌握客观规律。学习的目的和结果是使个体和整个人类得到发展。人类学习与动物学习有着本质的不同。

　　学生的学习是指学生在校的学习。它既具有人类学习的一般特点，同时又具有特殊性。

　　首先，学生的学习是在教师的指导下，有目的、有计划、有组织地进行的，是在较短时间内接受前人所积累的文化科学知识，并以此来充实自己的过程。学生在学习过程中，除了知识本身以外，还发展了能力，培养了行为习惯，修养道德品质和促进人格发展。

　　其次，学习是学生的主要社会活动，是社会对学生的基本要求。与动物和人类社会初期不同，现代社会对社会成员有更高的要求，只有通过专门的学校教育，学生才能在进入社会前，具有基本的知识、能力，掌握社会行为规范。

　　最后，学生的学习以接受间接经验为主。间接经验或书本知识是学生学习的主要内容。

**专栏7-2　　　　　　学习的分类**

1. 根据学习内容分类

布卢姆(B. S. Bloom)根据知识内容，把知识分为四类：

（1）事实性知识，指学习者在掌握某一学科或解决问题时必须知道的基本要素，包括术语知识和具体细节及要素的知识。

（2）概念性知识，指某个整体结构中发挥共同作用的各基本要素之间的关系，包括类别与分类的知识、原理与概括的知识以及理论、模式与结构的知识。

（3）程序性知识，指如何做事的知识，探究的方法，运用技能的准则，算法、技巧和方法的知识。包括具体学科技能和算法的知识、具体学科技巧和方法的知识、确定何时运用适当程序的知识。

（4）元认知知识，指关于一般的认知知识和自我认知的知识。包括策略性知识、关于认知任务的知识（包括适当的情境性和条件性知识）、自我知识。

2. 根据学习水平分类

加涅把学习从简单到复杂分为六种水平：

(1) 连锁学习。是一系列"刺激-反应"的联合。它是由动作单位所联结的连锁化。

(2) 辨别学习。能够识别各种刺激特征的异同并作出不同的反应。

(3) 具体概念的学习。对刺激分类，并对同类刺激作出相同的反应。

(4) 定义性概念的学习。指对抽象概念的学习。

(5) 规则学习。规则是两个或两个以上概念的联合。规则学习就是指了解两个或两个以上概念之间的关系。

(6) 解决问题的学习。也称高级规则的学习。

3. 根据学习目标分类

布鲁姆把教育目标分为认知、情感和动作技能三个方面。其中认知领域学习目标分为以下几类：

(1) 知识。即对知识的简单回忆。

(2) 理解。即能解释所学知识。

(3) 应用。即在特殊情况下能够使用概念和规则。

(4) 分析。即能区别和了解事物的内在联系。

(5) 评价。根据内部证据或外部标准作出判断。

(6) 创造。即将要素组成内在一致的整体或功能性整体。

## 第二节　不同类型知识学习的机制

### 一、陈述性知识的学习

#### (一) 陈述性知识学习的分类

可以把陈述性知识的学习分为三类：符号表征学习、概念学习和命题学习。

1. 符号表征学习

符号表征学习是指符号与其所代表的事物或观念建立对等的关系。日常生活中，我们记人的名字、动植物的名称、数学符号、化学元素、交通指示标志图片等，都属于符号表征学习。符号与所代表的事物或观念通常是一一对应的。如，岳飞是中国历史中特定的人物。但也会出现多个符号代表同一事物或观念的情况。如，土豆学名叫马铃薯，有些地方还称之为地蛋、洋芋等。

符号表征学习可以分为三类：(1) 言语学习，例如汉字、英语单词的学习；(2) 非语言符号的学习，如实物、图像、图表、图形等；(3) 事实性知识的学习，如对卢沟桥事变等历史事件的学习。总的来说，符号表征学习就是学习特定符号指代什么，是最低级的学习。比如，幼儿园小朋友进行的学习主要就是符号学习，开始认识周围的世界，知道它们叫什么名字。

符号表征学习中的心理机制，是符号和它们所代表的事物或观念在学习者认知建构中建立相应的等值关系。符号表征学习的关键在于符号意义的获得，即从实物与认知内容的联系过渡到符号与认知内容等值关系的建立。例如,对于没有见过马铃薯的人来说,你跟他说马铃薯(声音),他完全不知道你在说什么(没有获得意义)。当你拿着马铃薯(实物),跟他说"这就是马铃薯",他就知道马铃薯(声音,即符号)就是指你手里拿着的东西(实物)。在认知结构中,他就获得了马铃薯的知识和表象。

2. 概念学习

概念学习是比符号表征学习更高一级的有意义学习。概念学习实质上是掌握同类事物的共同关键特征。例如,日常生活形成的"圆"的概念,指的是平面中到一个定点距离为定值的所有点的集合,进而总结出在不同圆中,存在着一些共同的特征:在一个平面中,有一个定点,其他点到该点的距离相等,而无关乎它的大小、颜色、材质等。如果"圆"这个符号对某个学习者来说,已经具有这种一般意义,那么,它就成了一个概念。如果代表同类事物的名词,其关键特征可以由学习者从大量的同类事物的不同例证中独立发现,这种获得概念的方式叫概念形成。概念学习也可以用定义的方式直接向学习者呈现,学习者利用认知建构中原有的概念理解新概念,这种获得概念的方式叫概念同化。

无论是概念形成,还是概念同化,学习者都要掌握概念四个方面的特征:(1)概念名称。能代表同类事物的名词就是概念名称;(2)概念例证。同类事物中的个体就是概念例证;(3)概念的属性,又称关键特征或标准属性。它是指概念共同的本质属性;(4)概念定义。它是指同类事物共同本质属性的概括。

需要指出的是,概念学习与概念名称(或概念词)的学习是两种性质不同的有意义学习。概念学习不论是经过概念形成的方式,还是概念同化的方式,其最终结果都是理解一类事物共同的关键特征或本质特征。而概念名称的学习属于符号表征学习,即用符号代表概念。

3. 命题学习

有意义学习的第三种类型是命题学习。命题涉及两个或两个以上概念的关系。原理、公理、公式和定义的学习都属于命题学习。命题可以分为两类:一类是非概括性命题。它只表示两个以上特殊事物之间的关系。例如,"北京是中国的首都",这个命题里的"北京"代表特定的城市,"中国的首都"也是一个特殊的名称。这个命题只陈述了一个具体事实;另一类命题表示若干事物或性质之间的关系。这类命题叫概括性命题。例如,"圆的直径是它半径的两倍"。这里的倍数关系是普遍的关系。这两类命题学习中的命题都是由词汇联合组成的句子表示的。所以,在命题学习中也包含了符号表征学习。由于构成命题的词汇一般代表概念,所以,命题学习实质上是学习若干概念之间的关系,或者说,学习由几个概念联合所构成的复合意义。命题学习在复杂程度上一般要高于概念学习。如果学生对一个命题中的有关概念没有掌握,他就不可能理解这一命题,命题学习必须以概念学习为前提。

命题学习实际上是学习判断若干概念之间的关系。比如"直角三角形是特殊的三角形""圆的半径是直径的一半"都在论述两个概念之间的关系。命题是知识的最小单元,它既可以陈述简单的事实,也可以陈述一般规则、原理、定律、公式等,因此它被看成是陈述性知识掌握的高级形式。命题学习旨在反映事物之间的关系,是一种更加复杂的学习。

### (二) 陈述性知识的学习过程

1. 符号表征学习过程

符号表征学习是指学习单个符号或一组符号的意义,也就是说学习它们代表什么。符号表征学习的主要内容是词汇学习,即学习词汇代表什么。在任何语言中,词汇可以代表物理世界、社会世界和观念世界的对象、情感、概念或其他符号,这种代表关系是约定俗成的。对于新生的一代来说,某个词代表什么,对它们最初是完全无知的,他们必须学会这些词汇代表什么。

符号表征学习的心理机制,是符号与其代表的事物或观念在学习者认知结构中建立相应的对等关系。例如,"树"这个符号(字形或字音),对新生儿来说是完全无意义的,在儿童多次跟"树"打交道的过程中,年长的人多次指着树(实物)说"树"(字音),儿童逐渐学会用"树"(字音)代表他们实际见到的树。我们说,"树"这个声音符号对某个儿童来说获得了意义,也就是说,"树"这个声音符号引起的认知内容与实际的树引起的认知内容是大致相同的,同为树的表象。这一学习过程可以分为两个阶段(图7-3)。

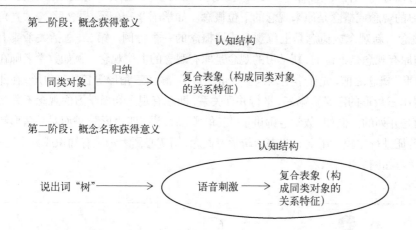

图 7-3 在概念形成过程中学习概念名称的两个阶段

2. 概念的学习过程

概念学习分为两种:概念形成和概念同化。

概念形成学习过程,一般分为四个阶段:知觉辨别、假设、检验假设和概括。所谓知觉辨别,就是区分属于这一概念的事例和不属于这一概念的事例。生物老师讲"动物"概念时,把动物与非动物区分开。所谓假设,就是找出同类事物共同或本质属性的过程。学生在学习过程中,刚开始可能找到的不是一类事物的共同属性或本质属性,所以,学生对一类事物共同属性的理解叫假设。所谓检验假设,就是教师通过举例来纠正学生对概念共同属性的概括。例子分正例与反例。正例是有助于确证概念的本质属性的例证,反例是有助于剔除概念的非本质属性的例证。通过补充正例与反例,学生最后掌握一类概念的共同属性。这种共同属性可能是一个,也可能是多个。所谓概括,就是将一类概念共同属性联结起来的活动。

概念同化学习过程通常分为三个阶段。

第一阶段,理解吸收新知识。

在新知识学习过程中,一般会激活与新知识相关的知识,叫复习相关的旧知识。其目的在于让学生看到新旧知识之间的联系或相同点,便于学生用旧知识理解新内容。

概念同化通常是指定义性概念的学习。定义性概念是指事物的本质属性不能通过直接观察获得,必须通过下定义来揭示。如数学中"平行四边形"的概念。

一般认为,对概念下定义遵循下列模式:新概念=种差+属概念。属概念就是新概念的上位概念;种差就是属概念不具有而新概念具有的特征,也就是新旧概念的不同之处。

定义性概念的学习一般分为两个阶段。一是激活属概念或上位概念。学习者看到新旧概念之间的联系或相同点,使学生能够根据旧概念理解新内容。二是突出新概念与属概念的不同之处,即新概念的种差。为了使学生把新概念与属概念区别开来,避免混淆,必要时教师要列出它们之间的差异。

第二阶段,建立新旧知识的联系。

奥苏伯尔认为概念和命题学习都是通过同化实现的。在概念和命题学习中,认知结构中原有的适当观念起决定作用。这种原有的适当观念对新知识起固定作用,称为起固定作用的观念(anchoring idea)。新的概念或命题与认知结构中起固定作用的观念大致可以分为三种关系:第一,类属关系或下位关系,即原有观念为上位的或属概念,新学习的观念或概念是原来观念的下位概念。如学了"三角形"概念后,学"直角三角形"概念。新观念或概念是上位观念或属概念的一个特例。第二,总括关系或上位关系,即原有观念是下位的,新学习的观念是原有观念的上位观念。例如数学老师在教学"三角形"概念之前,先让学生认识了直角三角形、锐角三角形等各种三角形,在此基础上,得出三角形的定义。第三,平行并列关系,即原有观念和新学习的观念不是隶属关系,而是并列的。例如,数学老师讲了"三角形"后,讲"四边形",进而对三角形和四边形的特征进行比较。用空心圆表示新学习概念,用实心圆表示原有知识或概念,三种关系的学习如图7-4所示。

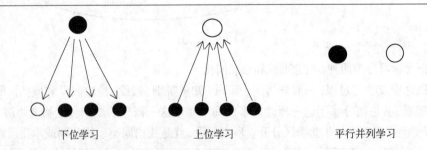

图7-4 三种关系的学习

下位学习　　　上位学习　　　平行并列学习

第三阶段,提取应用新知识。

这一阶段,就是指利用概念的特征对事物进行判断或分类的能力。例如,数学中学了质数和合数概念后,判断下列哪些数是质数,哪些数是合数:2,4,7,9,11,37;学了同位角和内错角后,判断老师给出的例子中,哪些是同位角,哪些是内错角等。

3. 命题的学习过程

这里所说的命题是概括性命题,也称规则。它是指以句子或其他符号组合表达的几个概念之间的关系。它包括原理、法则、公式和定理等。规则学习,实质上就是利用大量的例证来说明规则所反映的关系,或者说,能运用规则在其适用的各种不同情境中办事。

规则学习有两种方式:例-规法和规-例法。

例-规法,简单地说就是通过分析典型例证或个案,总结出能反映概念间关系的规则。例如,讲解三角形面积公式(规则),老师先列举若干三角形,以不同的边作底,得到相应的高;算出每个三角形的面积;最后总结得出规则——三角形的面积就是底乘高除以2。

规-例法,简单地说就是先讲解规则,然后举例说明规则。例如,讲解三角形面积公式(规则)=底×高÷2。老师先讲公式,再画一个三角形($\triangle ABC$);以 $AB$ 为底,高就是从 $C$ 点作一条交 $AB$ 为底的垂线 $CD$。三角形面积公式(规则)=$AB \times CD \div 2$。

在提取应用新知识阶段,学生能够将所学的原理、法则、公式、定理用于解习题或日常生活中遇到的问题。

### (三)陈述性知识学习的方法

陈述性知识主要是符号表征学习和事实学习。这类学习的难点在于保持,也就是说,它们被遗忘速度快,而且遗忘率高。所以在这类知识的学习中,老师指导学生的学习方法就非常重要。

1. 理解

理解就是指掌握新知识的意义。除了符号表征学习外,概念学习和命题学习大多可以建立在理解的基础上。奥苏伯尔认为学生的学习应该是有意义的学习,即把新学习的知识与原有的认知结构建立有意义的联系。心理学研究证明,在理解的基础上进行的记忆要比死记硬背效果好。

2. 复述

复述是指为了保持信息而对信息进行多次重复的过程。通俗地讲,就是我们平常说的多看、多读、多听、多写、多做。在记忆时要注意方法,如利用精加工方法帮助记忆;复述时,也要注意方法,可以把复述与尝试回忆结合起来。

3. 组织

组织是指发现部分之间的层次关系或其他关系,使之带上某种结构,以达到有效保持的目的。例如,初中数学平面几何讲到三角形、四边形和多边形。在平面几何一级根目录下,有三个分支,即三角形、四边形和多边形。三角形下的三级目录又有直角三角形、等腰三角形、等边三角形。依此类推。这样,就形成一个平面几何概念的知识体系,也称知识导图,或认知地图。对知识进行组织,其实质是,发现要记忆项目的共同特征或性质,达到减轻记忆负担的目的。

4. 精加工

精加工是指对记忆材料补充细节、举出例子、作出推论,或使之与其他观念形成联想,以达到长期保持的目的。记忆术是利用精加工最典型的技术。例如,一名小学语文教师编了一个歌诀帮助学生学习记忆拼音字母:"正6波(b),反6得(d),两门摸(m),一门讷(n),拐棍佛(f),伞把特(t),小棍赶猪勒勒勒(l)。"

### (四)影响陈述性知识学习的因素

影响陈述性知识学习的因素可以分为两个方面:外部条件和内在因素。

1. 外部条件

陈述性知识本身的属性会影响学生学习方法的选择，以及学习效果。陈述性知识中有些是约定俗成的，学习内容之间没有逻辑联系，必须通过机械记忆，或简单重复，才能掌握概念的名称。这类知识的记忆除了运用复述和精加工策略外，没有更好的方法。对于有意义的知识，如概念和命题，建立在理解基础上进行记忆的效果会更好。

2. 内在因素

影响陈述性知识学习的内在因素有很多，例如，学习态度、学习方法、能力或智力等。奥苏伯尔认为学习就是把新知识与原有认知结构建立起有意义的联系。所以，这里主要谈原来知识结构对新知识学习的影响。

原有知识的可利用性、可辨别性、稳定性，会影响陈述性知识的学习。第一，原有知识的可利用性。新知识与学生原有的认知结构有关联，但是，学习新知识之前，如果原来的锚点知识没有被激活，不是所有学生都能建立新旧知识的联系，这样，就会导致新知识理解困难或死记硬背。第二，新旧知识的可辨别性。为了让学生用原有的知识理解新知识，一味强调新旧知识的相同点，会导致已有知识与新知识之间可辨别性差，也容易导致保持、提取困难。第三，原有知识的稳定性。在下位学习中，如果与新知识有关的原有知识不牢固，容易导致新知识的提取困难。

## 二、程序性知识的学习

程序性知识是指关于完成某项任务的行为或操作步骤的知识，或者说，是关于"如何做"的知识。程序性知识是以"如果……，那么……"来表征知识的，即用产生式将程序性知识与对事物的操作联结起来，据此影响个体行为。产生式是条件与动作的联结，即在某一条件下会产生某一动作的规则。这里的条件是指一系列激活、产生行为的情境，而行为是指一组在该情境中发生的活动或操作。我们从程序性知识的分类、学习过程、学习方法和影响因素四个方面来阐述程序性知识的学习机制。

### （一）程序性知识的分类

程序性知识也有不同的类型。认知心理学家根据两个维度对其进行分类。第一个维度是根据程序性知识的适用范围，把它分为一般领域的与特殊领域的程序性知识。第二个维度是根据自动化程度，把它分为自动化的和有控制的程序性知识。

1. 一般领域与特殊领域的程序性知识

一般领域的程序性知识可以运用于不同领域中。当然，这里的"不同领域"是一个相对的概念。这类知识适用范围较广，而对于达到的特定目标而言，运用这类知识并不总是最有效的。因此，这种程序性知识属于"弱方法"。

特殊领域的程序性知识是由一些能够有效地用于特殊领域的产生式所组成。一个领域内的专家常使用这一类程序性知识来解决本领域内的常见问题。特殊领域内的程序性知识称为"强方法"。这种方法具有较强的针对性，能够有效地促进问题的解决。

特殊领域的程序性知识仅适用于特定的条件，一般领域的程序性知识应用范围更广。一般来说，学习或解决问题初期，更倾向于用一般领域的程序性知识来解决问题。随着学习的深入和对效率要求的提高，特殊领域的程序性知识会更广泛地被运用。

> **案例 7-1**
>
> **有关两个两位数相乘的一般领域的
> 程序性知识与特殊领域的程序性知识**
>
> ```
>     2 8              2 8       第一步：个位相乘：32（十位进3）
>   × 2 4            × 2 4       第二步：交叉相乘，积相加：8+16(+3)（百位进2）
>   -------          -------     第三步：十位相乘：4(+2)
>     1 1 2                2
>   + 5 6                7 2
>   -------          -------
>     6 7 2            6 7 2
> ```
>
> 乘法通用程序性知识　　乘法特殊领域的程序性知识
> 适合所有乘法　　　　　只适合乘数和被乘数都是两位数

**2. 自动化的和有控制的程序性知识**

程序性知识可以根据是否有意识努力地参与，划分为自动化的程序性知识和有控制的程序性知识。

自动化程序性知识的表征是产生式。条件出现后，自动触发操作程序，这一过程是无意识的。另外，它的操作非常熟练、准确，速度非常快，总是能够产生正确的预期行为。因此，一旦自动化的程序性知识为人所掌握，工作记忆中的有限空间将大大节约，更有利于复杂任务的完成。但是，正是因为自动化的程序性知识的高速和无意识参与的特征，对这类知识往往缺乏控制，人们往往不能对这种知识所产生的行为施加有意识的影响，也不能对这类知识进行语言描述。

有控制的程序性知识则需要意识的参与。当人们思考某一问题的结论，或者对一论题作缜密的思考，或者对问题进行推理时，思维技能或认知策略将参与其中。因此，有控制的程序性知识一般运行比较慢，并且存在一定的顺序性。个体可以有意识地监控这类程序。与自动化的程序性知识相比，有控制的程序性知识需要利用认知资源，占用工作记忆的某些甚至全部的资源。因此，一般而言，人在一定时间内很难同时使用多项有控制的程序性知识。

**（二）程序性知识的学习过程**

对于程序性知识学习过程，存在不同的观点。大多数学者认为程序性知识的学习可以分为三个基本阶段。

第一阶段是认知阶段。这一阶段主要获得以陈述性知识方式表征的程序性知识，即做什么事，或某种操作分为几个阶段或步骤。例如，教学生解应用题，先教给他们解应用题分为五个步骤，即审题、列式、计算、验证和作答。学生要先记住解应用题的这五个步骤，每个步骤的先后顺序，以及每个步骤的内涵。

第二阶段是意识控制的应用阶段，也叫变式练习阶段。变式练习，就是变换练习题目，突出程序性知识不变的几个步骤。变式练习有两个作用。其一，体会程序性知识发生的条件。程序性知识的触发要满足一定的条件，通过变式练习，可以让学生理解在哪些条件下，可以用这种程序性知识办事。从另一个角度来说，就是这一套程序性知识的办事边界在哪里。其二,学生能把陈述性形式的程序性知识向程序性形式转化。这种转化可以分为两个环节。首先是出声言语控制的练习阶段。在练习时,要把即将进行的操作或行为大声说出来,然后进行相应的操作。例如,学习解应用题的五个步骤。每次解应用题时,先大声说出"审题",然后,开始"审题"。审题完后,列式前,先大声说出"列式";依此类推。经过一定数量的练习,熟悉程序性知识的操作步骤后,转入内部言语控制应用阶段。其次,内部言语控制的应用阶段。达到这一阶段,说明学生对所学的程序性知识熟悉了。在操作过程中,不用大声说出即将操作的步骤,但在心里要提醒自己即将操作的步骤。经过足够的练习后,程序性知识的操作进入第三阶段。

第三阶段是自动化阶段。程序性知识在条件满足的前提下,无意识地自动触发,完全支配人的行为,操作过程达到自动化。

**案例 7-2**

### 不一样的乘法:用划线和数交叉点来做乘法

例如:23×24=

1. 用划线来表示乘数和被乘数。两位数就是两组线条,三位数就是三组线条,依此类推。乘数画竖线,被乘数画横线。

2. 右下角线条交叉点数(实线椭圆圈的交叉点)作为个位数;与此相邻的两个虚线椭圆圈的交叉点之和作为十位数;用点线圆圈的交叉点之和作百位数。当然,个位满 10 向十位进 1,依此类推。

你能用此方法,教授学生做 213×43=(　　)吗?

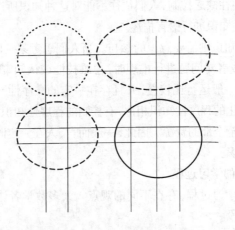

**(三) 程序性知识的学习方法**

程序性知识的学习方法,简单地说就是不断练习。前文已述及,程序性知识只能通过练习或操作才能内化;没有练习,只能停留在陈述性阶段,即知道或能背诵操作步骤,但不能按程序性知识操作。通俗地讲,就是理论与实践脱节,只会说,不会做。

当然,不断地练习并非简单重复相同的练习,而是变式练习。通过变式练习,认识每个程序性知识激活的条件。也就是说,通过练习,不仅要掌握程序性知识的操作步骤

(then)，更重要的是要理解该程序性知识的适用范围(if)。例如，学生在运用公式、原理等解数学应用题时，能顺利回忆公式、原理是前提条件。知道什么条件下用什么公式或原理，才是正确解题的关键。研究发现，数学成绩好与不好的学生，在公式、原理记忆方面没有显著差异。他们之间的差异主要表现在对应用题的"审题"上，即通过审题，能够诠释出正确的"条件"，然后自动激活相应的公式、原理等。

在练习过程中，还要及时提供反馈。在出声言语控制的应用阶段，刚开始学习会显得非常机械，但不断练习，进步速度会非常快。所以，练习初期及时提供学习结果反馈，有利于学生总结学习经验，增强学生学习动力。

### （四）学习程序性知识的影响因素

程序性知识的学习也受到内、外部因素的影响。

1. 内部条件

首先，程序性知识必须以陈述性知识的形式获得。也就是说，先要告诉学习者，接下来要学习的程序性知识分为几个步骤。然后，是每个步骤的先后顺序。最后是每个步骤展开后包括哪些操作。特殊领域的程序性知识可能非常具体。例如，小学数学两个数相加和大于10且小于20。一般采用"凑10法"。学生计算时一般分为四个步骤：判断两个数当中哪个数离10更近；离10近的数相差10差多少；差多少，则从另一个数减多少；另一个数剩多少，答案就是十几。这样的操作步骤非常明确具体。但一般领域的程序性知识可能就比较概括。例如解应用题时的第一个步骤"审题"，它包含的内容就非常广泛。

其次，必须具备相关的子技能或下位技能。程序性知识的每一个步骤都涉及一项或多项技能，只有掌握了基本概念、基本技能，才能保证程序性知识学习的顺利进行。

最后，必须经过适量的变式练习，掌握程序性知识的适用条件。变式练习是全面掌握激活程序性知识产生"条件"的必要环节。在变式练习过程中，除了教师呈现的正例要具有典型特征外，学生在学习过程中，也要不断总结经验教训，努力概括出特定程序性知识的适用条件。

2. 外部条件

影响程序性知识学习的外部因素很多，下面主要从程序性知识本身，来探讨影响其学习的因素。

首先，必须清楚地阐明"操作程序"。每一套程序性知识只有一定的适用范围。所以，教师要不断研究不同学习活动的操作程序。例如，可以从成绩优异学生做20以内加法概括出"凑10法"程序性知识。语文教师也可以研究作文写得好的同学，从而总结出命题作文的程序性知识等。认知心理学家把某一领域表现优异的人称为"专家"。程序性知识的概括实际上就是"专家"系统的模拟。

不管学习哪一种程序性知识，首先要告诉学生从事这种活动要分为几个步骤，每个步骤的先后顺序，以及每个步骤要做什么操作。当然，专家系统模拟得正确与否，直接关系到程序性知识学习，并影响到学习效率。

其次，必须给学生呈现足够的正例和反例。概念学习时，也用到正例和反例，它们的作用是突出概念的本质特征和内在联系。程序性知识学习过程中运用正例和反例是突出程序性知识的适用条件。即在哪种条件下用到这种程序性知识；超出这种条件就不能用这种程序性知识。在这里,主要是帮助学生理解程序性知识的激活条件。例如,有些学生学了$(a+b)^2=a^2+2ab+b^2$后,不会做$(x+y+z)^2$。

最后,必须提供大量的练习,并给予反馈。程序性知识学习一定要有练习或实践环节。只能通过练习才能把陈述性的程序性知识逐步内化,并实现自动化。提供外部反馈可以帮助学习者看到自己的进步,还可以让学习者反思自己的学习过程,总结经验,吸取教训。

### 三、策略性知识的学习

学习者在学习过程中,为了达到理想的学习效果,会采用不同的方法进行学习。在此基础上,会发现不同的学习方法带来不同的学习效果。经反思总结,逐步认识到不同的学习方法适合不同的学习情境和学习任务,于是便产生了策略性知识。

策略性知识是学习者关于特定学习条件和学习任务下,选择特定的学习方法来提高学习效率的程序性知识。它既可以是内隐的规则系统,也可以是外显的操作程序与步骤。策略性知识是用于调控学习过程的程序性知识,其目的在于提高学习效率。

策略性知识由两部分构成:学习方法和该学习方法的适用条件。如果某种学习只有一种学习方法,就谈不上策略性知识。但是,如果只知道某种学习有多种学习方法,但不知道每一种学习方法的适用条件,也不属于策略性知识。例如,背诵课文,心理学研究发现有三种诵读方法:整体阅读、部分阅读和综合阅读。所谓整体阅读就是从头到尾阅读文本,直至能背诵为止。部分阅读是把课文分为几段,先读第一段,能背诵后读第二段,依此类推,直至能背诵全文。综合阅读是指先读第一段,能背诵后读第二段,第二段能背诵后,第一、二段连起来背。再读第三段,依此类推,直到背诵全文。实际上,这三种诵读方法无所谓好坏,只是适用不同条件罢了。如果课文篇幅较短、内在逻辑性非常强,采用整体阅读效果会比较好;如果文章篇幅较长,内在结构较松散,采用部分阅读效果较好;介于两者之间的识记材料,采用综合阅读效果比较好。只有掌握了三种诵读课文的方法和它们的适用条件,我们才能说学生掌握了背诵课文的策略性知识。

#### (一)策略性知识的分类

心理学家根据不同的分类标准,对策略性知识从不同维度进行了分析。根据策略性知识所起的作用,可将策略性知识分为基础策略和支持策略;根据学习进程,可将策略性知识分为选择性注意策略和编码策略;根据策略性知识的运用范围,可分为一般策略性知识和学科策略性知识。

下面主要介绍迈克卡等人(Mckeachie, et al., 1990)对策略性知识的分类。他们根据策略性知识的涵盖成分,将策略性知识分为认知策略、元认知策略和资源管理策略(图7-5)。

1. 认知策略

我们在这里所讲的认知策略,主要是指在信息加工过程中,为了更好地获得、存储、提取、运用信息等所采用的各种方法和技术。

复述策略是指为了在工作记忆中保持信息,运用内部语言在大脑中重现学习材料或刺激。在学习中,复述是一种主要的记忆手段,许多新信息如人名、电话号码、生字等,只有经过多次复述后,才能在短时间内记住它们并长期保持。

图 7-5 迈克卡等人对策略性知识的分类

策略性知识
- 认知策略
  - 复述策略：如重复、抄写、做记录、画线等
  - 精加工策略：如想象、口述、总结、类比、答疑等
  - 组织策略：如组块、列提纲、画知识树等
- 元认知策略
  - 计划策略：如设置目标、浏览、设疑等
  - 监视策略：如自我测查、集中注意、监视领会等
  - 调节策略：如调整阅读速度、重新阅读、复查等
- 资源管理策略
  - 时间管理策略：如建立时间表、设置目标等
  - 学习环境管理策略：如寻找固定、安静、有组织的地方
  - 努力管理策略：如归因于努力、调整心境、自我强化等
  - 社会资源利用策略：如寻求老师、伙伴帮助等

精加工策略是指通过对学习材料进行深入细致的分析、加工，理解其内在的深层意义并促进记忆的一种策略。当学习材料本身的意义性不强时，通过应用精加工的策略，可以人为地赋予它某种意义，以促进记忆。当然，学习材料本身的意义性比较强时，也可以运用精加工策略。精加工策略是一种理解、记忆策略。它包括位置法、关键词法、谐音记忆法、口诀法、归纳法等。

案例 7-3

### 金属活动性顺序表的记忆

广州执信中学的化学老师启发学生记金属活动性顺序表。原表是：
钾，钙，钠，镁，铝
锌，铁，锡，铅，氢
铜，汞，银，铂，金
由于太难背，他教学生一口诀：
嫁，给，那，美，女；
身，体，细，纤，轻；
统，共，一，百，斤。

组织是对相关内容进行归纳整理的过程。组织策略是指整合所学新知识之间、新旧知识之间的内在联系，形成新的知识结构。常用的组织策略有列提纲、利用图形和表格以及归类策略。

2. 元认知策略

元认知策略是一种典型的学习策略，指学生对自己的认知过程及结果的有效监视及控制的策略，它包括计划策略、监控策略和调节策略。

计划策略是指学习前对学习目标、过程等方面进行规划与安排的元认知策略。计划策略包括设置学习目标、浏览阅读材料、产生待回答的问题以及分析如何完成学习任务等。

监视策略是指在学习过程中根据学习目标对学习进程、所采用的方法、效果、学习计划实施情况等方面进行有意识监视的元认知策略。监控策略包括阅读时集中注意、对注意加以跟踪、对材料进行自我提问、考试时监视自己的速度和时间等。

调节策略是指根据学习进程的实际情况对学习计划、学习进程、所用的策略等进行调整的元认知策略。调节策略能帮助学生矫正他们的学习行为，使他们补救理解上的不足。

元认知策略的这三个方面总是相互联系在一起而工作的。学习者学习时一般先认识自己的当前任务，然后使用一些标准来评价自己的理解、预计学习时间、选择有效的计划来学习或解决问题，然后，监视自己的进展情况，并根据监视的结果采取补救措施。元认知策略也总是和认知策略一同起作用。如果一个人没有使用认知策略的技能和愿望，他就不可能成功地进行计划、监视和自我调节；如果他没有必要的元认知技能来帮助他决定在什么情况下使用哪种策略或改变策略，他也就不可能是成功的学习者。

3. 资源管理策略

资源管理策略是辅助学生管理可用环境和资源的策略。它包括时间管理策略、学习环境管理策略、努力管理策略和社会资源利用策略。

时间管理策略就是通过一定的方法合理安排时间的学习策略。具体来说，它包括：第一，统筹安排学习时间。依照重要程度和紧急程度两个维度可以把任务分为四种类型，然后合理安排时间。先做重要又紧急的事，然后是重要不紧急的事；第二，高效利用最佳时间。根据自己的生理状态和心理状态安排学习时间。在最佳时段，安排最重要的学习任务；第三，灵活利用零碎时间。可以利用零碎时间处理学习上的杂事，还可以用零碎时间来处理生活事务。

学习环境也是一种可以利用的资源，学习环境管理策略就是合理安排学习空间的学习策略，它对学生的学习效果和学习效率也会产生影响。首先，要注意调节学习的自然条件，如流通的空气、适宜的温度、明亮的光线以及和谐的色彩等。其次，要设计好学习的空间，如空间范围、室内布置、用具摆放等。再次，要根据自己的学习习惯安排学习环境。有的学生可能喜欢单独学习，找一个安静的环境学习，能提高学习效率；有的学生喜欢在图书馆、教室学习，人多时能约束自己的行为。由于每个人的学习特点和习惯不同，在学习环境的设置上也应该把它考虑进去。

为了使学生维持自己的意志努力，调节自己的心境，需要不断地鼓励学生进行自我激励。努力管理策略是调整学习者努力学习状态的策略，包括激发内在动机，树立为了掌握而学习的信念，选择有挑战性的任务，调节成败标准，做积极归因，自我激励等。

社会资源利用策略是指在学习中善于寻求老师、同学的帮助，或者通过小组中同学间的合作与讨论来促进自己的学习，从而加深对学习内容的理解、记忆的学习策略。

### （二）策略性知识的学习过程

策略性知识是程序性知识的一种，它的学习也经过三个阶段。

1. 陈述阶段

在这个阶段，策略性知识以陈述性形式被学生学习。学生首先要了解学习方法包括哪些，每一种方法是如何操作的。完成学习时，要善于总结完成同类任务时，可能存在的不同方法。其次要体会,在哪种条件下,哪一种学习方法更有效。对学习方法的了解,以及不同方法适用条件的掌握,可以产生于自己的学习过程,也可以借鉴他人的经验。

2. 转化阶段

这一阶段通过应用有关策略性知识,使学习策略由陈述形式向程序形式转化。通过策略性知识的应用,一是掌握具体方法的操作。例如,背诵课文,部分阅读是怎么做的,整体阅读是怎么做的。二是熟悉各种方法的适用条件。即,通过大量诵读,体会到短文适合整体阅读,长文适合部分阅读等。三是策略性知识的应用。训练学生分析任务性质及适用方法,并使用该方法进行学习。例如,在每次背诵课文前,让学生判断课文篇幅的长短或内容的逻辑性;然后,选择相应的诵读方法。通过用不同的方法背诵不同类型的课文,逐渐熟悉、内化阅读背诵课文的策略性知识。

3. 熟练应用阶段

策略性知识完全支配人的学习活动,可以达到自动化水平。例如,看到要背诵的课文后,自动选择相应的方法,这一过程不再有意识的控制。很多优秀的学生,他们的学习已经策略化,在学习的每个阶段,对如何学、何时学、学什么都非常清楚。他们对策略性知识应用得非常自如,对自身学习活动的调节也十分顺畅。

(三)策略性知识的学习方法

策略性知识的学习与陈述性知识、程序性知识的学习不同。策略性知识学习过程中的自我调节和控制机制,不可能通过传授来获得,而必须在持续的学习活动中通过学生自己体会、自我调节和控制来实现,最后达到自动化。下面主要从训练操作层面分析策略性知识的学习方法。

1. 了解各种任务条件下的学习方法及其具体操作

不同的学习任务和内容要求选择不同的学习方法。学习方法的获得可以是教师传授,也可以从同学交流中获得,更主要的是通过自己的学习体会感悟。所以,在丰富学生学习方法时必须激发学生学习的认知需要,而且能够让学生在运用策略的过程中,体会到好的学习方法确实提高了自己的学习效率,使学生相信学习的进步应归因于采用了较好的学习方法。例如,观察法中的先部分,还是先整体;各种记忆术;解决问题过程中的算法策略和启发策略;常用的启发策略包括手段-目标分析法、逆向思维法、爬山法、联想法、简化法等;联想中的因果联想法、相似联想法、接近联想法、对比联想法等。很多学习困难的学生学习任何知识只有一种学习方法,就是死记硬背,学习效果当然不好。

学习过程中,除了要丰富自己的学习方法外,还要知道每一种方法的具体操作。策略性知识的学习就是将策略性知识转化为一套具体可操作的程序。

2. 体会各种学习方法的适用条件

学习策略不仅要知道某一学习任务或内容有不同的方法,还要知道每一种方法的适用条件。有些学习方法是通用的策略性知识。例如,元认知策略包括计划策略、监视策略和调节策略,几乎适用于任何学习过程。但像诵读方法,它仅适用于阅读背诵学习内容。在问题解决过程中,手段-目标分析法几乎适用于任何解决问题的任务;但是逆向思维法就只适合特定的问题解决。所以,在同一种活动中,使用不同的方法,可以让学习者体会不同方法的优劣,找到不同学习方法的适用条件。或者完成类似的学习任务,让学生总结出相同的学习方法,也可以帮助学生发展策略性知识。

3. 学习策略性知识要具有一定的反省和评价能力

有些学习方法他人使用可能效果很好,但自己使用起来不一定会有同样的效果。所以,在学习策略性知识时,要反省和评价学习策略的有效性;特别是对在什么条件下使用什么方法的有效性要进行监督和评估,才能找到适合自己的策略性知识。这种反思和评估很大程度上依赖于自己的认知水平和原有的知识结构。经常反思和评估自己的学习方法及其适用条件,在找到适合自己的最佳学习策略过程中,具有不可替代性。学生在学习策略性知识时,如果学习主动性不强,不能反省和评估自己的学习过程和结果,是不可能找到适合自己的最佳学习方法的。

### (四)策略性知识学习的影响因素

下面我们从策略性知识本身和学习者两个方面介绍策略性知识学习的影响因素。

1. 策略性知识结构

应注意策略性知识结构是否清晰。策略性知识包括方法及其适用条件。两者必须同时具备,才能称得上是策略性知识。另外,要注意方法本身的可操作性。有些方法概括程度高,有些方法则具体详细或简单明了。概括程度高的方法,在当前具体的学习任务或情境中,应注意能否恰当操作。

2. 学习者因素

学习者原有的知识背景、元认知水平、学习动机等,也会对策略性知识的学习产生影响。

学生原有的知识背景会影响策略性知识的学习。比如要学生在较短时间内记忆"149162536496481"。学了"平方"的初中学生会很快记住,因为,它们是1—9的平方所组成的。小学生就没有办法用这样的方法去记忆。

学习策略是超越具体知识的更抽象的程序性知识。只有不断反省和评估学习过程和学习结果,才会找到不同方法的适用条件。

最后,学习者的学习动机也会影响策略性知识学习。学习者有了强烈的学习欲望后,才能去寻找不同的学习方法,才会体验不同的学习方法带来的不同效果,在此基础上反思和总结,才能产生适合自己的最佳学习策略。没有学习动机,就不会搜集同一类知识的多种学习方法,更不会反省和评估不同方法的学习效果,因此也就找不到适合自己的最佳学习策略。

## 四、动作技能的学习

### (一)动作技能的概念

技能是通过练习获得的,完成某种任务的动作或心智活动方式。按照技能本身的性质和特点,可分为动作技能和心智技能。动作技能是通过练习而形成的一定的动作活动方式。例如,写字、游泳、打羽毛球、骑自行车,这些都是复杂程度不同的动作技能。它们是人类生活中不可或缺的重要组成素质,涉及人们日常生活、学习、劳动活动中的各种动作操作。心智技能则是在头脑中进行的某种心理活动方式。

动作技能具有三个特征:(1)具有一定的任务目标,动作技能总是指向一定的操作目标;(2)动作技能是自主运动的,受人的主观意识支配;(3)动作技能需要身体躯干、头部或肢体的运动来实现任务目标,这是动作技能区别于人类其他技能的标志。

### (二)动作技能的种类

依据不同的分类标准,动作技能可分为连续技能和非连续技能、封闭技能和开放技能、小肌肉群技能和大肌肉群技能、低策略性技能和高策略性技能等。

1. 连续技能和非连续技能

根据运动过程中动作的起止点是否清晰,可将动作技能分为连续技能和非连续技能。

连续技能是指以连续、不间断的一系列动作方式所完成的技能,如跑步、书法、开车等。这些技能的特点是动作的持续时间一般较长,动作以周期性的形式完成,动作过程重复较多。

非连续技能是指完成这种技能的时间相对短暂,动作以非周期性的形式完成,各环节之间无重复,如跳高、跳远、跳水、踢球、射箭、举重等。多数非连续技能是由突然爆发的动作组成的。

2. 封闭技能和开放技能

根据动作进行过程中外部条件是否变化,可将动作技能分为封闭技能和开放技能。

封闭技能是指动作发生过程中,只需要依靠个体内部的本体感受信息来调节的动作技能。例如,书法、体操、撑竿跳高、固定靶射击、篮球的罚球等都属于封闭技能。这种技能一般具有相当固定的动作模式。因此,掌握这种技能就要通过反复练习,使自己的动作达到某种理想的定型。

开放技能是指动作发生过程中,个体需要根据情境变化来确定和实施动作方式的动作技能。例如拳击、打排球、驾车、打羽毛球等。开放技能要求人们根据外界信息具有随机应变的能力和对事件发生的预见能力。

3. 小肌肉群技能和大肌肉群技能

根据完成动作时肌肉参与的不同,可将动作技能分为小肌肉群技能和大肌肉群技能。

小肌肉群技能是指以小肌肉群活动为主的动作技能。它具有精巧、细致的特点,又称为精细技能。如书法、雕刻、射击、羽毛球网前勾对角、乒乓球台内轻搓短球等。

大肌肉群技能是指以大肌肉群活动为主的动作技能。它具有粗放、大型的特点,又称粗大技能。如跑步、游泳、打太极拳、网球发球、排球大力扣球、足球远距离射门等。

4. 低策略性技能和高策略性技能

根据动作发生时所需要的认知策略多少,可将动作技能分为低策略性技能和高策略性技能。

低策略性技能是指技能操作成功的重要因素是动作本身的质量,主要要求操作者怎么做,对该做什么动作的知觉和决策要求比较低。例如,书法、练八段锦、举重、跑步、体操等。

高策略性技能是指动作技能操作成功取决于根据情境要求能否选择最佳动作。例如,在羽毛球比赛中,杀球、勾球、放球等基本动作是每个羽毛球运动员都掌握的,但知道在什么情况下使用什么动作,才是比赛取胜的关键。每个取得驾照的司机都会踩油门、踩刹车、打方向盘、观察路况,但老司机与新手的区别在于,老司机在驾驶机动车时,能根据路况作出决策,表现出最合理的驾驶动作。

### (三) 动作技能的学习过程

动作技能的形成具有阶段性,不同的阶段具有不同的特点。通常,把动作技能的形成分为三个阶段。

*1. 认知-定向阶段*

学生在学习一种动作技能之前,要形成掌握这种技能的动机。学习与它有关的知识,在头脑中形成这种技能的表象,这就是技能的认知-定向阶段。例如,在教学生学习蛙泳时,首先应向学生示范蛙泳的连贯动作,并将动作分解开进行讲解,使学生全面了解关于蛙泳的知识,形成蛙泳的动作表象。动作表象的形成在技能学习中有重要的作用。正确的表象能帮助学生顺利地掌握各种动作技能;相反,一个学生形成了错误的动作表象,技能的学习就会出现偏差。清晰而正确的动作表象,依赖于教师的示范动作以及技能学习者对示范动作的正确感知。学生根据自己学习的动作知识,能在头脑中构建必要的动作表象,并促使他们主动地学习和表现某种技能,校正自己的动作错误。

在认知-定向阶段,动作技能的学习有时从个别的动作环节入手,有时从动作的整体入手。这时学习者需要熟悉动作的要领,了解动作的特点,把新学习的动作与已有的、习惯了的动作进行比较,吸取相同的要领,克服不良习惯动作的干扰。

在此阶段,初学者的神经过程处于泛化状态,内抑制尚未精确建立,初学者的注意范围比较狭窄,动作常常会显得呆板、迟缓、不稳定、不协调,多余动作较多。因此,初学者对动作要有意识地进行控制。教师对每个动作的示范,对学生学习技能都具有重要意义。学生主要是靠把自己的动作与示范的动作进行对照,来校正自己的错误动作。

*2. 动作系统初步形成阶段*

在掌握局部动作的基础上,学生开始把各个动作环节或不同动作结合起来,以形成比较连续的动作,或在了解一种技能的大致特征之后,对其中的个别动作做更多的练习。这时,练习者的神经过程逐渐形成了分化性抑制,兴奋和抑制在空间和时间上更加准确。注意范围有所扩大,紧张程度有所减缓,动作准确性提高,多余动作逐渐消除。但是由于技能还处在初步形成阶段,练习者常常忘记动作之间的联系,在动作转换和交替的地方,会出现短暂的停顿;稍微分心,还会出现错误的动作。这时候,练习者的头脑中已形成比较清晰而牢固的动作表象,他们能够评价自己的动作,并根据自己的动作表象来校正自己的技能。

*3. 动作协调和技能完善阶段*

这是动作技能形成的最后阶段。在这个阶段,学生的神经过程的兴奋和抑制更加集中与精确,注意范围扩大,各个动作环节与各种动作在时间和空间上彼此协调起来,构成一个连续的稳定的动作系统。他们在完成动作时的紧张状态和多余动作都已完全消失,意识对动作的控制作用减到最低程度;整个动作系统自始至终几乎是一气呵成的。动作的连贯主要由本体感受器提供的动觉信号来调节。由于技能已经完善,学生能够熟练地运用这种技能去完成自己所面临的各种活动任务。以后,随着新任务的出现,又会产生掌握新技能的要求,技能便从一个水平向更高的水平不断发展。因此,技能的完善是相对的。

### (四) 动作技能形成的特点

分析动作技能形成的三个阶段,可以总结出动作技能形成的五个特点。

#### 1. 动作控制的意识性

在技能形成的初期,学生的内部言语起着重要的调节作用。他们完成每一个动作,都要受到意识的调节与控制。意识的控制作用稍有减弱,动作就会停顿下来或出现错误。在这种情况下,动作完成显得很紧张。

随着技能的形成,意识对动作的控制逐渐减弱,整个技能或技能中的大多数动作逐渐成为一个自动化的动作系统。学生在完成技能时,只关注怎样使技能服从于当前任务的需要,而不再关心个别动作的进行,由于动作系统的自动化,减轻了人脑加工动作信息的负荷,完成动作的紧张程度也就减轻了。例如,篮球运动中的基本运球动作,初学阶段学生只能把注意力放在拍球力度与节奏上,甚至常出现人跟着球跑的现象,但成为优秀的控球后卫后,运球的同时还可以从容地指挥全队的攻防战术,运球的动作几乎不需要注意。

#### 2. 线索的利用

在动作技能形成的初期,练习者只能对很明显的线索如教练员的提示产生反应;自己并不能察觉到动作的全部情况,难以发现自己的错误。随着运动技能的逐渐形成,练习者能觉察到自己动作的细微差别,能运用细微的线索使动作日趋完善。当动作技能达到自动化程度,练习者可以根据很少的线索就能完成动作。如老司机过弯道时,行车轨迹很顺滑;新司机往往要等到车快要接近路肩时,才回方向盘。

#### 3. 建立起协调的动作模式

一系列局部动作联合成一个完整的动作系统,即一种协调的动作模式,是动作技能形成的另一重要标志。技能是由一系列动作构成的,技能的协调表现在两个方面:(1) 连续性的统一协调。这是动作在执行时间上的协调。例如,打羽毛球,杀球后跟进连贯;(2) 同时性的统一协调。这是动作在空间上的协调。例如,老司机能很好地协调观察路况、加油或刹车、打方向盘等动作。许多技能,既需要连贯性的统一协调,又需要同时性的统一协调,从而构成一个协调化的动作模式。

从运动信息的认知加工角度来看,到了高水平的动作技能阶段,动作技能完成者除了要具有较好的神经、肌肉系统的"硬件"外,协调动作的内、外部环境刺激与反应的信息加工"软件"也达到了较高的水平。高水平的技能与信息加工和认知过程的运作有关。高水平的技能具有如下信息加工特点:(1) 迅速识别刺激和准确诠释环境信息(知觉处理);(2) 快速选择和随时启动恰当的反应(决策处理);(3) 及时发出动作指令并产生达到预期目标的平稳而有效的动作(效应器处理)。

#### 4. 动觉反馈的作用

在动作技能学习的初期,练习者主要依靠外部反馈,特别是视觉反馈来控制动作。例如,自行车初学者,视线离不开自行车的把手和前轮胎。随着运动技能的形成和完善,动作技能的操作借助于动作程序的控制来完成。此时,视觉反馈的作用降低了,动觉反馈的作用却大大加强。

5. 动作程序的作用

动作技能是由若干动作按一定顺序组织起来的动作系统。任何一种动作技能都具有时间上的先后动作顺序和一定的时间结构。当动作技能通过充分的练习达到熟练程度后,不仅技能的局部动作已整合成大的动作连锁,神经系统也发展了一个同步动作程序,使完整的技能操作畅通无阻地进行。动作技能完成时按一定的程序依次进行,动作技能的学习过程就是动作程序的获得过程。

**(五)影响动作技能形成的因素:练习**

1. 练习的含义

任何动作技能都是通过练习而形成的。练习是动作技能学习的根本途径。练习是指在反馈作用的参与下,有目的地多次重复同一种动作或动作系统。练习包括重复与反馈。两者都是技能形成必不可少的条件。练习中没有足够次数的动作重复,技能就不会成熟或得不到巩固;而没有反馈的重复是机械重复,不能发现和纠正动作的偏差,无法实现技能的精细化。它只能引起疲劳,而不能带来动作技能的进步。

2. 练习过程的一般趋势

在动作技能学习的过程中,练习的最终目的是成绩的提高,主要表现为速度的增加和准确性的提高。速度的增加是指单位时间内完成的工作量增加或每次练习所需时间的减少。准确性的提高是指每次练习出现的错误次数减少。在实际练习中,练习过程的趋势表现为四种情况。

(1)练习进步的先快后慢

练习进步的先快后慢表现为个体在练习的开始阶段成绩提高较快,但随着练习的进行,练习成绩提高的速度逐渐减慢的现象。跑步、跳远练习中,经常会出现这种情况。

(2)练习进步的先慢后快

练习进步的先慢后快表现为个体在练习的开始阶段成绩提高较慢,但随着练习的进行,练习成绩提高的速度加快的现象。游泳、滑冰等项目的练习通常会出现这种情况。

(3)练习进步的高原现象

练习者的运动成绩并非一直上升,有时会出现暂时的停顿现象,主要表现为运动成绩在某个水平上出现停顿,甚至有些下降。但经过一段时间的调整后,运动成绩又会继续上升。这种现象称为练习进步的高原现象。在复杂动作技能的学习中,经常会看到这种现象。

(4)练习进步的起伏现象

练习进步的起伏现象是指在动作技能练习的过程中,运动成绩有时表现为上升,有时表现为下降的现象。出现这种现象有客观和主观两方面原因。客观因素包括学习环境、练习设备、练习内容、教师指导方法等;主观因素包括练习者的动机、兴趣、情绪和学习方法等。

3. 有效练习的条件

(1)明确练习目标

明确的目标是影响练习效率最重要的因素。练习与机械地重复动作不同,它是在一定的目的指引下,旨在改进动作的方式与方法。确定练习目标有三方面的意义:使练习具有强烈的动机和巨大的热情;使个体对练习的结果产生积极的期待;为检查和校正练习的结果提供依据。

(2) 合理应用整体练习和分解练习

根据掌握动作技能的练习方式,可将动作技能的练习分为整体练习法和分解练习法两种。整体练习法是把某种技能当作一个完整体来掌握,从一开始就着眼于动作间的联系和关系,并自始至终对动作进行练习。分解练习又称局部练习,是指在练习时,把某种技能分解为若干部分或某些个别的、局部的动作,通过学习和掌握这些局部的动作,逐渐达到学习整个技能的目的。

整体练习和分解练习,从总体上来说,并无好坏之分、优劣之别。它们只是适用不同的动作技能学习。当一种技能容易被分解为个别的、局部的动作时,采用分解练习可获得较好的效果。例如学习游泳、打羽毛球。练习时可以从组成技能的局部动作入手,逐渐学会连贯的动作技能。可是对某些难以分解成局部动作的技能来说,应用整体练习法效果会更好些。例如,跳水的空中动作等。

采用哪种练习方法,还要看动作技能的繁简程度。技能较简单,采用整体练习的效果好;技能非常复杂时,则用分解练习的效果好。在技能形成的不同阶段,两种练习法的效果也有区别。在技能形成的初期,适合采用分解练习法;随着技能的形成和发展,应更多地采用整体练习法。

由于整体和部分是相对的,因此,整体练习与分解练习不能截然分开。在进行局部练习时,人们有时并不把技能分解一个个孤立的动作,而是把动作分解成某些较大的动作单元,按单元进行练习,并把新学习的单元与已经学会的单元逐渐联系起来。这种整体-分解的练习或渐进性分解练习法,对学习复杂的动作技能特别有利。

(3) 恰当安排集中练习和分散练习

练习时间的安排有两种:集中练习与分散练习。集中练习是指长时间不间断地进行练习,每次练习中间不安排休息时间;分散练习是指相隔一定时间进行的练习,每次练习之间安排适当的休息时间。

一般来说,分散练习比集中练习的效果要好。这是因为集中练习容易产生疲劳和厌倦,而分散练习可避免这些问题。同时,在分散练习的休息时间,练习者可能会在大脑中再次回忆刚才练习过的动作技能,所以,并未减少练习的次数。

采用哪种练习方法取决于练习者的条件、技能的难易程度和动作技能学习的不同阶段等因素。对于年龄较大且能力强的练习者,集中练习可能效果较好;而对于年龄小或能力弱的练习者,应采用分散练习法。要学习的动作技能较简单,不必分解,花费时间较少就能掌握,集中练习效果较好;而要学习的动作技能较复杂,需要分解练习,花费的时间长、次数多,就应采用分散练习法。练习初期,分解练习多,练习者需要边练习边思考,应采用分散练习法,每段练习的时间也不宜过长。因为他们的身体能力尚未适应,而随着动作技能水平的提高和完整练习的需要,应采用集中练习法,练习时间也可适当延长。

(4) 及时反馈

动作技能学习过程的反馈,是指练习者将来自己骨骼肌肉活动的效应信息,传入大脑皮层,获得动作完成情况信息的过程。通过反馈所获得的动作信息,涉及动作本身和动作结果两个方面的内容。只有当练习者从他们的操作或动作的结果中得到正确的反馈时,练习才对学习起到积极的促进作用。反馈是动作技能形成的重要条件,它既可以来自内部,即"感觉"自己的动作是否正确,也可以来自外部的观察。例如,投篮后是不是投中。

学生在技能练习过程中,教师给予的反馈是同时的。例如,学生在跑步中出现动作错误时,教师让学生"加强后蹬""加大前后摆臂"等,这种反馈就是即时反馈。而在学生完成动作之后,教师给予的反馈,可以分为即时和延时两种。前者是指学生练习后,教师立即对学生的动作给予的反馈;而后者指过一段时间后,教师再对学生的动作给予一定的评价。对于初学者,应当多给予即时反馈,而且反馈的次数要足够多,语词要简练、准确;既能让学生理解,又能将问题说清晰。反馈越延时,学生所存留的动作感觉越少,甚至消失,下次可能还会犯同样的错误。

**参考文献**

[1] 陈琦,刘儒德. 当代教育心理学(第3版)[M]. 北京:北京师范大学出版社,2019.

[2] 安妮塔·伍尔福克. 教育心理学[M]. 伍新春,译. 北京:机械工业出版社,2015.

[3] 王小明. 学习心理学[M]. 北京:中国轻工业出版社,2009.

[4] 韦洪涛. 学习心理学[M]. 北京:化学工业出版社,2015.

[5] 皮连生. 知识分类与目标导向教学[M]. 上海:华东师范大学出版社,1998.

**思考题**

1. 德国一位心理学家一次去听中学数学课。数学课教师讲的内容是平行四边形的面积公式。老师先复习了矩形面积公式,即底×高。然后,开始讲新课,老师在黑板上画了一个平行四边形,标上 ABCD。从 A 点作一条垂线,交 BC 于 E;从 D 点作一垂线,延长 BC 交于 F。然后,推断平行四边形 ABCD 的面积,就是矩形 AEFD 的面积(见图1)。最后,得到平行四边形的面积公式是:底×高。新课结束。第二天,这位心理学家又去听课。教师上课前,提问学生:平行四边形面积是怎么推导出来的?学生把前一天老师上课的内容又重复了一遍。在得到老师同意后,心理学家在黑板上画了一个极端的平行四边形(见图2),要学生计算它的面积公式,结果发现学生不会,因为从 O 点作一条垂线不交 PR。

试根据本章内容分析原因,并提出改进建议。

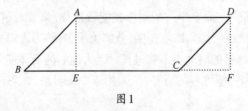

图1

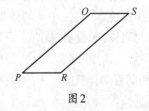

图2

2. 家长辅导孩子学习时,告诉孩子做应用题分为五个步骤:审题、列式、计算、验证和作答。孩子学完后能流畅地背诵这五个步骤,但孩子自己在做应用题时,仍沿用自己过去的老办法。对此,家长很苦恼。

根据本章内容,你认为导致这种情况产生的原因是什么?提出你的改进建议。

3. 去中小学听一节课,用本章所学的知识,点评授课教师的教学过程。

# 第八章 学习迁移

**学习目标**

1. 理解学习迁移的含义,识别和举例不同的学习迁移类别。
2. 比较学习迁移类别的划分依据。
3. 评价不同类别的学习迁移的教育意义。
4. 理解、比较、评价和应用学习迁移理论。
5. 理解学习迁移产生的影响因素。
6. 掌握促进学生学习迁移的教学策略。

**关键术语**

学习迁移：是指一种学习对另一种学习的影响，即学生已经获得的知识经验、认知结构、动作技能、学习策略和方法等与新知识、新技能之间所发生的影响。

积极迁移：一种学习对另一种学习产生积极作用的迁移。

消极迁移：一种学习对另一种学习产生消极作用的迁移。

顺向迁移：先前学习对后继学习的影响。

逆向迁移：后继学习对先前学习的影响。

横向迁移：在内容和程度上相似的两种学习之间的迁移。

纵向迁移：不同难度、不同概括性的学习之间的相互影响。

特殊性迁移：某种学习的内容只向特定内容发生影响的迁移。

一般性迁移：某种学习的内容向广泛范围内容发生影响的迁移。

低路迁移：迁移时不需要或很少需要思维参与的迁移。

高路迁移：有意识地运用先前学到的抽象知识去应付其他不同情况的迁移。

近迁移：前后两种学习情境高度相似时发生的迁移。

远迁移：前后两种学习情境表面上看起来不相似的情况下发生的迁移。

形式训练说：强调个体的官能即认知能力是影响学习迁移的主要因素的学习迁移理论。

共同要素说：强调两种学习情境中共同元素或共同成分的多少在迁移中作用的学习迁移理论。

概括化理论：强调原理、原则的概括对学习迁移作用的学习迁移理论。

关系转换理论：强调个体对学习情境中各要素之间关系的"顿悟"是获得迁移的真正本质。

认知结构学习迁移理论：奥苏伯尔提出的认为学生原有的认知结构是实现学习迁移的最关键因素的学习迁移理论。

迁移的产生式理论：认为学习迁移的产生决定于先前的学习或问题解决中个体所学会的产生式规则与目标问题解决所需要的产生式规则是否有一定的重叠的学习迁移理论。

定势：定势又叫心向，是指学生从事学习活动的一种心理准备状态，它对学习有一种定向作用。

**本章结构**

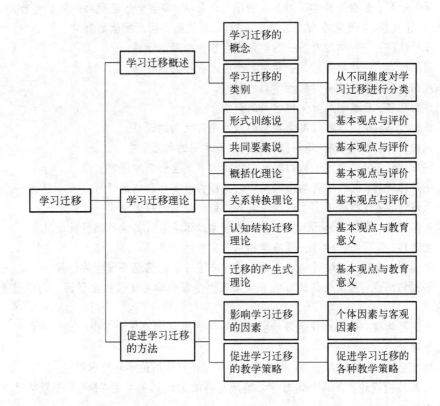

## 第一节 学习迁移概述

### 一、学习迁移的概念

学习迁移是指一种学习对另一种学习的影响,即学生已经获得的知识经验、认知结构、动作技能、学习策略和方法等与新知识、新技能之间所发生的影响。从学习迁移的概念来看,学习发生的时候,学习迁移就发生了,很难找到一种绝对孤立的学习现象。虽然学习迁移是伴随着学习发生的,但是学习迁移的质量和类型会有很大的差别,每个学生的学习迁移能力也有很大的差别。教师在教学中要利用好学习迁移提高教学效果,也要提高学生学习迁移的能力,使学生能够将课堂中学习到的知识迁移到其他情境。

---

**专栏8-1**  《论语》中关于学习迁移的论述

《论语》(5·9)
原文
子谓子贡曰:"女与回也孰愈?"对曰:"赐也何敢望回?回也闻一以知十,

> 赐也闻一以知二。"子曰："弗如也；吾与女弗如也。"
> 　　释义
> 　　孔子对子贡说："你与颜回，谁强？"子贡回答说："我哪敢和颜回比？他听到一件事便推知十件事；我听了一件，才推知两件。"孔子说："是不如他，我和你都不如他。"
>
> 《论语》(7·8)
> 　　原文
> 　　子曰："不愤不启，不悱不发。举一隅不以三隅反，则不复也。"
> 　　释义
> 　　孔子说："教导学生，不到他想求明白而不得的时候，不去开导他；不到他想说出来却说不出的时候，不去启发他。教给他东方，他却不能由此推知西、南、北三方，便不再教他了。"
> 　　从《论语》中孔子的表述来看，孔子非常重视学生的学习迁移能力，也会采用启发式教学提高学生的学习迁移能力。但是，孔子对于一些学习迁移能力差的学生的态度就不值得我们学习了。

## 二、学习迁移的类别

可以从不同角度对学习迁移进行不同的划分。

### （一）按迁移发生的领域分类

从迁移发生的领域，可以将迁移分为知识的迁移、动作技能的迁移、习惯的迁移、态度的迁移等。如历史知识的掌握对于语文知识的掌握是有帮助的，这就是一种知识的迁移；学会在走路中掌握身体平衡的孩子，会将这种保持身体平衡及移动的技能运用到跑步中去，这就是一种技能的迁移；孩子在家庭教育中养成的习惯会影响孩子在学校的表现，这是习惯的迁移；一个受到了老师不公正对待的孩子，一提到学习就很厌烦，甚至连游戏也不想参加，这就是一种情感和态度的迁移了。实际上，按迁移发生的领域对迁移进行划分，还应包括这些领域之间所发生的迁移，例如知识的学习对于动作技能获得的影响，知识的学习对于态度改变的影响。

学生在获得知识的过程中，他们的知识、技能、情感和态度是并行不悖的，因而学习产生的迁移也是多方面的。美国教育心理学家布鲁纳认为，原理和态度的迁移是教育过程的核心。在教育实践中，我们看重的大多是属于知识方面的迁移，而忽略了情感和态度方面的迁移，这对于激发和增强学生的学业成就动机是不利的。

### （二）按迁移产生的效果分类

从迁移产生的效果来看，可将迁移分为正迁移和负迁移，或称为积极迁移和消极迁移。

正迁移（positive transfer），又称积极迁移，指的是一种学习对另一种学习的积极影响或促进。如已有的知识、技能在学习新知识和解决新问题的过程中，能够很好地得到利用，产生"触类旁通"的学习效果。孔子要求自己的学生要做到由此及彼，举一隅而以三隅反，就是要求学生在学习中要多利用正迁移。

负迁移(negative transfer)，又称消极迁移，是指一种学习阻碍和干扰了另一种学习，即一种学习对另一种学习产生了消极影响。如学生在学习新概念时，与原有的概念混淆，产生干扰现象，加大了新概念获得的难度，或者歪曲了原有概念。这种迁移给学生带来的消极影响是很严重的。比如掌握了汉语语法的学生，在初学英语语法时，总会因汉语的语法习惯影响对英语语法的学习，度过这个困难时期，英语学习才能柳暗花明。而一部分学生要花费很长时间、很大精力才能摆脱这种消极干扰，这严重影响了他们的学习效率，甚至影响了自信心。因而，学校的教育教学要促进积极的正迁移，预防消极的负迁移。

### (三) 按迁移产生的方向分类

从迁移产生的方向来看，可将迁移分为顺向迁移和逆向迁移。顺向迁移是指先前学习对后继学习的影响；反之，后继学习对先前学习的影响则称为逆向迁移。

当学习者面临新的学习情境和问题时，如果利用原来的知识和技能获得了新知识和解决了新问题，这种迁移就是顺向迁移。用认知派的观点来看，顺向迁移是一种"同化"作用，它是把已有的知识经验运用到同类事物中去，以揭示新事物的意义和作用，从而把新事物纳入已有的认知结构中去。相反，学习者通过后面的学习，对原有的知识进行补充、改组或修正，这种迁移就是逆向迁移。用认知派的观点来看，逆向迁移是一种"顺应"作用，它是要把已有知识经验用到新的异类事物中，对已有的知识经验进行重新改组，以形成能包含新事物的新的认知结构的过程。例如，大学生通过四年的学习，能够以不同的视角看待以前遇到的问题，此时就发生了逆向迁移。

顺向迁移有助于新知识的理解和掌握，逆向迁移有助于已有知识的巩固和完善，因而在教育教学实践中要充分利用这两种迁移，改进学生的学习行为，增强其学习效果。

### (四) 按迁移产生的水平分类

从迁移产生的水平来看，可将迁移分为横向迁移和纵向迁移。横向迁移又称水平迁移，是指在内容和程度上相似的两种学习之间的迁移。例如，数学课上学习了三角方程式后能够促进物理课学习计算斜面上下滑物体的加速度。

纵向迁移又称垂直迁移，是指不同难度、不同概括性的学习之间的相互影响。包括较容易、较具体化的学习对难度较高、较抽象的学习的影响和较高层次的原理原则对较低层次的、具体学习情境的影响。在学习中，我们常有这样的经历：遇到一部分较难的内容，怎么学都觉得没有学透，但由于时间的原因，只能往下学习新的更难的内容，出人意料的是，学完了更难的内容再回头一看，豁然开朗，原来没学透的内容现在变得一点都不难了。这就是难度较高的学习对难度较低的学习所产生的一种纵向迁移。

---

**专栏 8-2**

## 教学方式中的横向迁移与纵向迁移

我们常常以"深入浅出"来描述一个教师的教学方式。深入浅出是指言论或文章的观点主题意义深刻，但在语言文字的表达方式上却浅显易懂。当教师在讲授一个难度较大的知识点时，如果运用了易懂的语言、可以帮助理解知识点的例子,我们就可以说这个教师讲课深入浅出了。因此,如果教师采用了深入浅出的方式进行教学,对于学生来说,学习过程就发生了纵向迁移。从这个角度出发,如表8-1所示,我们可以看到,教师的教学方式除了有深入浅出这种方式以外,还有另外三种方式。其中浅入深出的过程中学生的学习迁移类型也是纵向迁移,这个过程就会增加学生的学习难度,应该在教学中避免这种方式。浅入浅出和深入深出的教学过程中,学生学习过程发生的则是横向迁移。教师可以根据学生的特点和教学目标,选择合适的方式进行教学。

表8-1 教学方式中的横向迁移与纵向迁移

| 新学的知识 \ 导入的知识 | 难度小 | 难度大 |
| --- | --- | --- |
| 难度小 | 浅入浅出 | 浅入深出 |
| 难度大 | 深入浅出 | 深入深出 |

### (五) 按迁移影响范围的大小分类

根据迁移影响范围的大小,可以将迁移分为特殊性迁移和一般性迁移。特殊性迁移是指某种学习的内容只向特定内容发生影响的迁移。也就是说,特殊性迁移是指内容相关的两种知识、技能学习之间的迁移。一般来说,特殊性迁移是发生在相同或相关的知识领域。一般性迁移,又称非特殊性迁移,是指某种学习的内容向广泛范围内容发生影响的迁移。也就是说,一般性迁移是指与具体内容无关的领域的学习之间的迁移,常常表现为原则的迁移或者态度的迁移等。这种迁移可能由学习的动机、注意的因素引起,也可能由学习的其他准备活动和方法、学习策略引起。

这两种迁移比较而言,前者发生作用的范围较窄,后者发生作用的范围较宽,这也是一般性迁移引起重视的原因。然而,从另一方面来看,特殊性迁移的影响力度较大,已经习得的内容会对与其有关的新的学习内容产生强有力的影响,而习得的原则或态度能否被迁移到新的情境中,可能就要在教学中下一番功夫了。

### (六) 按迁移中的意识参与程度分类

按迁移中的意识参与程度,可以将迁移分为低路迁移和高路迁移。低路迁移是指迁移时不需要或很少需要思维参与的迁移。低路迁移往往发生在技能领域,当个体的某项技能达到高度熟练化之后,便能在不需深思熟虑的情况下发生迁移。例如,一个人经过了长期的羽毛球训练后,去打网球时,会不自觉地做出打羽毛球的动作。高路迁移是有意识地运用先前学到的抽象知识去应付其他不同情况的迁移。

### (七) 按迁移情境的相似性分类

按迁移过程中两种情境的相似性,可以将迁移分为近迁移和远迁移。近迁移是指前后两种学习情境高度相似时发生的迁移。远迁移是指前后两种学习情境表面上看起来不相似的情况下发生的迁移。两种学习情境表面上不同,但可以用同一种原理解释,或者具有相似的结构时，便具备了远迁移的可能。学生在学习的过程中，近迁移容易发生，远迁移不易发生。本章第二节和第三节的内容将进一步探讨如何促进学生远迁移的发生。

表8-2概括了不同类别的学习迁移的分类依据和相关概念。需要注意的是，在同一学习活动中，既可以从不同的迁移类别的角度确定它的迁移类型，也存在同一分类中的两种学习迁移都发生的现象。

**表8-2 学习迁移的分类**

| 迁移分类依据 | 迁移类型 | 相 关 概 念 |
|---|---|---|
| 迁移领域 | 知识迁移 | 在知识领域发生的迁移 |
| | 技能迁移 | 在技能领域发生的迁移 |
| | 态度迁移 | 在态度方面发生的迁移 |
| | 习惯迁移 | 在习惯上发生的迁移 |
| 迁移效果 | 正迁移 | 一种学习对另一种学习产生积极作用的迁移 |
| | 负迁移 | 一种学习对另一种学习产生消极作用的迁移 |
| 迁移方向 | 顺向迁移 | 先前学习对后继学习的影响 |
| | 逆向迁移 | 后继学习对先前学习的影响 |
| 迁移发生水平 | 横向迁移 | 在内容和程度上相似的两种学习之间的迁移 |
| | 纵向迁移 | 不同难度、不同概括性的学习之间的相互影响 |
| 迁移影响范围 | 特殊性迁移 | 某种学习的内容只向特定内容发生影响的迁移 |
| | 一般性迁移 | 某种学习的内容向广泛范围内容发生影响的迁移 |
| 意识参与程度 | 低路迁移 | 迁移时不需要或很少需要思维参与的迁移 |
| | 高路迁移 | 有意识地运用先前学到的抽象知识去应付其他情况的迁移 |
| 情境相似程度 | 近迁移 | 前后两种学习情境高度相似时发生的迁移 |
| | 远迁移 | 前后两种学习情境表面上不相似的情况下发生的迁移 |

## 第二节 学习迁移理论

迁移何以发生？不同的理论观点对于学习迁移的发生或者说影响学习迁移的因素具有不同的解释。

### 一、形式训练说

#### （一）形式训练说的基本观点

最古老的迁移理论应首推"形式训练说"。形式训练说源于德国心理学家沃尔夫（C. Wolff）所提出的官能心理学，"形式"在哲学中的意思是"物质的结构"，在这里指的是人的官能，用今天的话说就是认知能力。该理论认为个体固有的官能只有通过训练才能发展，迁移就是官能得到训练而发展的结果。也就是说，它主张迁移是要经过一个"形式训练"的过程才能产生。这一理论认为，心智是由许多不同的官能组成的整体，这些官能包括注意、意志、记忆、知觉、想象、推理、判断等，每一种官能都是独立的实体，分别从事不同的活动。各种官能可以像肌肉一样，通过练习增强力量和发展。因而形式训练说认为，若两种学习涉及相同的官能，则前次学习会使官能得到提高，并对后来的也涉及该官能的学习产生促进作用，从而表现出迁移效果。

按照形式训练说的这种观点，某个学科可能对训练某种或某些官能特别有价值。因此，这种学说主张学校应把难记的古典语法（如拉丁语等）、深奥的数学及自然科学中的难题作为训练的主要内容，认为这些内容能够训练记忆、推理等心理官能，一旦新的官能在这些学科中得到训练，就可以迁移到其他类似问题的解决中。因此，不必重视实用知识的学习，学习的具体内容是会忘记的，其作用是有限的，关键在于形式的训练，只有通过形式的训练提高各种官能，才会促进迁移的产生。因而，教育的目的仅在于训练和改进心理的官能，而学习内容不甚重要，重要的是学习内容的难度和训练价值。

**（二）对形式训练说的评价**

形式训练说的观点曾在欧美盛行了二百多年之久，后来受到实验研究的挑战。詹姆士（W. James）的实验是对形式训练说的初次挑战。他做的是关于诗歌的记忆迁移实验，想了解记忆一个作家的材料是否能促进对另一作家材料的记忆。但其结论与形式训练说相悖，即记忆能力并未因形式训练而得到改善，记忆能力的迁移也不是无条件的、自动的。

形式训练学说关于迁移的解释是从唯心主义的观点出发的，缺乏足够的实验依据，因而必将被更进步的学说所代替。但形式训练学说对学校教学课程的确立、教材选择的影响以及家庭教育的影响直到目前仍未完全消除。

**二、共同要素说**

形式训练学说受到了许多心理学家实验的挑战。美国詹姆士的实验表明，记忆能力不受训练的影响，记忆的改善主要在于记忆方法的改进。后来的一些研究也对形式训练说提出了质疑，其中以桑代克（E. L. Thorndike）和伍德沃斯（R. S. Woodworth）的研究最为著名。

**（一）共同要素说的基本观点**

桑代克认为，只有当两种训练机能具有相同的要素时，一种机能的变化才能改变另一种机能的习得。也就是说，只有当两种学习在某些方面有相同之处时，才有可能进行迁移。并且，两种情境相同的因素越多，迁移的可能性就越大。后来，伍德沃斯又将桑代克的共同要素说修改成为共同成分说。这种理论认为前后两次学习只有在内容上有共同元素或共同成分时，迁移才能发生，否则，无论它们所涉及的官能如何相同，也是不能发生迁移的。

**专栏8-3**

### 桑代克的学习迁移实验

共同要素说是桑代克以一系列的知觉实验为基础提出的。桑代克以大学生为研究对象,训练他们判断图形的面积。首先,他让研究对象估计矩形、三角形、圆形和不规则图形的面积,测量其判断成绩,作为他们判断图形面积能力的指标。接着,训练研究对象判断平行四边形的面积。然后,再次对研究对象判断各种图形的能力进行测验。结果表明,研究对象判断与平行四边形相似的长方形的面积的成绩提高了,但是判断其他图形面积的成绩并没有提高。这说明,当两种学习情境存在共同的成分时,学习迁移才能发生。

**(二) 奥斯古德对共同要素说的发展**

奥斯古德(Osgood,1949)根据行为主义的观点进一步发展了桑代克的共同要素说。行为主义强调学习是刺激与反应的联结。因此影响学习迁移的因素除了刺激是否相似以外,反应是否相似也会影响学习迁移。如表8-3所示,不同刺激与反应的匹配会形成不同类型的学习迁移。

**表8-3 不同刺激-反应联结的迁移情况**

| 所需反应是否相似<br>先后刺激是否相似 | 所需反应相似 | 所需反应不相似 |
| --- | --- | --- |
| 先后刺激相似 | 正迁移 | 负迁移 |
| 先后刺激不相似 | 无迁移 | |

**(三) 对共同要素说的评价**

桑代克的共同要素说解释了迁移现象中的一些事实,对迁移理论做出了重要贡献。并且,对当时的教育界也起过积极的作用,使学校脱离了形式训练说的影响,在课程设置上开始重视应用学科,教学内容也开始与实际应用相结合。但是,共同要素说事实上是从联结主义的观点出发的,所谓相同要素也就是相同联结,那么学习的迁移不过是相同联结的转移而已,这种未能充分考虑学习者已有知识基础的观点,仍然具有一定的局限性。用来解释动物学习和人的机械学习有一定的正确性,但用来解释有意义学习,就很困难了。

根据共同要素说,知识将来在什么情境中使用,学校就在什么情境中教。这对学校教育具有一定启示意义,但是忽视了远迁移的利用。

从迁移发生的方式来看,形式训练说阐明的是一般性迁移,而共同要素说则坚持特殊性迁移的有效性。从迁移发生时情境之间相似性的角度来看,形式训练说解释的是远迁移,共同要素说解释的是近迁移。

### 三、概括化理论

**(一) 概括化理论的基本观点**

心理学家贾德(C. H. Judd,1903)经过实验强调原理、原则的概括对迁移的作用。贾德并不否认两种学习活动之间存在的共同成分对迁移的影响,但不同意如共同要素说那样将共同成分看作是迁移产生的决定性条件。他认为,两种活动之间存在共同成分只是产生迁移的必要前提,而迁移产生的关键在于学习者能否概括出两组活动之间的共同原理。而且,概括化的知识是迁移的本质,知识的概括化水平越高,迁移的范围和可能性越大。

> **专栏8-4**
>
> ### 贾德的水下击靶实验
>
> 1908年,贾德做的水下击靶实验的研究结果可以支持他提出的概括化理论。贾德以五年级和六年级学生为研究对象,分成两组,一组接受了光的折射原理的讲授,另一组没有接受光的折射原理的讲授。然后,两组研究对象先后在两种条件下向水下靶子投镖。第一种条件是靶子在水下12英寸的位置。第二种条件是靶子在水下4英寸的位置。在第一种条件下,两组研究对象成绩相同,成绩都不好。在第二种条件下,学习过光的折射原理的研究对象无论在准确性还是速度上都优于未学习过光的折射原理的那组学生。贾德对此的解释是,在第一种情况下,理论学习还不能代替练习,投镖是动作技能,动作技能的获得除了要接受理论知识的学习外,还需进行练习。在第二种情况下,未学习过光的折射原理的学生仍处于混乱状态,无法击中靶子。而学习过光的折射原理的学生,经过第一次练习,能够将原理和实践经验结合起来,有了训练之后,投镖的成绩自然就提高了。

### (二) 对概括化理论的评价

概括说这一理论解释了原理、法则等概念化知识在迁移中的作用,已涉及较高级的认知领域中的迁移问题,为迁移理论的发展做出了重要的贡献。但概括化经验只是影响迁移成功与否的条件之一,并不是迁移的全部。

根据概括化理论,在课堂中讲授教材时,最主要的是鼓励学生对基本概念、基本原理进行概括。而同样的教材内容,由于教学方法不同,会使教学结果大相径庭,学生的迁移效果也不尽相同。

> **专栏8-5**
>
> ### 专家-新手比较研究视角中知识基础在学习迁移中的作用[①]
>
> 研究专家和新手在问题解决情境中的差异是探究知识基础在学习迁移中作用的一种视角。专家是指通过学习已经获得一些特殊技能与知识的个体。

---

① 托马斯·费兹科,约翰·麦克卢尔.教育心理学——课堂决策的整合之路[M].吴庆麟,等,译.上海:上海人民出版社,2008:283-284.

> 专家与新手比较研究表明，专家能够更为熟练地解决问题，主要不是受到智力或解决问题的一般策略的影响，而是在特殊领域的知识的量与质上与新手有差别。特殊领域的知识是指与特定的行为或内容领域有关的知识。具体来说，专家在知识基础方面具有的如下特征有助于迁移的发生：(1) 由于专家具有广博的知识并经过精心组织的知识基础，因此他们比新手更可能识别问题解决情境中有意义的模式，而不必从中抽取或推论出这些模式；(2) 专家的知识基础往往是围绕着某些主要的原理或观念组织起来的，这有助于专家依据相应的原理对问题作出更准确的分类，这种知识组织的方式对高路迁移特别重要；(3) 专家的知识对于情境更具敏感性，这意味着专家更容易提取在自己的知识背景中与问题关系最为密切的那部分知识。

### 四、关系转换理论
#### （一）关系转换理论的基本观点

在迁移概括说的基础上，格式塔心理学家们的研究对迁移理论做了进一步发展。格式塔心理学属于早期的认知派心理学理论观点，格式塔是德文的音译，其中文意思是"完形"，即完整的图形。格式塔心理学认为学习的过程是顿悟，学习的结果是形成完形或格式塔，即在头脑中建构问题情境中的各个要素之间的关系。格式塔心理学的这种学习观反映在学习迁移理论上就是关系转换理论。

格式塔心理学家认为，迁移的发生不在于有多少共同因素或掌握了多少原则，而在于能否突然发现两种学习情境中的各种要素构成的关系是否相同或相似，这才是实现迁移的根本条件。也就是说，关系转化说强调个体对关系的"顿悟"是获得迁移的真正本质。

**专栏 8-6**

### 苛勒的学习迁移实验

> 格式塔心理学代表人物德国心理学家苛勒以 1929 年所做的"小鸡啄米"实验支持他自己所提出的理论。他以小鸡作为研究对象，让它们在灰色深浅不同的纸板下寻找食物。首先，在训练条件下，米放在深灰色纸板下，小鸡学会了到深灰色纸板下找米。然后，在测验条件下，浅灰色纸板换成黑色纸板，深灰色纸板保持不变。结果发现，小鸡在 70% 的情况下是到黑色纸板下找米吃。这说明，小鸡学习的结果是米在较深色的纸板下，小鸡学习的是相对的关系，关系是否相似是能否发生迁移的关键因素。

#### （二）对关系转换理论的评价

苛勒认为，个体越能发现事物之间的关系，则越能加以概括和推广，迁移的产生也就越普遍。而对事物间的关系的发现是建立在对事物理解后的顿悟的基础上的。对事物的理解力越强，概括的可能性越大，越容易顿悟事物间的关系。

> **专栏8-7**
>
> ## 情境的相似性与迁移[①]
>
> 吉克(Gick)与霍利约克(Holyoak)(1987)提出的表面相似性和结构相似性的概念将桑代克的共同要素说和格式塔心理学的关系转换理论进行了整合。表面相似性是指表面上两个情境的要素相同的程度,类似于桑代克所提出的共同要素的多少。结构相似性是指两种情境在情境要素间的关系上的共同程度,类似于关系转换理论所提出的关系的相似程度。表8-4呈现了表面相似性与结构相似性的匹配和迁移类型的关系。这一研究对于教育教学具有重要的启示意义。第一,在教育教学中,要帮助学生识别从表面不同的两种情境中识别出相似的结构,促进学生实现远迁移。第二,在教育教学中,要帮助学生从表面相似的情境中区别出结构的不同,避免负迁移的发生。进行变式练习是实现上述两种目的的有效途径。变式练习就是给学生提供不同的例证。例证包括正例和反例。正例即符合某一概念、原理或应用的例子,反例则是不符合某一概念、原理或应用的例子。为了实现学生的远迁移,正例要尽量做到表面不相似。为了避免学生出现负迁移,反例要尽量做到表面上较为相似,不易区分。
>
> 表8-4 不同表面相似性与结构相似性匹配的迁移情况
>
> | 前后情境是否具有结构相似性 | 前后情境是否具有表面相似性 | |
> | --- | --- | --- |
> |  | 是 | 否 |
> | 是 | 近(正)迁移 | 远(正)迁移 |
> | 否 | 负迁移 | 无迁移 |

### 五、认知结构迁移理论

**(一)认知结构迁移理论的基本观点**

认知结构迁移理论是美国心理学家奥苏伯尔从其提出的有意义学习理论(同化理论)发展而来的。主要观点如下。

1. 学生的认知结构是影响学习迁移产生的重要因素

奥苏伯尔认为,所谓认知结构就是学生头脑内的知识结构。广义地说,它是学生已有的观念的全部内容及其组织;狭义地说,它是学生在某一学科的特殊知识领域内的观念的全部内容及其组织。奥苏伯尔认为,学生原有的认知结构是实现学习迁移的最关键的因素。当学生已有的认知结构对新知识的学习发生影响时,就产生了迁移。

2. 认知结构变量及其对学习迁移的影响

一切有意义的学习都是在原有学习的基础上产生的,而过去经验对当前学习的影响不是直接发生的,而是通过认知结构的特征发生影响的,这些特征是指学生在一定知

---

[①] 托马斯·费兹科,约翰·麦克卢尔.教育心理学——课堂决策的整合之路[M].吴庆麟,等,译.上海:上海人民出版社,2008:273-274.

识领域内认知的组织特征,如清晰性、稳定性、概括性和包容性等。如果学生在某一领域的认知结构清晰度、稳定性、概括性和包容性越高,迁移发生的可能性就越大。这说明迁移的发生不仅是由于前后两种学习在刺激和反应方面的相似程度,还取决于学生的认知结构的组织特征。

认知结构的组织特征和内容方面的特征合起来,称为认知结构变量。奥苏伯尔认为,认知结构有三个变量会影响新的学习,它们是可利用性、可辨别性以及稳定性与清晰性。

可利用性是指在认知结构中是否有适当的起固定作用的观念可以利用。当学习新的知识时,学生头脑中存储知识的数量和存储方式决定了认知结构的可利用性的程度。当学生头脑中的知识越丰富,就越有可能从已有知识中提取相关知识与新学习的知识联系起来。当学生头脑中的原有知识的逻辑性和概括性水平越高,越有可能用来同化新知识,迁移能力就越强。

可辨别性是指新的有潜在意义的学习任务与同化它们的原有观念系统的可以辨别的程度。两者的分辨程度越高,则越有助于排除因混淆而带来的干扰,从而促进迁移的产生。

稳定性与清晰性是指原有的、起固定作用的观念的掌握的稳固程度。已有知识掌握得越稳固,则不易遗忘而且记忆清晰。

3. 设计"先行组织者"促进学习迁移

根据影响迁移的因素,奥苏伯尔提出,可以通过设计适当的"先行组织者"来影响认知结构变量,从而促进学习迁移。这是一种重要的教学策略。先行组织者是指在教学之前呈现给学生的一段引导性材料。先行组织者分为陈述性组织者和比较性组织者两种类型。当学生的原有认知结构中没有同化新的学习内容的观念时,或者学生原有认知结构中的学习内容的稳定性和清晰性不足时,就需要让学生先来学习适合的抽象性和概括性较高的先行组织者,之后学生使用先行组织者同化新的学习内容,此类先行组织者被称为陈述性组织者。当学生的原有知识与新学习的内容无法辨别开来时,就需要让学生先来学习涉及新旧知识比较的学习材料,从而帮助学生能够将新旧知识区分开来,这种先行组织者被称为比较性组织者。

(二)认知结构迁移理论的教育意义

1. 改进教学设计,促进迁移

迁移是否发生受到学生头脑中已有认知结构特征的影响。因此,为了促进迁移,促进学生对新知识的理解,教师必须在了解学生已有知识的基础上进行教学设计。如果学生头脑中已经具备同化新知识的原有知识,教师就要设计好呈现新知识的顺序,加强新旧知识之间的联系,促进学生对知识进行整合。如果学生头脑中不具备同化新知识的原有知识,或者新旧知识之间无法区分清楚,教师就要设计好先行组织者,帮助学生架构新旧知识之间的桥梁,使学生在学习先行组织者的基础上理解新知识。

2. 改进教材设计,促进迁移

首先,在教材内容上,教材中应包含适合学生能力的具有较高概括性、包容性和强有力解释效应的基本概念和原理,学生通过学习这些基本概念和原理进一步同化新的知识。

第二,在教材的呈现方式上,要遵循不断分化和综合贯通的原则。奥苏伯尔认为,人们将自己获得的知识以从整体到部分、从抽象到具体、从包容性强到包容范围小的方式存储在认知结构中,同时人们在学习新的知识时,从整体到部分的学习方式更容易,对于年龄较大的学生来说更是如此。因此,在教材的呈现方式上,首先就要遵循不断分化的原则。同时,在呈现教材时,除了要在纵向上遵循由一般到具体、不断分化的原则之外,还要在横向上加强各个部分知识之间的联系,帮助学生进一步整合知识,促进学生加强知识之间的迁移,这就是综合贯通原则。

### 六、迁移的产生式理论

#### (一)迁移的产生式理论的基本观点

迁移的产生式(production)理论是由辛格莱和安德森(Singley & Anderson, 1989)基于他们提出的知识分类理论发展而来的,在本书第七章对知识分类的观点有详细介绍。这个理论认为,学习迁移的产生决定于先前的学习或问题解决中个体所学会的产生式规则与目标问题解决所需要的产生式规则是否有一定的重叠。在他们看来,每一个产生式都包含了一个用于辨识情境特征模式的条件表征和一个当条件被激活时用来构建信息模式的活动表征,活动的产生需要对条件的激活。产生式的形成,首先必须使规则以陈述性知识的形式编入学习者原有的命题知识网络,并经过一系列练习才能转化而成。

产生式的迁移理论事实上是桑代克共同要素说的现代解释。辛格莱与安德森将产生式作为学习任务之间的共同元素。

以对产生式多项研究的结果为依据,安德森等人对迁移问题得出了如下两个重要结论。第一,迁移量的大小与正负,主要依赖于两个任务的共有成分量,而这种共有成分量是以产生式系统来考察的。如果两个情境有共同的产生式,或两个情境有产生式的交叉、重叠,就可以产生迁移。第二,通过变式练习能够将陈述性知识转化为程序性知识,将孤立的产生式转化为产生式系统,这称为知识的编辑,知识编辑对产生式的获得与迁移有直接的影响。在知识编辑之前,知识处于陈述性阶段,被试只能用弱方法来解决问题。一旦知识经过编辑后,许多小的产生式被一个或几个高级的产生式替代,这时被试用强方法解决问题,又快又精确。

#### (二)迁移的产生式理论的教育意义

迁移的产生式理论来源于安德森等人的知识分类体系。如表8-5所示,根据安德森等人对知识的分类,可以将迁移划分为四种,并且可以将此前心理学家提出的学习迁移理论整合在这四种迁移类型中,帮助我们重新认识各种学习迁移理论。

第一种是陈述性知识向陈述性知识迁移,指已有的陈述性知识结构促进或阻碍了新的陈述性知识的获取。奥苏伯尔的认知结构迁移研究可以解释陈述性知识向陈述性知识的迁移。

第二种是陈述性知识向程序性知识迁移,指训练阶段所获得的陈述性知识结构有助于迁移阶段产生式的获取。陈述性知识向程序性知识的迁移包括两种情况,一种是陈述性知识的运用,即认知策略的使用,贾德提出的概括化理论和柯勒提出的关系转换理论可以解释陈述性知识的运用。另一种是程序性知识的获得,即自动化基本技能的获得。任何技能的学习总是从陈述性知识阶段开始的,然后进入程序性知识阶段,所以每种技能的学习都反映了这种迁移。

第三种是程序性知识向陈述性知识迁移,主要指个体已经获得的动作技能和认知技能促进了陈述性知识的获得。例如,学生利用已经学习过的学习策略帮助个体掌握陈述性知识就属于程序性知识向陈述性知识的迁移。

第四种是程序性知识向程序性知识迁移,指训练阶段所获得的产生式能直接用于完成迁移任务时的迁移。

总的来说,迁移的产生式理论强调两种学习中共同的产生式是迁移的基础,因此这一理论一方面特别强调蕴含共同产生式的基本概念、原理和规则的学习。另一方面,程序性知识必须经过大量练习才能熟练化,才有助于迁移,因此,练习对于程序性知识的迁移来说是非常重要的。

表8-5 不同类型知识的迁移[①]

| 后一学习 \ 前一学习 | | 陈述性知识 | 程序性知识 | |
|---|---|---|---|---|
| | | | 自动化基本技能 | 认知策略 |
| 陈述性知识 | | 例:近代历史知识的学习对古代历史学习的影响。 | 例:英文打字技能的熟练影响对五笔输入法规则的学习。 | 例:学会总结文章段落大意对理解学科内原理或观点的影响。 |
| 程序性知识 | 自动化基本技能 | 例:语法知识的学习对语言表达能力的影响。 | 例:学会仰泳对学习蝶泳的影响。 | 例:学会制订计划,将有助于修理电视机。 |
| | 认知策略 | 例:理解乒乓球的大小对球速的影响将有助于采用何种发球方法。 | 例:开车技能的自动化有助于预测各种驾驶情景。 | 例:编写流程图的方法有助于安排学习活动。 |

表8-6对各种学习迁移理论进行了简单概括。

表8-6 各种学习迁移理论一览表

| 学习迁移理论 | 提出者 | 影响学习迁移的因素 |
|---|---|---|
| 形式训练说 | 沃尔夫 | 个体的官能即认知能力 |
| 共同要素说 | 桑代克 | 学习情境具有相同成分 |
| 概括化理论 | 贾德 | 两组活动之间的共同原理 |
| 关系转换理论 | 柯勒 | 学习情境中各种要素形成的关系(格式塔)相似 |
| 认知结构迁移理论 | 奥苏伯尔 | 学生头脑中已有的认知结构 |
| 迁移的产生式理论 | 辛格莱和安德森 | 产生式规则 |

## 第三节 促进学习迁移的方法

### 一、影响学习迁移的因素

#### (一) 个体因素

1. 智力水平

学生的智力水平对迁移的效果有影响。智力水平较高的学生能够更有效地把学到

---

[①] 吴庆麟.教育心理学[M].上海:华东师范大学出版社,2003:258.

的知识迁移到新情境中去。他们学的速度较快，而且能恰当地运用所学的知识去解决新问题。智力水平较低的学生在感知理解两个情境的关系，发现其相似性上都存在一定的困难，这就影响了学习迁移的发生。在《论语》中，我们看到"回也闻一以知十，赐也闻一以知二"，还有的学生"举一隅不以三隅反"，这与学生智力水平有很大的关系。

2. 知识基础

迁移是一种学习对另一种学习的影响，毫无疑问，学生已经具有的知识基础对于迁移具有重要的影响。奥苏伯尔、布鲁纳以及专家-新手比较研究都强调学生已有知识的数量和组织特征对于新的学习的影响。

奥苏伯尔对学生已有认知结构在迁移中的作用非常重视。已有知识经验的准确性、稳定性、丰富性和组织性等会直接影响到学生面对新知识、新情境时对已有知识的提取速度和准确性，从而影响到迁移的发生。

布鲁纳认为，认知结构中的内容越基本、越概括，对新情况、新问题的适应性就越广，广泛的迁移就越可能发生。因而在教学中，要注意掌握每门学科的基本原理、基本概念。

专家-新手比较研究发现，专家能够将自己获得的知识进行整合，能够将自己所获得的各部分知识联系起来，他们具有精心组织的知识基础，这有助于他们不受许多表面现象的制约，从本质特征着眼，去寻找已有认知结构同新知识之间的结构相似性，促进迁移的产生。诺维克（Novick，1988）对专家与新手在迁移方面的对比研究发现，当先前的学习与后来的学习具有结构相似性但表面上不相似时，专家比新手更易产生正迁移；当两种学习具有表面上特性的相似而结构特性不同时，新手比专家更易产生负迁移。这正是因为专家的认知结构组织合理，概括性强，能在抽象水平上发现新旧知识间的相似性，减少相似的表面特性的干扰。

迁移的产生还需建立在一定数量的认知结构的基础上。许多事实和研究表明，正迁移随着练习中所提供的具体事例的数量增加而增加。专家之所以具有较强的迁移能力，除了因为具有概括性、抽象性较高的认知结构外，还因为他们具有的这种认知结构在数量上也较多，这就为迁移的产生提供了良好的基础。

3. 动机激发

学生要使用自己已经习得的知识来学习新的知识或者将他们习得的知识应用到某一情境中去，动机起着非常重要的作用。没有动机激发的知识经验只能处于一种惰性状态，无法产生迁移或者只能产生弱迁移。首先，当学生认为自己的行动能成功地完成某些具有挑战性的任务时，更可能激发他们的动机。学生要想完成具有挑战性的任务，迁移是重要的前提条件，因此，给学生布置具有挑战性的任务，自然就能够促进学生学习迁移的发生。其次，当学生能够认识到学习任务的价值时，更能激发他们进行学习迁移的动机。最后，当学生具有一些具体的、短期的而且他们认为是重要的目标时，更能引发他们的动机，促进他们将学习过的知识联系起来。

4. 心理定势

定势又叫心向，是指学生从事学习活动的一种心理准备状态，它对学习有一种定向作用。定势有助于迁移的发生，但它促成的迁移可能是积极迁移，也可能是消极迁移。如果前后两个问题情境的解决方法一致，更容易产生积极迁移，如果前后两个问题情境的解决方法不一致，更容易产生消极迁移。但定势对迁移究竟会产生积极的影响还是消极的影响,最关键的是学习者要意识到定势的这种双重性。如果学习者能够意识到定势具有的消极作用,即使前后两种问题情境的解决方法不一致,学习者也能避免学习情境的消极作用,还会发挥其积极作用。

专栏8-8

### 定势影响迁移的实验

(1) 哈洛的"猴子学会学习"的实验

哈洛(Harlow, 1949)的"猴子学会学习"的实验证明了定势影响学习迁移。他在1949年使用猴子所做的实验证明了学习者可以通过练习学会如何学习从而提高效率。给猴子呈现两个物体,比如一个是立方体,另一个是立体三角形。在一个物体下面藏葡萄干,以葡萄干为强化物。通过几次尝试后,猴子很快"知道"葡萄干藏在哪里了。当它解决了这个问题以后,立即给它呈现另一个类似的问题,如一黑一白两个立方体,进行新的辨别学习。如此进行多次辨别学习以后,猴子解决新问题的速度越来越快,尝试的次数越来越少。实验表明,猴子在前几次的辨别学习中学会了选择的方法,或者说形成了辨别学习的定势,并将学会的方法或形成的定势运用到以后的学习中,从而使学习效果得到提高。

(2) 陆钦斯的"量杯"实验

陆钦斯(Luchins, 1942)做的"量杯"实验也反映了定势对学习的影响。如表8-7所示,实验中他让被试用不同容量的A、B、C三个量杯来量取不同的水量。进行一定量的练习后,实验组被试具有了较强的定势,即使用三个杯子解题,并将这种定势直接迁移到后面的问题解决过程,使解题速度加快。这时,定势是迁移产生的一种积极的心理因素。但同时,这种定势又阻碍、限制了其他更简便的方法的产生,当被试碰到用两个杯子即可解决的问题时,仍坚持用三个杯子来解决问题。

表8-7 陆钦斯的"量杯"实验(单位: ml)

| 问题 | A | B | C | 要求的水量 | 方法 |
| --- | --- | --- | --- | --- | --- |
| 1 | 28 | 54 | 3 | 20 | B-A-2C |
| 2 | 22 | 128 | 3 | 100 | B-A-2C |
| 3 | 14 | 163 | 25 | 99 | B-A-2C |
| 4 | 18 | 43 | 10 | 5 | B-A-2C |
| 5 | 9 | 42 | 6 | 21 | B-A-2C |
| 6 | 20 | 59 | 4 | 31 | B-A-2C |
| 7 | 23 | 49 | 3 | 20 | A-C |
| 8 | 15 | 39 | 3 | 18 | A+C |
| 9 | 14 | 36 | 8 | 6 | A-C |
| 10 | 18 | 48 | 4 | 22 | A+C |

### (二) 客观因素

**1. 学习材料的性质**

第一，两种学习材料具有相同或相似的成分有利于迁移。学习材料的相似性包括本质特征的相似或非本质特征的相似。本质特征的相似即结构特征的相似，如原理、规则或事件间的关系等；非本质特征的相似即表面特征的相似，如某些具体事例的内容等就是表面特征。若结构特征和表面特征同时具有相似性，学习者就容易提取相关信息，产生正迁移。

第二，学习材料具有良好的组织结构有利于迁移的发生。这是因为良好的材料组织结构可以简化知识，给学生提供便于获得新知识的途径。布鲁纳在其认知结构学习理论中，特别强调学科基本结构的作用，认为学科基本结构的学习有利于学习的迁移。

**2. 学习情境的相似性**

前后两种学习的情境是否相似影响学习迁移的发生。例如，学习的时间、学习的场所、学习环境的布置等方面的相似有利于学生利用有关线索促进迁移的发生。如表8-8所示，巴奈特和塞西（Barnett & Cett, 2002）认为前后两种学习情境不同的相似程度会给学习者提供不同的迁移线索，学习者实现迁移的可能性就会有所不同。

表8-8 迁移线索与学习迁移的发生[①]

| 迁移的线索 | 从近迁移到远迁移的例子 | | | | |
|---|---|---|---|---|---|
| 知识领域 | 生物学某一学科的两个部分 | 生物学与植物学 | 生物学与经济学 | 自然科学与历史学 | 自然科学与艺术 |
| 物理环境 | 同一间教室 | 不同教室 | 学校与实验室 | 学校与家里 | 学校与海滩 |
| 时间线索 | 同一时段 | 相隔两天 | 相隔几星期 | 相隔几个月 | 相隔几年 |
| 功能性线索 | 都在教学中 | 都在教学中，但其中一项没有评价 | 教学与填写纳税申报表格 | 在教学中与非正式调查中 | 在教学中与玩耍中 |
| 社会线索 | 都是单独进行 | 单独与两人 | 单独与在小组中 | 单独与在大团体中 | 单独与在社会中 |
| 学习形式 | 都是书面的，形式相同 | 书面的多项选择题与书面的简答题 | 书本学习与口头测试 | 讲演中与品酒时 | 讲演中与木刻时 |

**3. 教师的指导**

第一，教师在教学过程中，有意识地引导学生发现不同的知识之间或情境之间的共同性，启发学生进行概括，指导学生运用已学到的原理、知识去解决具体问题，要求学生将所有的知识"举一反三"，这些都有利于促进积极迁移的产生。例如，孔子采用启发式教学的方式进行教学指导学生，"不愤不启，不悱不发"，有利于学生进行学习迁移。

第二，教师善于采用变式进行教学，也有利于促进积极迁移的发生，防止消极迁移的发生。要促进积极迁移的发生，教师所采用的正例应尽可能表面不同，使学生能够识

---

① 李晓东. 教育心理学[M]. 北京：北京大学出版社，2008：89.

别各个正例中潜在的结构或原理,排除表面不同所造成的影响;要防止消极迁移的发生,教师所采用的反例应尽可能表面相同,避免学生因为表面相同而选择错误的解决方法。

## 二、促进学习迁移的教学策略

### (一)教学目标的确立

第一,教师在每个单元教学中要确定明确的、具体现实的教学目标,要使学生了解这一目标,使学生对于与学习目标有关的知识易于形成联想,从而促进迁移的发生。

第二,教师始终要将学生学会整合知识、学会迁移作为教学目标,促使学生在学习过程中不断地将学习的知识联系起来,增强学生头脑中知识的组织性,提高学生进行学习迁移的意识和能力。

### (二)学习内容的熟悉和练习

学习迁移的产生必须以对学习材料的理解为基础,在理解的基础上才能做到概括和抽象,才能产生迁移。我们常说"书读百遍,其义自见",其原因就在于随着学习者对学习材料的熟悉程度的增强,就越有可能将学习材料中各个部分的内容联系起来。因而学生要不断地熟悉学习内容,要对学习内容加强练习,教师要利用各种变式帮助学生从不同角度去理解学习内容,提供必要的适合学生发展水平的演示和例证。理解和概括是以相当数量的具体经验为基础的,因而,练习的作用不可忽视。

### (三)加强基本要领和原理的教学

学生掌握科学知识,目的就是要在各种新条件下加以应用,做到举一反三、触类旁通,进而通过广泛的迁移去发展智力和才能。基本要领和原理概括化程度较高,又是一门学科各部分知识的"共同因素",因此,教师应把教学重点放在基本概念、原理、法则和规律的教学上,促使学生实现远迁移。

### (四)创设与应用情境相似的学习内容和学习情境

学习内容和日后运用所学知识的情境相类似,有助于学习的迁移。在教学过程中,教师要选取与那些原理、原则的具体运用情境相似的学习内容对学生进行讲解。在允许的情况下,要尽量让学生在真实情境中观察和实践原理、原则的运用;在教学中,教师也应尽量利用直观教具或生动的教学语言、计算机模拟等手段,增加学生的感性认识,促使学生实现近迁移。

这一教学策略与前一教学策略要协同使用,既要让学生了解某些原理主要在哪些领域中运用,又要帮助学生认识到同一原理可能会运用到不同的情境中去。

---

**专栏8-9**

### 认知学习理论和建构主义学习理论的学习迁移观

概括化理论、关系转换理论、认知结构迁移理论都属于认知主义学习理论视角下的学习迁移观。总的来说,认知学习理论强调知识的去情境化,强调原理、原则在学习迁移中的作用。认知学习理论认为学生习得了原理、原则,就

> 会将它们运用到相应的情境中去。与此不同的是，建构主义学习理论强调知识的情境化，认为知识是与它们所运用的情境结合在一起的，脱离了具体情境，知识是没有效用的。因此，建构主义学习理论强调学生应该在具体的情境中学习知识，将来知识在何种情境中应用，学生就在何种情境中学习知识，这样才能促进学习迁移的发生，避免学习的知识产生惰性，不能发挥作用。
>
> 　　这两种学习理论的学习迁移观是不同的，都具有一定的解释力。实际上，认知学习理论强调的是一般性迁移，一般性迁移发生时，迁移的范围较广，但同时迁移的力量较弱，可以说是弱迁移。建构主义学习理论强调的是特殊性迁移，特殊性迁移发生时，迁移的范围较窄，但同时迁移的力量较强，可以说是强迁移。在教育教学中，教师既要重视原理、原则的一般性迁移，也不能忽视原理、原则的典型应用情境，在促进特殊性迁移发生的同时，提高一般性迁移发生的可能性。

### （五）合理安排教材体系与教学内容

同样的学习内容，如果编排得当，迁移的作用就能充分地发挥，教师的教学也能省时、省力；如果编排不好，迁移的效果就小，而教师的努力也往往事倍功半。

从迁移的角度来说，合理编排教材，就是要使教材结构化、一体化、网络化。结构化是指教材内容的各构成要素要具备科学、合理的逻辑关系，能体现出事物的各种内在联系。一体化是指教材的各构成要素能整合成为具有内在联系的整体。网络化是指教材各要素之间上下左右、纵横交叉联系要清晰，要突出各种知识技能的联络点，以利于学习迁移。

同时，教师在教学过程中要根据学生的特点重新整合教材内容，以适合学生原有认知结构的方式将教学内容呈现给学生。

### （六）传授与训练正确的学习方法，教会学生如何学习

学习者在原有学习过程中，能否形成一种有组织的、方法得当的思考方式或解决问题的方法，也是影响迁移的一个重要因素。认知策略反映的是人类认识活动的规律性知识，一般带有很高的概括性，在应用时有很大的灵活性。教师在教学中有意识地教给学生一些认知策略和元认知策略，将有助于学生学会如何学习，从而促进学习的迁移。

### （七）采用有效教学策略与方法

为促进积极的迁移，在教学中要采取一些有效的教学策略与方法，以促进原理、原则的迁移。例如，帮助学生辨识所学材料的突出特征，就是一种不错的教学策略。教材中的各种概念、原理、公式等都有自己的特征和适用的范围，帮助学生掌握这些特征，教会学生如何去辨识各种现象或需要解决的问题的特点，对于在已有认知结构与新知识之间建立起联系，产生迁移是很有必要的。

### （八）调整学生的心理状态

帮助学生调整良好的心理状态，也是促进学习迁移的一种有效策略。心理状态是一种具有综合心理过程和个性特征的复合体，它是具有动力性以及直接现实性特征的

一种心理现象。良好的心理状态对学习迁移有积极的促进作用,而不好的心理状态对学习的迁移会产生消极的干扰或阻碍作用,因而在教学中要帮助学生调整良好的心理状态,即对待学习要有自信心,要保持适度的焦虑水平和思维活动的紧张度,根据学习任务难度水平的变化,调整好自己的动机水平等。这样的心理状态,才能保证思维的灵活性、顺畅性和一定的广度,在学习中才会有助于实现迁移。

**参考文献**

[1] 曹宝龙. 学习与迁移[M]. 杭州:浙江大学出版社,2009.
[2] 李晓东. 教育心理学[M]. 北京:北京大学出版社,2008.
[3] 托马斯·费兹科,约翰·麦克卢尔. 教育心理学——课堂决策的整合之路[M]. 吴庆麟,等,译. 上海:上海人民出版社,2008.
[4] 路海东. 教育心理学[M]. 长春:东北师范大学出版社,2002.
[5] 华东师范大学心理学编写组. 基于教师资格考试的心理学[M]. 上海:华东师范大学出版社,2018.

**思考题**

1. 阅读下面材料:

学生A:中学学习英语语法对以后学习英语帮助很大。
学生B:平面几何学得好,后来学习立体几何就简单了,知识之间有很大联系。
学生A:不光知识这样,弹琴也是,会弹电子琴,学钢琴也快。
学生B:可有时候也不一样,会骑自行车反而影响骑三轮车。
学生A:有意思,学习很奇妙。

根据上面的材料,回答下列问题:

(1) 请分析材料中两位同学谈话用到的学习原理。
(2) 教师应该如何利用这一原理促进学生的学习?

2. 阅读下面的材料:

张老师刚刚从事教学工作,在做教师以前,他对自己的职业生涯一直充满自信,可是现在却烦恼不已。他在自己的教学日记中写道:"教材的每一个知识点我都了如指掌,上课时我都能讲得清清楚楚,为什么学生还是不能理解学习的内容呢?""学生明明都熟记了讲授的概念和原理,为什么考试时还是成绩不好呢?"

根据上面的材料,回答下列问题:

(1) 请用认知结构迁移理论解释张老师遇到的困境。
(2) 阐述如何以该理论为指导,帮助张老师走出困境。

# 后记

《教师教育课程标准（试行）》由教育部于2011年10月8日以教师〔2011〕6号文发布实施，体现了国家对教师教育机构设置教师教育课程的基本要求。教育部要求教师教育机构按照《教师教育课程标准（试行）》的学习领域、建议模块和学分要求，制订有针对性的幼儿园、小学和中学教师教育课程方案，保证新入职教师基本适应基础教育新课程的需要。我们看到，《教师教育课程标准（试行）》在课程设置上的要求与以往职前教师教育的课程设置有很大不同，规定了相应的学习领域和教育模块。其中，学习领域体现了在职前教师教育中强调学生应以整合的方式掌握相应的知识。例如，在中学职前教师教育的课程中，规定的学习领域包括儿童发展与学习、中学教育基础、中学学科教育与活动指导、心理健康与道德教育、职业道德与专业发展等五个方面。无疑，课程设置的变化就对教材建设提出了新的要求。近十年来，全国教师教育工作者因应这一要求出版了一批教材，然而，遗憾的是，到目前为止，并不是每个学习领域都有合适的教材满足教师的教学需求和学生的学习需求。惠州学院教师教育课程中心近年来在儿童发展与学习这一学习领域的教学中一直在教材建设方面作出努力，这本《青少年发展与学习心理》即是多年来努力的结果。这本教材包含了青少年发展心理与学习心理两部分内容，并将两部分内容进行了整合。为达到师范专业学生能够掌握这一学习领域的知识，这本教材注重叙述的清晰性、条理性、简洁性，使学生能够较为轻松地理解晦涩的心理学知识，并促使他们自身进一步去探索这一学习领域，为未来的教师生涯做好准备。

本书的作者分别是：肖崇好（第一章、第五章和第七章）、王晓平（第二章、第八章）、许炯（第四章、第六章）、金艳（第三章）。张铮、陈超男、杨璇等对初稿进行了通读和校对。

由于时间紧张以及各位作者的学识有限，本教材难免存在不足之处，恳请使用本书的教师和学生提出宝贵的意见和建议，我们将不断完善，以便后续修订。我们的联系邮箱是：wangxiaopingmail@163.com。

编者

2020年8月8日于惠州学院